체형관리학

Body Shape Treatment

김기연 · 김애경 · 김영주 · 김은자 · 박영은
박은경 · 안인숙 · 장경자 · 진정화 공 저

청구문화사

머 리 말

대학에 피부미용학과가 개설된 지 어언 20여년이 되었습니다.

국제기능올림픽에서 '뷰티테라피'라는 이름으로 피부미용영역에 대한 대회가 진행된 것도 어언 4회이니 8년이나 되었습니다.

피부미용분야는 매우 훌륭한 직종입니다.

사람을 행복하게 해 줄 수 있으며, 기계화된 세상에서 사람의 손으로 아름답게 마음까지 헤아릴 수 있는 특수직종이라 생각합니다.

바쁘고 빠르게 변하는 세상인 현재에도 피부의 접촉은 마음의 접촉이라 느끼며, 동시에 피부미용분야 중의 체형관리는 각종 테라피를 통한 테크닉으로 강점을 강화시켜주고, 단점을 보완할 수 있는 영역으로서 피부미용의 꽃이라고도 표현할 수 있습니다.

아름다운 체형을 만든다는 것은 운동요법, 식이요법, 의복을 통한 요법과 피부미용분야에서 행하는 요법이 있을 수 있습니다. 체형을 아름답게 만들 수 있다는 것은 굉장한 일이 아닐 수 없습니다. 본 저서를 통해 체형을 관리하는 다양한 지식과 실전을 배우는 학생들이 조금이라도 도움이 된다면 더 이상의 바람이 없습니다.

세상은 넓고 각 나라나 지역마다 행하여지고 있는 수많은 테라피나 테크닉을 다 전할 수 없음이 안타까웠습니다. 우리나라의 피부미용 산업 현장에서 가장 많이 사용되고 있는 체형관리에 대한 이론과 실전을 보다 가깝게 논하고자 노력하였습니다.

본 저서는 실전경험이 많고 교육계에서 오랜 경험을 갖고 계신 저자들이 모여서 체형에 관련된 자료를 통해 집필하였습니다. 각 저자가 창의적인 실전을 통해 갖고 있는 자료가 너무 많아서 버리는 작업이 오히려 힘들었다고 말씀드릴 수 있습니다.

그럼에도 불구하고 부족한 점이 많으리라 생각됩니다. 넓은 아량으로 부족한 점을 이해해 주시고 다음의 책에는 보다 알찬 내용으로 집필할 것을 약속드리며, 이 책이 완성되어 나오기까지 고생해주신 저자들과 청구문화사에도 감사드립니다.

저자일동

목 차

1부 체형관리 이론

2부 체형관리 실기

I

체형관리 이론

제 1 장

비만의 원인

비만의 원인은 음식을 많이 섭취하고 적게 소비하여 남은 잉여분이 쌓여 비만이 된다는 단순원리에 국한된 것이 아니라 개인에 따른 생리적 기능차이와 사회적인 많은 요인들이 다양하게 복합되어 있다.

보통 비만이라 하면 체중이 많이 나가는 것(과체중, over weight)이라고 단순히 생각한다. 하지만 엄밀히 말하면 비만증이란 체중에서 차지하는 체지방의 비율이 큰 것을 말한다. 즉 신체활동 등에 의해 소비된 칼로리보다 섭취된 칼로리가 많을 경우 여분의 칼로리가 지방조직의 형태로 몸속에 축적되어 생기는 것을 비만증이라 한다.

인체는 각종 영양소인 물이 50~60%, 지방이 25%, 단백질이 15%, 그리고 미네랄과 글리코겐이 3%정도로 구성되어 있다.

비만은 실제로 육안으로 보아서는 측정이 잘 되지 않는다. 근육조직이 잘 발달되어 있는 사람은 근육에서의 칼로리 대사율이 높기 때문에 인체 내 지방조직의 비율이나 비만도는 매우 낮게 나타난다. 그 반면에 육안으로 날씬해 보이는 사람도 실제로 비만도를 측정해 보면 비만도가 높게 나타나는 예가 많다. 인체의 구성성분 중에서 지방이 많고 나머지 근육조직이 적은 상태를 비만이라고 말할 수 있다. 건강한 인체의 지방조직과 근육조직의 비율은 1 : 3이 적당하다.

일반적으로 섭취한 칼로리는 기초대사 60~70%, 운동과 행동 15~20%, 음식물의 소화, 흡수, 대사 등에 10% 정도가 소비된다. 그러나 소비 칼로리보다 더 많은 칼로리를 섭취하면 잉여분의 칼로리는 중성지방으로 전환되어 지방조직에 축적되는 것이다.

그림 1-1. 과체중

표 1-1. 지방조직과 근육조직의 비교

구 분	지방조직	근육조직
형 태	물의 함량이 매우 적으며 가볍고 밀도가 낮은 조직이다.	몸에서 지방과 골격을 뺀 나머지 부분을 말한다.
위 치	피하지방층에 존재하며 기타 내부 장기의 주변 즉, 근육 층 사이, 안구주위 등에도 존재한다.	근육, 뼈 주위, 내장기관 등에 존재한다.
성 분	칼로리를 거의 소비하지 않는 조직으로 대분이 지방이다.	근육조직의 구성은 물 75%, 단백질 20.5%, 미네랄 5.4%, 글리코겐 0.9% 정도로 구성되어 있다.
인체 내의 비율	몸에서 지방이 차지하는 비율을 체지방률이라 한다. 체지방비율이 높은 상태 즉, 여성 25~30% 이상을 비만이라 한다.	근육조직의 비율이 높을수록 칼로리 소비가 많아 쉽게 살이 찌거나 빠지지 않는다.
칼로리 소비량	저장기능을 위주로 하므로 칼로리를 많이 소비하지 않는다.	칼로리 소비가 많다.

체중과다는 연령에 비해 평균보다 체중이 많이 나가는 것을 의미하는 것이다. 뼈의 무게가 무겁다거나 근육이 발달된 사람은 비만도에 상관없이 체중과다가 되어 나타날 수 있다. 따라서 비만을 판단하는 중요기준은 지방이 인체 내에 필요 이상으로 많은가 아니면 적당한 수준인가를 판단하는 것이 바른 방법이다.

1. 내적요인

뇌의 시상하부에 조절중추 장애 또는 이상으로 온다. 주로 포만(만복)중추에 따라 섭취량이 소비량보다 많을 때 생기는 비만을 말한다.

1) 대사성비만

지방조직 자체의 선천적 또는 후천적 대사이상에 의해 생기는 비만을 말한다. 임상적으로는 병적증상의 수반여부에 따라 단순비만과 증후성(수반성)비만으로 분류되고 있다.

2) 조절성비만

시상하부에 조절중추의 장애 또는 이상으로 주로 포만(만복)중추의 이상 여부에 따라 음식물 섭취량이 칼로리 소비량(요구량)보다 많아졌을 때 생기는 비만이다.

(1) 내분비기능장애

갑상선과 뇌하수체 등에서 내분비선의 기능장애로 비만이 형성될 수 있다. 또한 포만중추, 섭식중추의 이상으로 섭식기능의 장애가 발생한 경우에도 비만이 형성된다.

(2) 약물 부작용

부신피질호르몬제, 항 우울증제, 신경안정제, 경구피임약, 스테로이드주사 등의 장기투여는 비만을 초래 할 수 있다. 이러한 약품의 부작용으로 식욕증진효과를 들 수 있으며 갑작스런 음식물의 과다 섭취는 여분의 칼로리가 체내에 남게 되어 비만증을 유발한다.

3) 유전적인 요인

살이 찐 사람의 25~30%는 유전적으로 살이 찌기 쉬운 요인을 갖고 있다는 연구보고가 있다. 비만한 사람들의 대부분은 위의 활동력이 강하여 소화 흡수율을 높이며 이로 인해 식욕이 왕성한 경우가 많다. 또한 기초대사율이 낮은 것이 특징이다.

살이 찌기 쉬운 음식인 고지방, 고 열량식을 좋아하는 식습관 등이 중요한 영향을 끼친다.

유전은 체질적인 형태의 비만에 영향을 미친다. 유전적인 특성으로 인해 무거운 골격구조와 근육의 형성은 과체중의 원인이 된다. 비만인 청소년들은 비만이 아닌 사람들과 비교해 볼 때 지방이 과하기보다는 형태상의 모양이 다르다는 사실을 관찰하여야 한다. 이것은 매우 중요한 의미가 있다. 즉 비만인 사람은 그 비만의 형태가 부모의 비만 형태와 유사함을 발견 할 수 있다. 이것은 비만이 되는 경향에 유전적인 요인이 작용하고 있다는 것을 나타내는 것이다.

가족적인 비만은 유전적 원인과 가족 전체의 식습관에서 유래되는데 자녀에게 영향을 미친다. 부모가 정상일 경우 자녀 중 9% 정도만 비만아가 될 가능성이 있고, 한쪽부모가 비만일 경우는 자녀의 41%, 양쪽 모두 비만일 경우는 자녀의 73%가 비만이 될 가능성이 있다는 연구결과가 있다. 일반적으로 비만인 부모의 자녀들은 그들의 부모와 같은 음식을 먹고 생활하는 패턴이 비슷하기 때문이다.

이처럼 비만 유발 동기는 유전적 요인이 작용한다. 그러나 환경적인 요인이 70% 정도로 유전적인 요인보다 더 큰 영향을 미치기 때문에 바른 식생활을 실천하고, 적당한 운동을 생활화하면 정상체질로 변화시킬 수 있다.

(1) 비만증의 유전양상

비만증의 유전양상은 매우 복잡하다. 더구나 확실한 유전인자도 아직까지 밝혀지지 않았다. 유전적 비만에서 유전자의 영향은 환경적 인자에 의하여 그 효과가 증감되기도 한다. 즉 개개인의 체지방량 및 분포는 유전인자와 영양상태, 칼로리소비 정도, 사회·정신적인자 등의 환경인자와 상호작용에 의해 결정된다.

몸의 균형은 음식물의 섭취량과 소비량에 의하여 결정된다.

음식물을 섭취한 칼로리의 총열량은 물론 음식물의 구성성분, 식욕, 포만감 등이 관여한다. 칼로리 소비는 기초 대사량, 안정시 대사량, 식이성 열 생산량, 운동 및 작업에 의한 칼로리 소비량, 신체 활동량, 주위의 온도변화에 의한 열 생산량, 스트레스에 의한 열 생산량 등에 의해 결정된다.

비만관리를 위하여 특수 제조된 액체나 고체형 조절식이는 열량섭취량을 엄격히 제안하고 조절하므로 체중감소에는 편리하지만 이러한 조절식이는 장기간 시행하기 어려우므로 좋은 식습관을 유지하는 것이 무엇보다 중요하다. 살이 찐 사람들 중 칼로리가 높은 음식을 금해야 한다는 강박관념을 가지고 있다. 이런 경우에는 평상시의 음식의 양을 1/2~1/3로 줄이고 이에 적응하도록 훈련시키는 것이 바람직하다.

(2) 칼로리 소비의 유전성

인체 내에서 칼로리의 소비는 신체활동수준, 최소 운동에 필요한 기초 대사량, 안정시 대사율, 식이성 발열 등에 의해 결정된다. 동일한 양의 칼로리 섭취에도 불구하고 개체에 따라 체지방의 증가가 다르게 나타나는 이유는 유전적 차이에 의한 것이다.

습관적인 신체활동수준의 약 25~30% 정도는 유전적 영향을 받는 것으로 보고 있다. 즉 많은 양의 칼로리를 필요로 하는 활동이나 운동보다는 습관적인 신체활동 수준의 칼로리 소비에 있음을 시사한다. 쌍생아를 대상으로 최소운동에 필요한 칼로리 소비에 대한 유전적 영향을 분석한 결과 칼로리 소비량이 적은 수준의 운동에서 45% 이상의 영향을 받는 것으로 보고되었다. 그러나 칼로리 소비량이 안정시 대사율의 6배에 해당하는 운동에서는 칼로리소비에 대한 개체간의 유전적 영향은 없는 것으로 보고 있다.

(3) 체지방의 유전성

부모와 자식은 유전인자 외에도 거주환경이나 식습관과 생활습관 등 많은 환경 인자를 공유하고 있다. 그렇기 때문에 아이의 비만이 단순히 부모의 유전인자에 의해서만 결정된다고는 할 수 없다. 그러나 입양된 아이의 체중은 양부모보다 친부모의 체중과 더 밀접한 관계가 있다는 연구결과가 발표되면서 유전적인 인자에 대한 관심이 더욱더 높아지고 있다. 또한 쌍생아에 대한 연구에 의하면 서로 다른 환경에서 자란 일란성 쌍생아는 동일한 환경에서 양육된 이란성 쌍생아보다 더 많은 관계가 있다고 한다.

이러한 결과 때문에 비만의 발생에 유전자의 중요성을 시사하고 있다. 즉 피하지방량의 유전가능성은 적은데 비해 총 체지방량의 유전가능성은 상대적으로 높은 것을 미루어 볼 때 복부지방을 포함한 체내 총지방의 유전도 관련이 있는 것으로 보인다.

(4) 복부지방의 유전성

최근에는 복부비만 자체가 과다한 체지방의 축적보다 더 높은 위험을 보이는 인자로 인식되고 있으며 실제로도 복부비만자에게서 성인병 즉 만성소모성질환이 많이 발생되고 있다. 복부비만 중 피하비만형과 내장비만형이 있는데 특히 내장비만형이 위험한 이유는 내장주위에 쌓인 지방은 혈관 속으로 쉽게 침투하여 혈중 콜레스테롤 수치를 높이는 주범이 된다. 또한 체내의 포도당 소비를 조절하는 췌장의 인슐린분비작용이 방해를 받아 이로 인해 낮아진 인슐린의 효율을 높이기 위해 심장과 혈관에 무리를 주므로 결국 당뇨병, 고혈압 등의 심혈관계 질환으로 직결되기 때문이다.

2. 외적요인

1) 잘못된 식사패턴

(1) 과 식

비만의 원인 중 첫 번째로는 칼로리의 과다섭취이다. 섭취 칼로리가 소비되는 칼로리보다 많아 여분의 칼로리는 지방세포에 중성지방의 형태로 축적된다.

(2) 폭 식

비만자는 폭식에서 많은 칼로리를 섭취하는 경우가 많다. 폭식은 영양소 저장호르몬을 증식시키며, 결과적으로 더 많은 식사량을 요구하게 되므로 악순환이 반복된다. 즉, 고칼로리의 섭취는 인슐린의 분비를 높이고, 글루카곤의 분비를 저하시켜 지방의 합성을 촉진하게 된다. 한편 고지방식 만으로도 비만이 되기도 하며 알코올(술)의 섭취는 안주의 칼로리를 동반하게 되어 결국은 과잉섭취를 초래하기 쉽다.

(3) 야 식

신체는 낮 동안에는 교감신경의 작용이 활발하여 칼로리 소비를 촉진하지만, 밤에는 부교감 신경이 활발하게 작용하여 교감신경의 작용을 억제하므로 칼로리를 축적한다. 따라서 같은 음식, 같은 양이라도 낮에 먹는 것 보다 밤에 먹으면 훨씬 더 많은 지방을 몸 안에 축적시키는 결과를 초래한다.

2) 잘못된 식습관

(1) 불규칙한 식사시간

한 끼에 먹는 양이 적으면 식사로 인해 흡수된 영양분은 곧 소비되어 칼로리 부족현상을 나타낸다. 그 칼로리를 보충하기위해 몸에 축적되어 있는 지방을 분해하여 이용하는 것이 바로 체중이 감소되는 현상이다. 그러므로 하루 식사량을 아침에 25%, 점심에 50%, 저녁에 25%로 나누어 섭취하되 식사는 소량으로 하며 식사시간을 일정하게 해서 지방을 규칙적으로 소비하는 것이 좋은 방법이다. 이 리듬이 무너지면 갑작스런 변화로 인해 체중이 안정되지 못한다.

(2) 식사 거르기

비만인 사람들 중에는 식사량을 줄이기 위해 아침, 점심, 저녁 중 한 끼를 거르는 사람이 있는데 이런 식습관이 바로 비만의 원인이 된다. 한 끼를 거르면 다음 식사 때 공복감이 심해져 많이 먹게 된다. 한 번에 음식을 많이 먹게 되면 혈당치가 높아지고 이에 따라 인슐린의 분비도 촉진되어 지방세포의 지방합성이 늘어난다.

(3) 간 식

하루 세끼 이외의 음식물 섭취는 칼로리 과잉이 되기 쉬우며 이는 곧 비만을 촉진시키게 된다. 간식이 문제가 되는 또 다른 이유는 간식으로 먹는 식품들이 대부분 고칼로리 식품이라는 것이다. 쉽게 접할 수 있는 인스턴트식품이나 패스트푸드식품 등은 대부분의 경우 고칼로리 식품들로 영양소 중 탄수화물에 집중되어 있는 반면 인체에 필요한 영양소가 골고루 함유되어 있지 않는 것이 대부분이어서 쉽게 비만해지는 한편 영양상태의 균형이 깨지기 쉽다.

(4) 먹는 것으로 스트레스를 해소

개인에 따라 먹는 행동으로 욕구를 만족시키거나 불안을 완화시키는 경우가 있다. 당분의 섭취는 긴장이나 걱정을 덜어 주고 우울하고 공허한 생활로부터 기분을 전환해 주기도 한다. 이런 이유로 스트레스를 가진 사람들 중에는 먹는 것을 스트레스 해소의 수단으로 삼는 사람들이 있는데 이러한 습관은 당연히 비만을 초래하게 된다.

3) 현대생활패턴상의 문제점

사회구조 및 생활양식에서 초래되는 비만증의 원인을 보면 다음과 같다.

① 생활기구의 기계화 및 간소화로 인한 노동량의 감소

② 기계화된 교통수단

③ 운동의 참여보다는 보고 즐기는 사람들이 증가

④ 맞벌이가족의 외식 증가

⑤ 경제적 상태, 수입의 증가 등으로 인해 생활·문화적으로 음식을 즐기는 경향의 증가

(1) 운동부족

운동부족은 칼로리를 소비하지 못하기 때문에 저장 칼로리를 늘리도록 작용하여 자연스럽게 체내에 여분의 지방이 쌓이게 된다. 즉 섭식량과 소화 흡수율의 변화가 없는 상태에서 일상생활의 작업량이나 운동량이 줄면 칼로리 섭취량은 상대적으로 잉여분이 발생되어 비만이 된다.

(2) 활동량 및 기타

사람이 마르거나 찌는 원리는 섭취된 칼로리보다 사용한 칼로리가 적어서 살이 찐다는 원리이다. 생활습관이나 직업상의 특징으로 활동량이 적을 경우에도 비만이 생긴다. 이때 음식의 섭취량과 활동으로 인한 소모량이 균형을 이루어야 한다. 그러나 현대에는 현실적으로 많은 부분에서 사람의 힘보다는 기계의 이용도가 높아지고 있어 같은 일을 하더라도 활동량이 적어 칼로리 소비가 적게 되어 살이 찔 수 있다.

4) 감정상의 문제(스트레스, 우울, 불안, 분노 등)

체중감소를 하기 전에 스트레스, 우울, 불안, 분노 등 감정문제를 우선 처리해야하며 육체적 능력에 알맞은 규칙적인 운동을 권해야 한다.

알맞은 체중을 유지하려면 식습관을 바꾸고 생활양식의 변화를 가져오도록 하되 기초식품군과 영양소가 균형을 이루는 식품선택이 중요하다.

또한 체중감소는 급격히 이루어지기 보다는 서서히 이루어져야한다. 개인에 따라 계획적인 저 열량식사도 2~3주간은 만족한 결과를 얻지 못하는 경우가 있다. 이런 경우는 체중조절을 포기하기 쉬우나 인내심을 갖고 식이요법과 운동요법을 병행하여야 하며 무엇보다도 장기적인 식이요법관리가 필요하다. 1주일에 이상적인 체중감소는 500~1,000㎎이다.

5) 정신적, 사회적 인자

일반적인 경우 불안, 고민 슬픔 등의 감정변화가 생기면 식욕을 억제하는 작용을 한다. 하지만 사람에 따라서는 욕구불만이 음식을 섭취하는 행동으로 변하여 식욕을 항진시킨다고 한다. 예를 들면 자식의 불만에 차 있을 때 간식을 주어 불만을 회피하는 부모의 과잉보호행위는 자녀가 성장한 후 정신적 스트레스를 받을 때 먹는 것으로 위로하는 습관을 만들어 주는 결과를 낳게 하는 경우도 있다. 또한 개인차는 있으나 스트레스를 받게 되면 인체 내의 소화작용이 더욱 더 활발해져 식욕이 촉진되는 예도 있다.

6) 기 타

체중 조절은 개인에게 주어진 문제이므로 칼로리 조절과 지속적인 운동 외에도 개인의 감정적 반응 및 과거의 다이어트 경험에 비추어 조절함이 중요하다.

비만증은 모든 시기에 일어날 수 있으며 일단 비만증이 생기면 지방세포의 수가 증가하거나 지방세포의 크기가 증가하기 때문에 치료하기 어렵다.

체중증가의 잠재는 청소년기나 성년초기에 확립된다고 Herser는 주장한다. 나이 들어 체중을 감량하고자 할 때는 지방세포 수의 감소가 아니라 크기를 감소시키는 것이므로 지방세포가 확립되기 전에 체중감량을 하는 것이 가장 효과적일 수 있다.

비대한 청소년들의 활동은 각종 운동에서도 정상체중인 보다 비활동적이며 더구나 자신의 운동력부족을 인식하고 있지 않다고 하며 20% 이상의 체중감소로 운동능력이 상당히 증가 했다고 하는 Mayer의 연구가 있다.

비만한 동물의 체중증가는 그렇지 않은 동물에 비해 쉽게 증가한다는 사실을 Peckham은 보고하고 있다.

한편 과다체중은 호흡과 관련이 있다. 이는 생체의 산소공급이 지방세포로 인하여 늦어지고 그 결과 운동내성이 감소되어 더욱 호흡하기가 어려워진다. 또한 비만한 사람에게는 열이 많이 발생하기 때문에 습하고 마찰이 심한 지방층부분에 발진, 염증, 부스럼 등이 생기는 경향이 크다.

하루의 식사횟수와 단식이 식욕과 체중에 어떻게 영향을 끼치는지는 찬반양론이 많기 때문에 계속 연구과제로 남아 있다.

제2장 비만의 형태

1. 비만증의 종류

1) 원인에 의한 분류

(1) 단순성 비만

과식과 운동부족이 원인이 되는 단순성 비만으로 비만한 사람의 95%가 이에 속한다.

(2) 증후성 비만

내분비의 질병이나 유전의 의한 비만이다.

2) 유형별 분류

비만관리에 있어 비만의 유형을 잘 분류하는 것은 매우 중요하다.

(1) 지방세포

지방세포의 숫자가 증가하는 세포 증가형과 지방세포의 크기가 증가하는 세포 비대형으로 구분 할 수 있다.

① 지방세포의 증가형

소아비만의 대부분이 이에 속한다.

체세포증식이 왕성한 유아, 소아, 사춘기에는 열량섭취가 소비보다 많으면 소비하고 남은 칼로리가 지방세포의 증식을 초래한다. 이런 상태의 비만은 치료하기가 매우 어렵다. 체중조절을 시도하여 세포의 크기를 작게 할 수 있지만 한번 늘어난 세포의 수는 줄일 수 없기 때문에 비만관리의 효율성도 떨어지고 후에 다시 원상복귀되기 쉽다. 그러므로 성장기 어린이의 체중관리는 아무리 강조해도 지나치지 않다.

② 지방세포의 비대형

성인비만이 대부분 이에 속한다. 성인이 되면 지방세포의 수는 더 이상 증가하지 않는다. 다만 열량섭취가 과도한 경우에 이미 있는 지방세포들이 지방저장량이 증가해 그 세포의 크기가 늘어나고 부풀어 오른다. 식이요법이나 운동요법 등을 통해 칼로리 대사를 높이면 지방세포에 저장되어 있던 지방이 빠져나가 그 크기가 줄어들 수 있어 비교적 치료가 용이하다.

③ 혼합형

성장기와 성인기의 중간에 있는 사춘기에는 열량섭취가 과도한 경우 일부 지방세포증식이 있으면서 동시에 지방세포에의 저장으로 인해 크기도 증가한다.

(2) 체형과 형태상의 관점

비만은 개인의 체형과 부위에 따라 크게 상체 비만, 하체 비만 그리고 전신비만으로 구분된다. 상체 비만은 복부나 허리에 지방이 축적된 상태이고, 하체 비만은 엉덩이나 대퇴부에 지방이 축적된 형태이다. 그리고 전신 비만은 상체와 하체를 포함한 전신이 모두 비만한 경우이다.

① 상체 비만

주로 남성들에게 많고 성인병(고혈압, 당뇨병 등) 발병률이 높으나 규칙적인 운동으로 좋아질 수 있다. 상체 비만은 지방세포가 크게 변한 것이므로 운동을 하면 지방분해가 쉬워 근육운동에 필요한 에너지원으로 변하기 때문에 쉽게 체중이 감량될 수 있다. 여성들 중에도 폐경기나 호르몬 변화 등의 원인으로 이러한 유형이 될 수 있다. 어깨, 얼굴, 팔, 목, 가슴, 복부의 윗부분에 지방이 축적된 형태이며 상체는 비만인데 비해 하체인 엉덩이와 다리는 비교적 날씬한 편에 속한다.

중앙 집중형(central), 복부형(abdominal), 남성형(android), 사과형(apple shape)이 상체 비만에 속한다. 상체 비만도 크게 피하지방형과 내장지방형으로 나뉜다.

가. 피하지방형

- 배와 허리는 물론 몸 전체가 뚱뚱하게 살찐 형태이다.
- 피하조직에 지방이 심하게 축적된 형태이다.

나. 내장지방형

- 피하보다는 내장에 지방이 심하게 축적된 상태이며 각종 성인병 등 건강에 대한 위험이 매우 높다.
- 특히 복부만 앞으로 볼록하게 나온 타입으로 흔히 복부 비만이라고 불린다.
- 비만의 주요 합병증들인 심혈관계 질환, 고혈압, 당뇨병, 동맥경화, 통풍 등의 질병에 걸릴 확률이 높다.
- 지방세포의 크기가 크기 때문에 체중조절이 비교적 쉽다.

표 2-1. 비만증에 합병되기 쉬운 질환

계통별	합병증	발병원인
순환기 계통	심장장애(심장비대증, 심근경색 등)	작업량, 심부하의 증대, 관상동맥경화
	혈관장애(고혈압, 동맥경화 등)	심박출량의 증가, 동맥경화, 혈중지질증가, 고혈압 등
	혈액조성이상(당뇨병, 고지혈증, 통풍 등)	고혈당, 인슐린의 능력저하
	간, 담낭장애(지방간, 담석증 등)	고지혈증, 혈관 내 지방침착 등
호흡기 계통	호흡곤란	흉곽과 복강의 지방침착, 호흡 장애
	잦은 졸음 등	호흡곤란으로 인한 수면장애 등
생식기 계통	불임 월경불순 성욕감퇴	
기 타	변형된 관절염 체중부하 척추(주로 요추)의 어긋남	

Tip

내장비만이 위험한 이유

내장주위에 쌓인 지방은 혈관 속으로 쉽게 침투하여 혈중 콜레스테롤을 높이는 주범이 된다. 또한 인체 내의 포도당 소비를 조절하는 췌장의 β-세포에서 분비하는 인슐린의 작용이 방해를 받아 이로 인해 낮아진 인슐린의 효율을 높이기 위해 인슐린의 분비가 늘면서 심장과 혈관에 무리가 생겨 결국엔 당뇨병, 고혈압 등의 심혈관계 질환으로 야기될 수 있다.

② 하체 비만

- 주로 여성들이 이 유형에 속하다. 비대한 하체에 비해 상체의 안면과 목 부분은 정상처럼 보인다.
- 말초성(peripheral), 여성형(gynoid), 둔부형(gluteal), 서양배형(pea shape)이 이에 속한다.
- 둔부와 대퇴부에 지방축적이 과다하게 있으며 하지정체와 부종 등의 순환정체 문제를 동반하고 있다.
- 전신의 피로감이 쉽게 오고 손이나 발이 자주 저리며 정맥류의 증상이 올 수 있고 셀룰라이트가 많다.
- 성인병에 걸릴 확률은 적으나 지방세포의 수가 많아 체중조절이 어렵다.
- 비만의 원인이 단순히 지방으로 인한 비만인지 순환이 나빠 수분의 정체로 인해 악화된 것인지 그 원인을 파악하여야 해결책을 찾기 쉽다.

③ 전신 비만(원통형)

- 외형으로 피하지방이 발달한 비만 형태이다.
- 비만의 정도를 체성분 중 지방의 양이 몇 퍼센트 포함되어 있는지 판정하는 방법으로 캘리퍼(caliper)를 이용하여 체지방률을 산출한다.
- 복부, 둔부가 다 비대하여 몸 전체가 원통처럼 보이며 BMI 수치가 매우 높다.
- 몸의 움직임이 매우 둔하여 걷거나 뛸 때 힘들어 한다.
- 인체 내에 쌓인 지방조직들이 내장 및 체내기관들의 움직임을 방해하여 여러 합병증을 동반하는 경우가 많다.
- 체중조절시 특별한 관리가 필요하다.

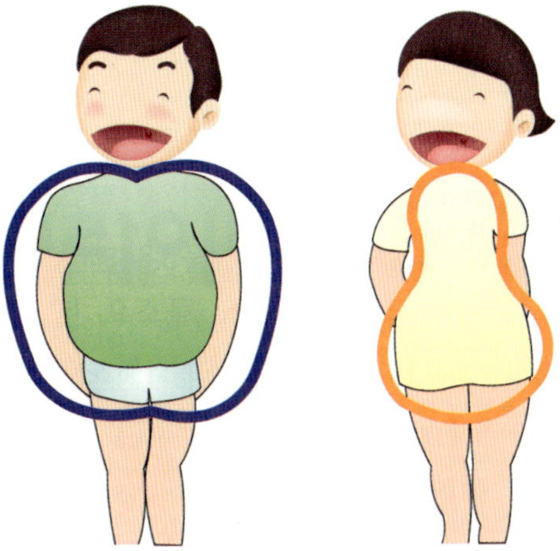

그림 2-1. 상체 비만(좌)과 하체 비만(우)

3) 증상별 분류

인간을 비롯한 모든 동물도 칼로리 섭취량이 많은 반면, 소비량이 적으면 비만해진다. 따라서 지방세포가 늘어나고 커진다. 또한 신체 각 부분의 지방세포의 분포도 등에 따라 비만으로 인해 질병이 초래될 수 있다. 이는 타고난 유전적 체질에 따라 다르다.

어떤 사람은 지속적으로 과식을 해도 살이 찌는 속도가 느린 반면, 어떤 사람은 쉽고 빠르게 체중이 증가한다. 이것은 지방세포의 수와 크기 또는 소화흡수율의 차이, 흡수 후의 체내 대사이상 등에 따라 차이가 많다. 현재비만의 원인으로 간주되고 있는 요인들은 단순비만, 질환으로 인한 비만, 물에 의한 비만, 지방형비만, 정신작용에 의한 비만, 혼합비만, 지방세포의 증식형비만, 지방세포의 비대형비만 등으로 나눌 수 있다.

(1) 단순비만

운동부족과 과식 등으로 인해 칼로리 불균형을 초래하여 비만이 되는 경우를 말하는데 이 단순비만이 전체 비만증 원인의 90% 이상을 차지하고 있다. 평상시의 식습관과 정신적작용 등에 의해서도 비만이 발생되기도 한다.

단순비만의 원인으로는
① 과식에 의한 칼로리의 과잉섭취
② 칼로리 소비의 부족
③ 소화흡수율의 상승작용
④ 소화흡수 후의 체내대사 이상 등이다.

(2) 질병으로 인한 비만 또는 증후성 비만

어떤 질병이 원인이 되어 생기는 비만으로서 증후성 비만이라고 한다. 일반적으로 이러한 비만은 이차성비만, 수반성비만이라고 하며 질병을 앓고 난 후 후유증에 의한 경우가 많으며 심한 비만이 되는 경우는 적다.

그 원인으로는 호르몬의 이상에 의한 비만(갑상선기능 저하증, 쿠싱 증후군, 성선기능 저하증), 유전성 비만, 뇌의 이상에 의해 생긴 비만, 스테로이드호르몬제 또는 경구피임약 등의 복용이 주요인이다.

(3) 지방세포수의 증식형 비만

지방세포의 크기는 정상이지만 지방세포의 수가 증가하는 경우이다. 지방세포의 수가 증가하는 시기는 인체가 급속도로 성장하는 시기와 같다. 즉, 생후 1년과 12~15세 사이의 사춘기이다. 증식형 비만은 주로 소아비만에 많다. 소아비만인 상태에서 성인이 되면 세포의 크기는 작아질 수 있지만 세포의 수는 변하지 않기 때문에 비만에서 해방되기는 쉽지 않다.

증식형 비만의 경우는 가족의 식습관과 생활방식과 행동양상에도 밀접한 관계가 있기 때문에 가족모두의 노력이 필요하다.

(4) 지방세포의 비대형 비만

지방세포의 수는 거의 정상에 가까우나 지방세포 하나하나가 커져서 생기는 비만이다. 보통 중년 이후에 그 양상을 보이며 드물게 소아에서 나타나기도 한다.

저열량 식이에 의해 정상화 될 수 있으며, 다른 비만형태보다 관리가 용이하다. 그 이유는 성인이 된 후 시작된 비만이므로 정상체중 즉, 과거의 체중으로 돌아가려는 회기본능으로 인해 인체는 항상성을 유지하며 수개월 내에 정상체중을 회복하는 예가 많기 때문이다.

(5) 물에 의한 비만

인체는 60~70%의 물로 이루어져 있다. 물로 인한 비만 즉, 수용성 비만인 사람은 신진대사가 느려서 여분의 물이 체외로 배출되지 못하고 쉽게 체내에 축적된다. 이러한 사람은 신장이나 방광의 기능이 좋지 않는 경우가 많으며 몸이 쉽게 부어 부종이 유발된다.

평소에 몸을 따뜻하게 하고 땀을 내어 수분을 몸 밖으로 배출하도록 하여야 하며 내과적인 치료를 병행하여야 한다.

(6) 지방성 비만

혈액 속에 노폐물이나 지방이 많아지면 혈액이 혼탁해져 혈액순환이 느려진다. 이는 내장의 기능저하를 가져와 체내 칼로리 소비율이 저하됨으로써 체중이 증가한다. 따라서 지방성 비만인 사람은 식생활의 개선뿐만 아니라 혈액순환을 개선 할 수 있는 여러 종류의 운동을 같이 병행하는 것이 좋다.

(7) 정신작용에 의한 비만

비만의 중요한 원인으로 스트레스, 우울증, 욕구불만, 불안과 같은 여러 종류의 정신작용을 들 수 있는데 이와 같은 정신적 요인은 개인에 따라 과식을 초래하기도 한다. 즉, 음식물을 섭취함으로써 긴장감이나 스트레스 등을 완화시키고 안정감을 찾으려 하기 때문이다. 이때 부교감신경이 작용하여 신진대사를 둔화시켜 필요 없는 지방이나 수분의 배출을 방해하므로 비만해지게 된다.

(8) 혼합 비만

위에서 열거한 비만 형태들 중 둘 이상이 혼합된 형태로써 그 원인을 정확히 파악하기는 어려우며 혼합형인 만큼 비만을 치료하는데 많은 시간과 노력이 필요하다. 전체적으로 체중을 줄이는 식이요법, 운동요법 그리고 행동수정요법 등이 병행이 되어 집중적인 관리가 이루어져야하며 비만의 정확한 원인을 파악하고 인내심을 가지고 꾸준히 관리를 하여야 한다.

2. 비만 측정방법

비만측정의 방법은 매우 다양하다. 정확한 체지방을 측정하기위해 기계장비까지 동원되고 있지만 현재 전 세계적으로 많이 사용되고 있는 방법은 체지방비율분석법, 신체질량지수(body mass index : BMI), 허리둘레(waist circumference), 그리고 표준 체중법(ideal body weight) 등이 있다.

1) 체지방비율분석법

물속에서 비만도를 측정하는 방법으로는 전체 체중에서 지방이 차지하는 비율(체지방비율)이 25% 이상이 되면 쉽게 물에 뜨는 것을 이용한 것이다.

근육조직이 잘 발달한 사람보다 마른체격에 지방이 많은 사람이 더 날씬해 보이는 경우가 있다. 이런 경우 체지방비율분석법을 활용하면 비만도를 정확히 알 수 있다.

남자는 15~18, 여자는 18~22 정도가 적당하며 여성의 경우 25% 이상일 때를 비만으로 간주한다.

범 위	분 류	물속에서의 상태
체지방비율이 14% 이하	마른남성	바닷물에서도 쉽게 가라앉는다.
체지방비율이 15~21%	마른여성, 보통의 건강한 남성	숨을 들여 마신 상태에서도 서서히 물속에 가라앉는다.
체지방비율이 21~25%	건강한 보통여성, 살찐 남성	숨을 들이마시면 뜨고 내쉬면 가라앉는다.
체지방비율이 25% 이상	고도의 비만	쉽게 물에 뜬다.

2) 신장과 표준체중을 이용한 비만도 분석법

가장 보편적으로 사용되는 비만측정방법이다. 신장과 체중을 실제로 측정해서 비만의 정도를 측정하는 방법으로 신체의 지방조직을 간접적으로 측정하는 방법이다.

(1) Borca′s의 공식에 의한 측정법

표준체중(㎏) = [신장(㎝) - 100] × 0.9

예) 키가 160㎝인 경우는 (160-100) × 0.9 = 54kg, 즉 54㎏이 표준체중인 것이다. 표준체중의 10%를 초과했을 때를 과체중, 20%를 초과했을 때를 비만이라고 한다. 그러나 통계적 범주에서 보면 비만은 특별한 나이와 성별에 있어서 체지방의 평균값을 5% 초과한 상태이다.

예를 들면 15% 체지방을 가진 젊은 남자들에 있어서 비만에 대한 경계선은 20%의 체지방이 된다. 이에 비해 중년남성의 평균체지방은 약 25%이며, 이들에게 있어서 비만은 체지방함량이 30%를 초과한 경우에 해당된다. 또한 17~30세 사이가 되는 젊은 여성들은 체지방이 25%를 초과했을 때 비만이라 하며 31~50세의 중년여성의 비만경계선은 약 30%가 된다. 비만정도를 정확하게 진단하기 위해서 전문비만관리실을 찾아야 하나 borca's 지수의 예를 든다면 신장이 170㎝일 때 (170-100)×0.9 = 63kg, 즉 표준체중은 63㎏이 되는 셈이다. 자기의 체중이 이 표준체중보다 남자는 20%, 여자는 30% 이상이면 비만자로 보아야 할 것이다.

(2) 실측체중과 표준체중의 비교측정법

비만도 = [실측체중(㎏) - 표준체중(㎏)] / 표준체중(㎏) × 100

비만도가 표준체중의 10% 이내를 정상, 10% 이상을 과체중, 20% 이상을 비만이라고 한다.

위의 두 공식을 이용해 나온 수치에 따라 자신의 비만도를 다음과 같이 평가하는데, 12% 이상이 초과하는 경우부터 병적인 증상이 서서히 시작되는 비만이라고 정의하고 의료적인 치료가 필요한 환자의 범주에 속한다고 볼 수 있다.

표 2-2. 표준체중(남자)

신장 (cm)	위험 비만 (매우위험)	보통 비만 (주의요함)	이상적인 체중			보통마름 (주의요함)	위험마름 (매우위험)
	+30%	+20%	+10%	**표준체중**	-10%	-20%	-30%
156	72.7	67.1	61.5	**55.9**	50.3	44.7	39.1
157	73.6	67.9	62.3	**56.6**	50.9	45.3	39.6
158	74.4	68.6	62.9	**57.2**	51.5	45.8	40.0
159	75.3	69.5	63.7	**57.9**	52.1	46.3	40.5
160	76.2	70.3	64.5	**58.6**	52.7	46.9	41.0
161	77.1	71.2	65.2	**59.3**	53.4	47.4	41.5
162	78.0	72.0	66.0	**60.3**	54.0	48.0	42.0
163	78.9	72.8	66.8	**60.7**	54.6	48.6	42.5
164	79.8	73.7	67.5	**61.4**	55.3	49.1	43.0
165	80.7	74.5	68.3	**62.1**	55.9	49.7	43.5
166	81.6	75.4	69.1	**62.8**	56.5	50.2	44.0
167	82.7	76.3	70.0	**63.6**	57.2	50.9	44.5
168	83.6	77.2	70.7	**64.3**	57.9	51.4	45.0
169	84.5	78.0	71.5	**65.0**	58.5	52.0	45.5
170	85.5	79.0	72.4	**65.8**	59.2	52.6	46.1
171	86.5	79.8	73.2	**66.5**	59.9	53.2	46.6
172	87.5	80.8	74.0	**67.3**	60.6	53.8	47.1
173	88.5	81.7	74.9	**68.1**	61.3	54.5	47.7
174	89.6	82.7	75.8	**68.9**	62.0	55.1	48.2
175	90.6	83.6	76.7	**69.7**	62.7	55.8	48.8
176	91.7	84.6	77.6	**70.5**	63.5	56.4	49.4
177	92.7	85.6	78.4	**71.3**	64.2	57.0	49.9
178	93.7	86.5	79.3	**72.1**	64.9	57.7	50.5
179	94.8	87.5	80.2	**72.9**	65.6	58.3	51.0
180	95.9	88.6	81.2	**73.8**	66.4	59.0	51.7
181	97.0	89.5	82.1	**74.6**	67.1	59.7	52.2
182	98.2	90.6	83.1	**75.5**	68.0	60.4	52.9
183	99.2	91.6	83.9	**76.3**	68.7	61.0	53.4
184	100.4	92.6	84.9	**77.2**	69.5	61.8	54.0
185	101.5	93.7	85.9	**78.1**	70.3	62.5	54.7

표 2-3. 표준체중(여자)

신장 (cm)	위험 비만 (매우위험)	보통 비만 (주의요함)	이상적인 체중			보통마름 (주의요함)	위험마름 (매우위험)
	+30%	+20%	+10%	**표준체중**	-10%	-20%	-30%
140	60.8	56.2	51.5	**46.8**	42.1	37.3	32.8
141	61.4	56.6	51.9	**47.2**	42.5	37.8	33.0
142	61.9	57.1	52.4	**47.6**	42.8	38.1	33.3
143	62.5	57.7	52.9	**48.1**	43.3	38.5	33.7
144	63.1	58.2	53.4	**48.5**	43.7	38.8	34.0
145	63.6	58.7	53.8	**48.9**	44.0	39.1	34.2
146	64.1	59.2	54.2	**49.3**	44.4	39.4	34.5
147	64.7	59.8	54.8	**49.8**	44.8	39.8	34.9
148	65.3	60.2	55.2	**50.2**	45.2	40.2	35.1
149	65.8	60.7	55.7	**50.6**	45.5	40.5	35.4
150	66.3	61.2	56.1	**51.0**	45.9	40.8	35.7
151	66.8	61.7	56.5	**51.4**	46.3	41.1	36.0
152	67.5	62.3	57.1	**51.9**	46.7	41.5	36.3
153	68.0	62.8	57.5	**52.3**	47.1	41.8	36.6
154	68.6	63.4	58.1	**52.8**	47.5	42.2	37.0
155	69.2	63.8	58.5	**53.2**	47.9	42.6	37.2
156	69.8	64.4	59.1	**53.7**	48.3	43.0	37.6
157	70.5	65.0	59.6	**54.2**	48.8	43.4	37.9
158	71.1	65.6	60.2	**54.7**	49.2	43.8	38.3
159	71.8	66.2	60.7	**55.2**	49.7	44.2	38.6
160	72.4	66.8	61.3	**55.7**	50.1	44.6	39.0
161	73.1	67.4	61.8	**56.2**	50.6	45.0	39.3
162	73.8	68.2	62.5	**56.8**	51.1	45.4	39.8
163	74.5	68.8	63.0	**57.3**	51.6	45.8	40.1
164	75.3	69.5	63.7	**57.9**	52.1	46.3	40.5
165	76.2	70.3	64.5	**58.6**	52.7	46.9	41.0
166	77.0	71.0	65.1	**59.2**	53.3	47.4	41.4
167	77.9	71.9	65.9	**59.9**	53.9	47.9	41.9
168	78.7	72.6	66.6	**60.5**	54.5	48.4	42.4
169	79.7	73.6	67.4	**61.3**	55.2	49.0	42.9
170	80.6	74.4	68.2	**62.0**	55.8	49.6	43.4
171	81.6	75.4	69.1	**62.8**	56.5	50.2	44.0
172	82.7	76.3	70.0	**63.6**	57.2	50.9	44.5
173	83.7	77.3	70.8	**64.4**	58.0	51.5	45.1
174	84.9	78.4	71.8	**65.3**	58.8	52.2	45.7
175	86.1	79.4	72.8	**66.2**	59.6	53.0	46.3

표 2-4. 위의 두 공식을 이용해 나온 수치에 따라 자신의 비만도 평가

표준체중과 비만도 측정 결과	비만도 평가결과
90% 이하	허약
90~100%	마름
100~110%	정상
110~120%	과체중
120~130%	경도비만
130~150%	중등도비만
150% 이상	고도비만

* 신장이 155㎝ 이하의 성인이나 어린이들은 그냥 신장에서 100을 뺀 수를 표준체중(broca's index)으로 하기도 한다.

(3) 신체질량지수측정법(Quetelet's Body Mass Index, BMI)

자기신장과 체중사이의 관계를 측정하는 지수로서, 자신의 몸무게(kg)를 신장(m)을 제곱하여 나누어서 얻어진 수치를 가지고 비만도를 판단하는 것이다.

신체질량지수(body mass index, BMI) = 몸무게(kg) / 신장(m)의 제곱 = kg/m²

예) 키가 160㎝, 몸무게가 60kg인 경우는 $60kg/(1.6m)^2$ = 23.43kg/m² BMI는 23.43

표 2-5. BMI수치에 따른 비만평가도 / 세계보건기구(WHO) 기준

비만도의 분류		BMI의 수치
저체중(under weight)		18.5 미만
정상(normal)		18.5~24.9
과체중(over weight, pre obese)		25.0~29.9
비만 (obese)	- 중등증(class Ⅰ) - 중 증(class Ⅱ) - 고도의 비만(class Ⅲ)	30.0~34.9 35.0~39.9 40.0 이상

* BMI에 의한 측정방법은 성장기 어린이나 너무 고령인 노인들 그리고 운동선수처럼 근육량이 과도하게 많은 사람들에게는 잘 맞지 않는 경우도 있다.

(4) 카우프 지수(Kaup`s Index)

영·유아(5세 미만의 어린이중 특히 2세 미만)의 비만을 판정하는데 많이 쓰이는 지수이다. 판정기준은 13 이하는 고도수척, 13~15는 수척, 15~19는 정상, 19~22은 체중과다, 22 이상은 비만이다.

카우프지수(신체질량)는 사망률과의 연관성을 본 지수로서 22 이하이면 사망률이 가장 낮고 지수가 높을수록 사망률도 높아지나 지나치게 낮은 경우에도 사망률은 증가한다.

kaup′s index = [체중(kg)/키(cm) X 키(cm)] X 100

표 2-6. kaup′s 지수의 추적식과 판정기준

상 태	만 1세 미만	만 1~2세
영양 불량	15 미만	14 미만
정 상	15~18	14~17
비만 경향	18~20	17~18.5
비 만	20 초과	18.5 초과

(5) 로러 지수(Rohrer`s Index)

골격, 근육, 내장, 모든 기관 조직 등의 발육상태 및 영양상태 지수이며 신체 충실지수이다. 신장을 한 변으로 하는 정육면체에 포함되는 체중 부피이다. 키가 클수록 로러지수는 작아지며, 신장의 변량에 근거를 둔 해석이 필요하다. 측정값이 114 이하는 마름형, 115~144는 표준형, 145~159는 과체중, 160 이상은 비만이다.

rohrer′s index = { 체중(kg)/키(cm)X키(cm)X키(cm) } X 10^6

3) 피부주름두께 측정법

피부주름두께를 측정하는 것은 체중과 신장을 이용한 방법보다 좀 더 정확하게 체지방량을 평가할 수 있다. 캘리퍼를 사용하여 한국인의 경우 상완, 견갑골하부 피부주름두께를 측정하여 그 합으로부터 체밀도를 계산하여 체지방률을 알아내는 방법이다.

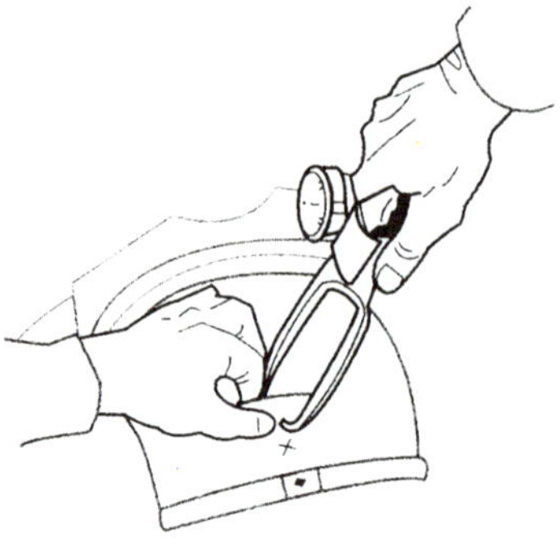

그림 2-2. 캘리퍼를 이용하는 방법

남자의 경우 30㎜ 이상을 과체중, 45㎜ 이상을 비만으로 보며, 여자의 경우는 45㎜ 이상을 과체중, 60㎜ 이상을 비만으로 본다.

4) 허리둘레와 엉덩이둘레비율 측정법(Waist Hip Rate ; WHR)

허리둘레와 엉덩이둘레의 비율을 평가방법으로 사용한다.

허리와 엉덩이둘레의 비율(waist hip rate)은 허리둘레는 갈비뼈하단과 골반의 장골능선의 상단사이에 가장 오목한 부위를 측정하는 방법으로 가장 간단하며 널리 애용되고 있다.

허리둘레를 엉덩이둘레로 나누어서 얻어진 수치를 가지고 비만의 유형과 위험도를 평가한다. 이때 얻어진 수치가 여성은 0.8 이상, 남성은 1.0 이상일 경우는 건강의 위험도가 가장 높은 복부비만으로 정의 될 수 있다.

허리와 엉덩이둘레의 비율(waist hip rate, WHR) = 허리둘레 / 엉덩이둘레

표 2-7. 허리둘레 기준의 비만위험도 / 세계보건기구(WHO) 발표

	백인	아시아	중국
남성	〉102㎝	〉90㎝	〉85㎝
여성	〉88㎝	〉80㎝	〉80㎝

5) 체성분 분석기기

인체의 성분은 크게 수분, 단백질, 무기질, 체지방 이렇게 네가지로 구성되어 있다. 이와 같은 구성 성분의 비율은 성별과 나이, 식이, 생활환경 등 개개인의 특성에 따라 상이한 차이를 보이며 이것은 건강과 매우 밀접한 관련이 있다.

건강한 사람은 적당량의 체성분이 균형적인 비율을 유지하고 있는데, 이 균형이 무너지면 체성분 상호간의 불균형이 초래된다. 단백질 부족으로 인한 영양결핍, 세포 외 수분 증가로 인한 부종, 무기질 부족에 의한 골다공증, 체지방 증가로 인한 비만 등이 발생한다.

따라서 각각의 체성분 분석을 통하여 영양 상태, 비만과 같은 몸의 상태를 파악할 수 있으며 신체 균형도를 예측할 수 있다. 이러한 체성분을 분석하는 방법으로 현재 생체 임피던스 측정법(BIA)이 활용되고 있다.

생체 임피던스 측정법(BIA)을 이용한 기기는 휴대용, 가정용, 전문가용으로 나뉜다.

휴대용 체지방 측정기는 상체의 인체 저항을 구하는 방식을 채택하는데 양쪽 측정단자를 엄지와 검지를 이용해 잡은 후 수초 지나면 체지방량이 측정된다. 그러나 상체에 지방이 많이 몰려 있는 경우 정확하지 않을 수 있다.

가정용 체지방 측정기는 가정에서 사용하기 편리하도록 고안된 측정기로 키, 성별, 나이를 입력한 뒤 체중계처럼 판 위에 올라간 후 수초 기다리면 체지방이 측정된다.

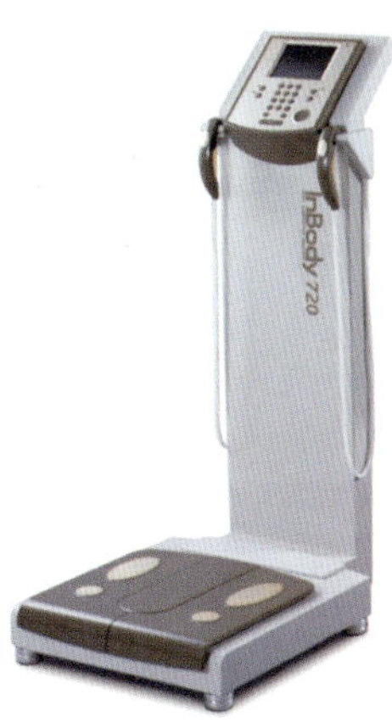

전문가용

가정용

그림 2-3. 체성분 분석기기

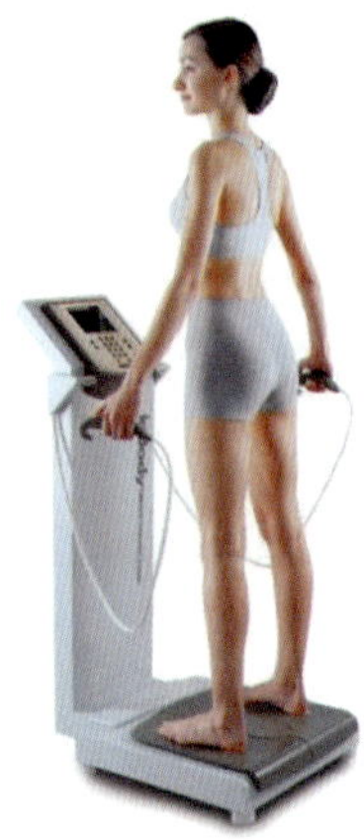

그림 2-4. 측정자세

오른쪽 발에서 왼쪽 발로 전류를 흘려준 뒤 양쪽의 전압 차이를 측정하는 방법이 사용되는데 전압의 차이는 곧 인체 저항을 의미하며 이러한 인체 저항을 계산하여 체지방량이 계산되는 것이다. 가정에서도 사용이 비교적 간편하며 측정기 자체의 가격도 저렴한 편이나 정밀도가 다소 떨어지고 오차가 발생될 수 있는 단점이 있다.

전문가용의 경우 휴대용이나 가정용에 비해 보다 정밀한 진단이 가능하다.

생체 임피던스 측정법(BIA)을 이용한 체성분 분석기는 임피던스 측정 부위가 단주파수에서 다주파수로 적용되면서 발전을 거듭하고 있다. 또한 인체 부위별 저항값이 다른다는 것에 착안 이러한 단점을 극복하고자 팔, 몸통, 다리의 임피던스를 부위별로 계산한 후 이를 합산한 부위별 임피던스법을 적용하여 정밀도가 높아졌다.

최근 비만, 체형관리에 대한 관심이 증가하면서 헬스클럽, 피부관리실, 체형관리실, 건강증진센타, 병원 등으로 그 보급이 확대되고 있으며 체성분 분석을 위한 기본적인 기기로 각광받고 있다.

(1) 생체 전기 임피던스 분석법(Bioelectric Impedance Analysis ; BIA)

1969년 Hoffer 등이 인체 속의 수분과 전기저항과의 관계를 밝혀내면서 실용화된 방법이다. 인체에 무해한 미세한 전류를 통과시켜 체내 저항값(임피던스)을 측정하는 것이다. 1980년대부터 BIA원리를 이용한 체지방 분석기가 상품화하기 시작하여 처음에는 누워서 측정하는 방법이 사용되어 오다가 1990년대부터는 서서 측정하는 방법이 새롭게 개발됐다. 인체의 구성 성분의 하나인 물은 전도성이 높아 전류를 통과시킨다. 따라서 인체에 전극을 접촉시켜 전류를 흘려 보내 주게 되면 전류는 물을 따라 흐르게 된다. 몸 안에 물이 많으면 전기가 흐르는 통로가 넓어져서 저항이 적을 것이며 반대로 물이 적으면 전기가 흐르는 통로가 좁아져 저항이 커질 것이다. 이를 통해 몸속에 있는 물의 부피를 알아낼 수 있는 것이다.

근육의 73.3% 정도가 물이므로 몸속의 물 부피를 알아내면 지방을 제외한 근육량이 산출되고 그 다음 몸무게에서 수분, 근육(단백질+무기질)을 모두 빼면 체지방량을 구할 수 있다. 한국인의 체성분 구성 비율은 대략 여성(남성)의 경우 수분 56.5%(62.4%), 단백질 15.2%(16.5%), 무기질 5.3%(5.8%), 체지방 23.0%(15.3%)이다.

(2) 결과지 읽기

① 체성분분석(Body Composition Analysis)

가. 체수분(total body water) : 체수분은 세포막에 의해 세포내액(intracellular water)과 세포외액(extracellular water)으로 나누어지는데 세포내액은 세포막 안의 수분량이고, 세포외액은 조직액과 혈액의 총 수분량이다. 체수분의 불균형 현상으로 부종이 나타날 수 있다.

나. 단백질(protein mass, kg) : 근육의 구성성분으로 세포내액과 밀접한 관계를 가진다. 체내 단백질이 부족하면 근육약화, 무월경, 지방간, 부종, 피부염, 머리카락의 변색, 손발톱 약화 등의 증상이 나타난다. 어린이의 경우는 성장지연, 면역력 저하 등의 증상이 나타날 수 있으므로 중요한 체성분 중 하나이다.

다. 무기질(mineral mass, kg) : 뼈와 체수분에 있는 무기질 함량을 나타낸다. 뼈는 개인의 음식섭취 습관, 운동량과 밀접한 관련이 있으며 근육이 많으면 뼈의 무게도 증가한다. 무기질량이 표준범위에 미달한다면 골밀도 검사 등을 통해 골다공증 여부를 검사해야 한다.

라. 체지방(body fat mass, kg) : 복부 장기 사이와 피하, 근육 내에 저장되어 있으며, 체지방량이 표준범위를 초과할 경우 비만 고도비만으로 진단된다. 비만은 당뇨병, 동맥경화증, 고혈압, 고지혈증 등과 같은 성인병의 원인이므로 적극적인 예방이 필요하다.

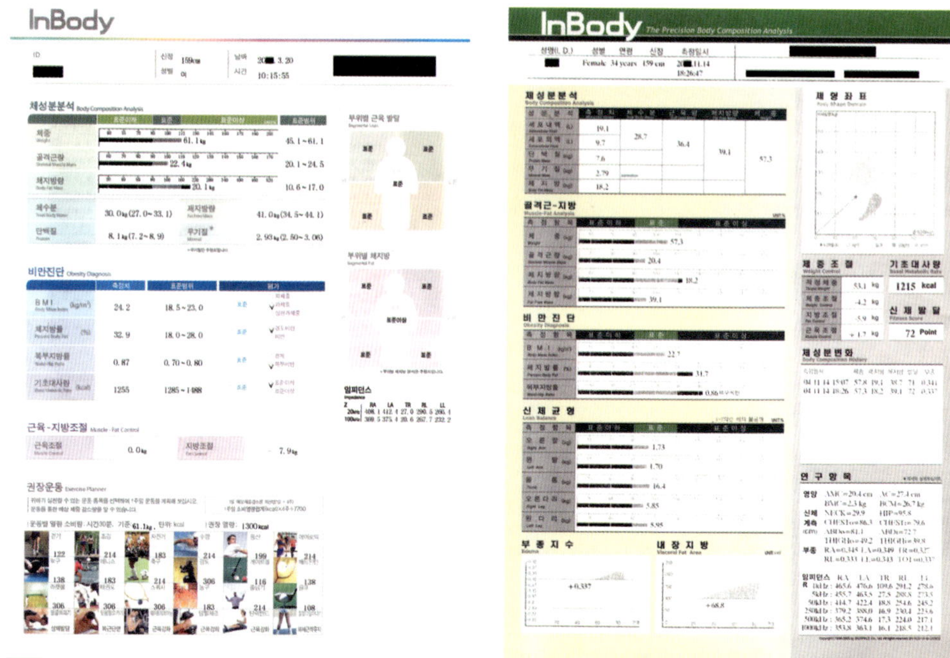

그림 2-5. 체성분 분석 결과지(앞면과 뒷면)

표 2-8. 각 측정치의 표준범위

항목 \ 표준범위	남성	여성
BMI	22(표준범위:18.5~24.9)	21(표준범위:18.5~24.9)
체지방률	표준체중의 10~20%	표준체중의 18~28%
복부지방률	0.75~0.85	0.70~0.80

마. 근육량(soft lean mass, kg) : 체수분과 단백질의 합으로 체성분 중 수분함량이 많은 부드러운 조직을 의미한다.

바. 제지방량(fat free mass, kg) : 체중에서 체지방을 제외한 나머지 성분을 의미한다.

② 골격근 - 지방(Muscle - Fat Analysis)

가. 체중(weight, kg) : 표준체중은 피검자의 신장에 해당되는 이상치를 의미하며, broca법과 BMI 산출법을 모두 이용하여 산정된다.

나. 골격근량(skeletal muscle mass, kg) : 골격근량은 인체의 움직임을 가능하게 해주는 근육(수의근)의 양을 의미한다. 근육은 기초대사량의 증진, 인체 대사의 개선 등과 밀접한 관련이 있으므로 골격근량은 운동의 효과를 확인하기 위한 체성분 분석시 반드시 필요하며, 지속적인 모니터링이 요구된다.

③ 비만진단(Obesity Diagnosis)

비만진단 항목에는 BMI, 체지방률, 복부지방률 항목을 동시에 보여준다.

④ 신체균형(Lean Balance)

부위별 체성분 분석을 바탕으로 신체 각 부위별 근육량이 막대그래프로 나타난다. 이를 통해 상체, 몸통, 하체의 개인차에 따른 체형 특징이 나타난다. 근육량은 운동량에 영향을 받으므로 그래프를 보고 상체발달형, 상､하체 대칭형, 하체발달형인지 신체유형을 참고할 수 있다.

⑤ 부종지수(Edema)

신체의 체수분 균형 상태를 부종지수로 표시한다. 부종은 흔히 세포외액이 증가하여 발생하는 것으로 알려져 있으며 그 원인은 매우 다양하다. 부종지수가 표준범위를 넘었을 경우 추가 진단이 필요하며 반드시 의사, 영양사 등의 처방아래 식사습관과 운동부족 여부를 조사하고 이를 개선하여야 한다.

⑥ 내장지방(Visceral Fat Area)

복부 내장 지방의 단면적을 나타내는데 CT로 촬영된 복부 내장지방 면적을 BIA원리에 의해 수치화시켜 보여준다. 음영부분이 연령에 따른 내장지방의 단면적이며, 연령이 증가할수록 단면적의 수치도 증가한다.

⑦ 체형좌표(Body Shape Domain)

골격근량과 체지방량으로 피검자의 신체 유형을 쉽게 확인할 수 있다. 피검자의 위치는 (+)로 표시되며, 허약, 표준, 강건, 비만 중 어디에 해당되는지 표시된다. 경계에 있는 경우는 그룹에 가까운 쪽에 속한다.

⑧ 체중조절(Weight Control)

단순히 피검자의 체중을 줄이는 것이 아닌 '체성분의 체적화'에 목적을 두고 수치가 제시된다. 특히 적정 체중은 개인의 체성분이 측정된 뒤 근육량을 산정하여 제시되는 값으로 표준체중과는 의미가 다르다. 적정체중에서 (+)는 증가시켜야 할 양을, (-)는 감소시켜야 할 양을 나타낸다.

⑨ 기초대사량(Basal Metabolic Rate)

기초대사량은 주로 심장박동, 호흡, 체온조절, 소화 등을 위한 기초적인 생명 현상을 유지하는데 소모되는 에너지이다. 따라서 정상적인 신체기능과 체내항상성을 유지에 매우 중요하다. 활동대사량은 신체활동에 영향을 받으며 이와는 달리 기초대사량은 연령, 성별, 체격, 영양상태 등의 영향을 받는다. 제지방에 비례하므로 체중이 같더라도 체지방이 적고 근육과 골격이 큰 사람이 기초대사량이 많다.

⑩ 신체발달(Fitness Score)

체성분 검사 결과를 100점 만점으로 점수화해서 알려준다. 이를 통해 건강상태를 예측할 수 있다.

제3장 셀룰라이트(Cellulite) 관리

1. 셀룰라이트(Cellulite)의 정의

셀룰라이트(cellulite)의 'cell'은 세포를 의미하고 -ite는 '염증, 화농'의 의미로 셀룰라이트는 "세포들의 염증"이라 할 수 있다. 셀룰라이트는 보통 오렌지 껍질과 같은 둥근 형태로 울퉁불퉁하게 부풀어 오르는 현상을 말한다. 인체는 혈액, 세포조직사이에 흐르는 조직액, 림프액 등 수분이 약 70%로 차지하며 이는 몸무게의 약 50% 이상이 세포내의 수분과 조직간의 조직액이 차지하고 있는 것이다.

셀룰라이트는 세포내에 존재하는 칼륨과 조직사이에 흐르는 조직액속 나트륨농도가 균형을 이룰 때 수분과 미네랄대사가 원활하여 수분의 정확한 대사가 이루어진다. 그러나 균형이 깨져 나트륨이 증가되면 조직사이에 물이 많이 있는 조직액이 증가되어 조직액의 정체현상을 가져오고 그 부위가 볼륨이 커져 살이 쪄 보이게 되는 현상을 말한다. 남성에 비해 여성의 피부조직은 엉성하게 짜여 있고 피하지방층도 두터워 셀룰라이트 발생이 쉽게 일어 날 수 있다.

주요분포부위로는 허벅지, 엉덩이, 아랫배 등이 있다.

2. 셀룰라이트의 진단

신체부위에 양손을 맞대어 놓고 세게 눌러 표면에 울퉁불퉁한 융기가 나타나면 셀룰라이트로 진단할 수 있다. 셀룰라이트 대부분 대퇴부, 무릎 안쪽, 팔 바깥쪽, 복부 등에 많이 발생한다. 셀룰라이트 부위는 정맥, 림프순환장애, 결합조직과 신경의 압박으로 다음과 같은 증상이 동반될 수 있다.

- 하지경련 등 쉽게 말단마비 증상이 나타난다.
- 다리가 잘 붓고 무거우며 항상 말초신경이 차갑다.
- 모세혈관확장증과 건조증상이 나타난다.
- 정맥류가 생기며 갈수록 심하게 두드러진다.
- 피부부피 증가, 유연성 감소, 예민성 증가 등의 증상이 나타난다.

Tip

Pinch test

Pinch test에 의하여 피부를 손으로 집어올려 피부상태를 보고 단계를 구분한다.

(1) Stage 0 : 서 있거나 누워 있을 때 피부가 부드러운 상태이며, pinch 했을 때 주름은 잡히지만 셀룰라이트 양상은 아니다.

(2) Stage 1 : 서 있거나 누워 있을 때 피부가 부드러운 상태이며, Pinch 했을 때 움푹 들어간 곳을 확인할 수 있다.

(3) Stage 2 : 누워 있을 때 피부가 부드러운 상태이나 서 있을 때 오렌지 껍질 모양의 피부가 나타난다.

(4) Stage 3 : 눈에 뚜렷하게 같은 셀룰라이트가 보인다.

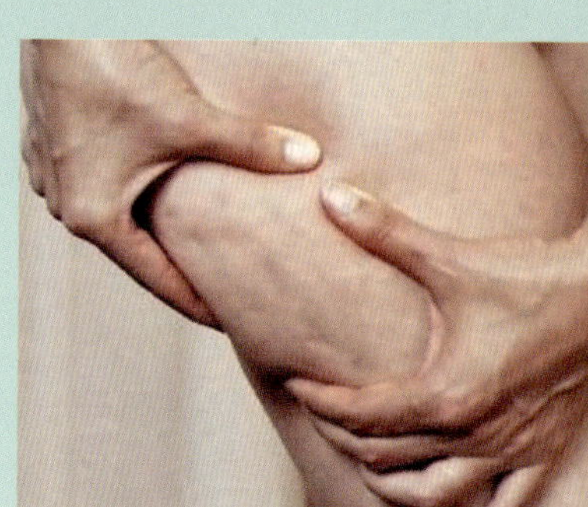

3. 셀룰라이트 생성과정 및 요인

1) 셀룰라이트 생성과정

셀룰라이트는 세포사이의 수분과 노폐물이 과도하게 생성되어 지방과 독소가 빠져나가지 못해 생성된 것으로 지방구세포의 과잉축척, 순환장애, 결합조직의 변성 등에 의해 발생된다.

발생과정은 첫째, 충혈단계로 피하지방조직의 구조가 변화하고 둘째, 혈행장애 단계로 밀집된 콜라겐 섬유가 혈관을 눌러 부종을 유발하며 셋째, 경직화 단계로 수분이 축척된 결합조직에 갇혀 피부융기 만들어지고 이는 곧 셀룰라이트가 형성되는 것이다.

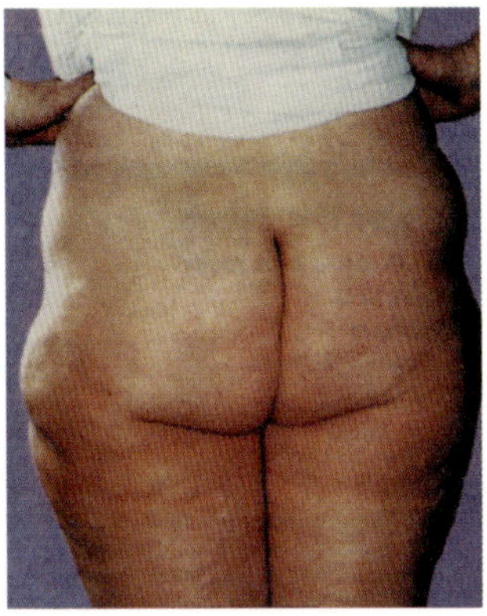

그림 3-1. 셀룰라이트 피부

2) 셀룰라이트 생성 요인

(1) 내분비 요인

피하지방세포는 여성호르몬인 에스트로겐의 영향을 받아 지방합성대사에 영향을 주므로 호르몬 불균형이 생기고 이는 여성의 셀룰라이트 발생에 깊이 관여한다. 특히 사춘기, 임신, 산후, 폐경기, 경구피임약 복용 시 호르몬 균형이 깨져 셀룰라이트 생성 및 이미 생성된 셀룰라이트를 악화한다.

(2) 신경계 요인

신경전달물질인 카테콜라민은 급격한 에너지 필요시 지방분해와 혈관운동에 작용하여 대사율을 항진시킨다. 그러므로 감정이 불안하거나 예민하면 자율신경이 위축되어 특정부위에 지방을 축척시켜 두드러진 셀룰라이트를 생성한다.

(3) 유전적 요인

지방세포의 수는 자궁내 환경, 신생아 및 영아기 영양상태와 관련이 있으며 유전적인 영향을 많이 받는 것으로 알려졌다. 이는 셀룰라이트 발생이 가장 높은 체형으로 어려서부터 각별한 주의가 요구되며 특히 셀룰라이트는 한번 생성되면 치료가 어려움으로 예방에 유의하여야 한다.

(4) 심리적 요인

심한 스트레스와 불면증이 있는 경우 부신에서 코티솔이라는 호르몬이 신체 호르몬 반응을 변화시켜 셀룰라이트 형성을 촉진한다.

(5) 식생활 요인

과식, 야식, 편식, 간식 등은 소화장애, 변비, 혈관장애를 일으켜 노폐물 배출을 방해하여 셀룰라이트를 발생시킨다. 또한, 절식과 폭식을 반복하는 다이어트는 지방세포의 축척을 빠르게 해 셀룰라이트 발생은 물론 이미 생성된 셀룰라이트의 악화요인이 된다.

(6) 운동부족 요인

현대인들은 문명의 발달로 TV를 시청하거나 컴퓨터 작업 등 앉아서 생활하는 경우가 많다. 따라서 섭취에너지에 비해 소비에너지가 적으므로 운동부족에 의해 셀룰라이트가 발생되며 주로 공부하는 수험생이나 회사원, 신체활동을 적게 하는 여성의 경우 더욱 촉진된다.

(7) 체형 요인

① 마른형(leptosom ; 랩토솜)은 키에 비해 마른 체형으로 사지가 길고 피하지방조직형성이 빈약하여 셀룰라이트 발생이 가장 적은 체형이다.

② 스포츠형(athletisch ; 아틀레티커)은 골격이 크고 무거운 체형으로 피하조직이 형성되어 있으나 운동에 의해 뼈가 발달되어 있다. 또한 운동량이 적어지면 쉽게 살이 찌거나 셀룰라이트가 형성될 수 있는 체형이다.

③ 여성형(pyknisch ; 피크니커)은 골반이 강조되는 체형으로 셀룰라이트 발생이 가장 높은 체형이다.

4. 셀룰라이트 종류

셀룰라이트 종류는 대부분 4가지 형태로 나누어지나 개인이나 신체부위에 따라 많은 차이가 있으며 아래 4가지 형태가 공존하거나 서로간의 계승될 수 있다.

1) 압축형 셀룰라이트

통증에 예민하고 정신적으로 불안정한 상태로 셀룰라이트가 가장 단단한 느낌을 주며 통증이 느껴지는 상태이다.

2) 부종형 셀룰라이트

전체적으로 몸이 부어 보이는 덜 단단한 상태로 하체의 정맥이나 림프순환장애가 함께 있는 장애이므로 쉽게 붓고 무거움을 느끼게 되는 상태이다.

3) 연성 셀룰라이트

허벅지 안쪽이나 팔 안쪽에서 찾을 수 있는 스폰지처럼 무른 형태로 손으로 살을 잡았을 때 통증과 탄력없이 쳐지는 상태로 근육위축과 연계되어 있다. 관리하지 않고 오래 방치하고 부적절한 식단은 과잉 비만을 초래할 수 있다.

4) 섬유질 셀룰라이트

영양물질 공급 부족 시 나타나는 현상으로 만졌을 때 촉감이 매우 딱딱하고 가장 악화된 장애이다. 모세혈관에서부터 영양공급이 원활하지 못하면 피부도 거칠고 건조해 진다.

5. 셀룰라이트 관리방법

셀룰라이트 치료 및 개선하기 위해서는 여러 가지 요인 중 가장 주요요인이라고 할 수 있는 지방세포 내의 과잉지방저장과 순환장애에 중점을 두고 관리가 이루어져야 하며 피부관리 측면에서의 다양한 관리 방법과 홈케어 방법이 병행되어야 한다.

1) 살롱(Salon) 관리방법

(1) 순환과 신진대사 증진을 위해 사우나 박스, 열매트, SPA 등을 이용하여 몸을 따뜻하게 한다. 이때 땀분비를 돕는 핫젤 등을 이용하면 더욱 효과적이다.

(2) 셀룰라이트 부위를 림프드레나지, 프레소테라피 등을 이용하여 집중관리 한다. 셀룰라이트 분해 및 순환촉진에 도움이 되는 아로마 블렌딩 오일이나 셀룰라이트 분해 전용화장품을 이용하면 효과가 극대화된다.

(3) 지방분해 효과가 있는 비만기기인 중·저주파, 엔더몰리지, 초음파, 고주파 등으로 셀룰라이트 부위를 집중적으로 관리한다.

(4) 독소배출효과가 우수하고 풍부한 미네랄, 미량원소를 신체에 공급해주는 해초팩, 온열효과를 주는 파라핀팩, 림프순환, 지방분해효과가 있는 에센셜오일 등을 이용하여 팩 관리시 셀룰라이트 분해에 효과적이다.

2) 홈케어(Home Care) 관리

(1) 기초대사량을 높이기 위하여 고단백 식이식품(녹색채소, 생성, 신선한 과일)을 섭취하며 당분, 전분, 지방섭취를 제한한다.

(2) 유산소 운동(걷기, 조깅, 자전거타기, 수영)을 하루 40분 이상 꾸준히 한다. 단, 정맥류를 자극하는 테니스, 농구, 스쿼시 같은 격렬한 운동은 피한다.

(3) 하루 2ℓ 이상의 물, 과일, 야채 등을 섭취하여 노폐물배출을 용이하게 한다.

(4) 적당한 높이의 구두를 선택하여 발이 조이고 다리가 붓지 않도록 한다. 다리에 부종이 발견되면 다리를 심장보다 높게 하여 순환이 잘 되도록 한다.

(5) 반신욕과 아로마 입욕법을 병행하면 혈액순환과 림프순환에 효과적이다.

(6) 몸에 꼭 끼는 옷은 정맥과 림프순환을 방해하므로 편안한 의복을 선택한다.

(7) 목욕이나 마사지 시 다리부위 지압점을 가볍게 지압해준다.

제4장 비만의 일반적 관리법

1. 식이요법

비만은 섭취한 칼로리보다 소비한 칼로리가 적을 때 여분의 칼로리가 지방으로 축척되어 체중이 늘어나므로 비만관리 시 우선되어야 하는 것은 섭취 열량을 줄이는 것이다. 식사량을 줄이면 몸에 축척되었던 지방이 분해되어 에너지원으로 전환되어 체중이 줄게 된다.

1) 음식과 칼로리

식품의 칼로리는 식품에 함유된 에너지단위이며 이는 열량으로 표시되어 1ℓ의 물의 온도를 섭시 1℃ 올리는데 필요한 열량을 1킬로칼로리(㎉)라고 한다. 탄수화물, 지방, 단백질 등은 인체내에서 분해되어 살아가는데 필요한 에너지원으로 사용되나 과다 섭취의 경우 영양분이 지방으로 전환되어 비만의 원인이 된다. 그러므로 비만관리 시 식이요법은 식품이 갖고 있는 칼로리를 정확히 알고 저칼로리 식품을 이용하거나 평상시 섭취량보다 적은 소식과 같은 탄수화물이라도 소화·흡수 되지 않고 포만감을 주는 식이섬유를 섭취하는 것도 효과적이다.

2) 수분섭취와의 관계

우리 몸의 수분량은 섭취한 물의 양에 관계없이 항상 일정하다. 이는 우리 몸에서 배설기능을 통해 수분량이 많으면 배설하고 부족하면 항이뇨 호르몬이 분비되어 신장에서 수분의 재흡수를 높여 항상 수분량이 일정하도록 도와준다. 그러나 과격한 운동이나 더운 여름 실외 운동 시 땀을 많이 흘렸을 경우에는 수분만 부족한 것이 아니라 나트륨(Na), 칼륨(K), 마그네슘(Mg), 염소(Cl) 등 전해질도 부족해져 있으므로 전해질이 함유된 음료를 섭취한다.

수분은 1일 2ℓ(종이컵 10잔) 정도를 섭취하는 것이 이상적이며 절반은 식품에 들어있는 수분을 통해 섭취하고 나머지 절반은 물이나 음료로 섭취한다.

칼로리 알아보기

주 식

밥 1그릇(140g)

210 ㎉

식빵 8조각 (40g)

130 ㎉

카레라이스 (1인분)

600 ㎉

김치복음밥 (1인분)

610 ㎉

라면 (1인분)

454 ㎉

안심스테이크 (1인분)

880 ㎉

삼계탕 (1인분)

772 ㎉

해물스파게티(1인분)

630 ㎉

된장찌개 (1인분)

390 ㎉

간 식

아이스콘(1개)

140 ㎉

쿠키 1개 (100g)

500 ㎉

와플 (1개)

110 ㎉

소프트케익($\frac{1}{4}$ 조각)

300 ㎉

구운과자 1개 (50g)

140 ㎉

햄버거 (100g)

400 ㎉

모카빵(100g)

305 ㎉

카스테라 (1개)

31 ㎉

초코렛 (100g)

549 ㎉

스넥 류 (100g)

520 ㎉

음료수 (250g)

100~150 ㎉

라이트콜라 (250g)

30 ㎉

과 일

딸기 (200g)
50 kcal

바나나 (120g)
104 kcal

사과 (200g)
100 kcal

감 (200g)
120 kcal

복숭아 (150g)
50 kcal

귤 (70g)
31 kcal

토마토 (250g)
50 kcal

메론 (480g)
500 kcal

수박 (350g)
110 kcal

3) 짠 음식과의 관계

소금은 우리 몸에 꼭 필요한 물질이지만 적정량만 있으면 되지 필요이상으로 많은 양의 소금 섭취는 신장에 무리를 주고(해독 및 여과) 몸의 삼투압의 균형을 깨트리거나 부종을 유발시킬 수 있다. 짠 음식이란 소금(나트륨) 함량이 많은 것을 말하지만 천일염 100%는 염도가 낮은 반면에 화학염은 염도가 98%나 되어 건강을 해칠 수 있다.

또한 짠 음식에 길들여지면 싱거운 음식은 맛을 느끼지 못하게 되고 짠 음식은 식욕을 돋구어 비만을 부축일 수 있다. 또한, 짠 음식은 고혈압 발생시키고 위암에 걸릴 확률에 있어서 싱겁게 먹는 사람보다 2배나 많은 것으로 조사되었다. 그러므로 가능한 짠 음식(절임, 젓갈)을 삼가하고 담백하고 신선한 식단의 식사를 하는 것이 바람직하다.

그림 4-1. Oriental Culinary Academy, MOCNX, Mandarin Oriental, Chiang Mai

4) 식이요법

(1) 균형 잡힌 식생활

① 영양소가 충분히 함유된 식단을 작성한다.
② 규칙적인 시간에 식사를 한다.
③ 섬유소가 많이 들어있는 식품을 섭취한다(변비 예방).
④ 하루 3끼 식사를 한다.

(2) 식사량 조절

① 식사량을 평소 60%~70%만 한다.
② 천천히 오래 먹는다.
③ 식사 시작 전 물이나 국부터 먹는다(포만감을 줌).
④ 야식, 폭식, 과식, 간식을 삼간다.

(3) 고칼로리 식품 자제

① 지방축척이 많은 육류를 섭취를 자재한다.
② 조리방법을 튀기거나 볶지 않는다.
③ 영양소는 없고 열량만 농축된 사탕, 청량음료, 술, 버터 등은 자제한다.
④ 열량은 적고 영양소가 풍부한 저지방 우유, 콩, 채소, 과일, 생선을 섭취한다.

(4) 다이어트에 나쁜 식품

① 인스턴트식품을 줄인다(라면, 피자, 햄버거, 핫도그 등).
② 과당, 설탕 함량이 많은 청량음료, 카페인이 많은 커피, 콜라 등은 피한다.

다이어트의 원칙

① 영양소를 골고루 충분히 섭취하고 열량은 줄인다.
② 하루섭취량의 500kcal 줄여 약 1,200kcal를 섭취한다.
③ 고섬유질은 포만감을 주며 변비를 예방한다.
④ 규칙전인 식사를 한다(시간, 섭취량조절).

5) 기 타

(1) 고객관리 카드

(예시 1-1 앞)

바디카드

No :	Date :

Personal Details

성명 :	성별 : 남, 여	생년월일 :
전화 :	직업 :	혈액형 :
주소 :		
e-mail 주소 :		

Medical History and Contra-Indications

심장질환 □	금속성핀 □	혈압이상 □
정맥류 □	당뇨병 □	간질 □
혈전증 □	피부질환 □	알레르기 □
흡연 □	음주 □	기타 □
갑상선기능 항진증 □	갑상선기능 저하증 □	

Body Size

1. 가 슴 :	㎝
2. 허 리 :	㎝
3. 엉덩이 :	㎝
4. 윗 팔 :	㎝
5. 손 목 :	㎝
6. 대퇴부 : (좌) ㎝, (우)	㎝

Indicate

지방	○
셀룰라이트	V
탄력저하	×
튼살	†

Measurement

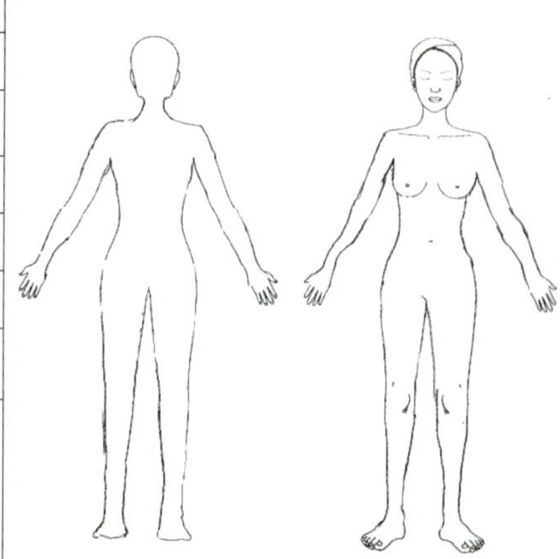

(예시 1-2 뒤)

Body Treatment

No	Date	스크럽	스파	사우나	비만기기	온열매트	팩	기타

(2) 비만 다이어리

(예시 2)

년 월 일 요일				
구 분	**음식명**	**분량**	**kcal**	**식사장소**
기상(:) 아침(:)				
열량				
점심(:)				
열량				
저녁(:)				
열량				
간식(:)				
총열량				
오늘의 활동량 : (상) (중) (하)			오늘체중 : kg	
운동종류 :	소비칼로리 : kcal		운동시간 :	
총소비량				
계	**총섭취량 ( ) − 총소비량 ( ) = 계 (±)**			

2. 운동요법

기계 문명속에서 살아가는 현대인들은 옛날에 비해 운동량이 매우적다.

성인은 물론 신체활동이 왕성해야하는 청소년, 소아에 이르기까지 운동부족 현상이 두드러지고 있다. 이는 비만은 물론 성인병을 초래하고 나아가서는 생명까지 위협받게 될 것이다.

체중조절시 식사요법 단독으로 하는 것보다는 규칙적인 운동을 병행하면 신체의 여러 부분을 많이 사용하며 근육을 많이 움직이고 에너지 소모를 증가시키므로 매우 중요하다. 갑자기 격렬한 운동보다는 걷기, 배드민턴처럼 가벼운 운동으로 시작하여 컨디션을 조절하며 차츰 폐와 심장의 기능을 활성화 시켜주는 조깅, 등산, 스케이트, 휘트니스, 수영, 에어로빅 등을 하는 것이 좋다. 보통 하루에 40분 이상 1시간 미만씩 주 3, 4회가 적당하며 과도한(1시간 이상, 주 7회) 운동은 오히려 건강을 해칠 수 있으므로 주의한다.

1) 운동처방

비만의 주요 원인이 섭취한 에너지에 비해 소비한 에너지가 적어 남은 에너지가 지방으로 축적되는 것으로 비만 개선을 위해서는 섭취에너지는 줄이고 소비에너지를 높여 부족한 에너지를 지방으로 태워주는 것이다. 비만예방을 하려면 음주를 포함한 식사습관과 함께 운동습관을 개선하는 것이 바람직하다. 비만에 좋은 운동으로는 걷기, 조깅, 사이클, 수영 등이 있으며 이 운동은 심폐기능을 높이고 체지방을 감소시켜 체중을 줄여준다. 그러나 이러한 운동도 일시적일 경우 식욕만 좋게 하여 역효과를 낼 수 있으므로 전문가의 도움을 받아 자신의 체중과 기호에 맞는 프로그램으로 체계적으로 비만 개선운동을 하는 것이 효과적이다.

신체활동 시 소비되는 에너지(㎉)는 1시간 운동 시 수면 약 55㎉, 달리기(조깅) 약 580㎉, TV보기 약 80㎉, 등산 약 440㎉, 에어로빅 약 350㎉, 수영 약 550㎉, 빨리 걷기 약 270㎉로 꾸준히 운동을 한다면 1개월 후에도 체중이 감소되는 것을 느낄 수 있을 것이다.

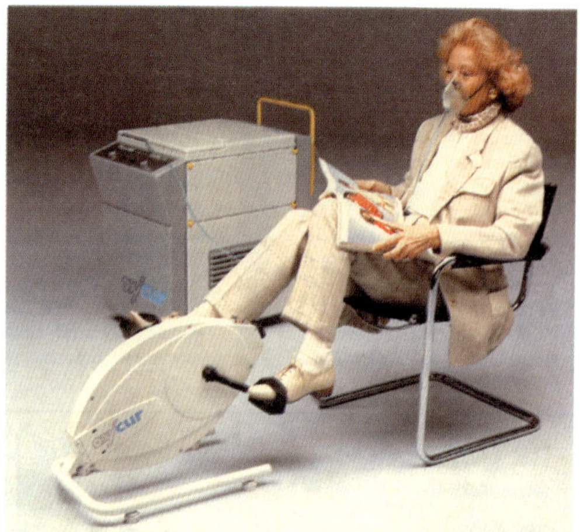

그림 4-2. 운동과 동시에 세포에 산소를 공급하여 주는 기기

Tip

에너지를 소비하는 운동량 및 시간의 계산

* 빨리걷기로 200kcal의 에너지를 소비하는 운동량 계산
  0.0552(1분당 가벼운 체조의 소비량) × 60kg × 10분 + 0.1384(1분당 빨리걷기 에너지소비량) ×
  60kg × 20분 = 199.2 (약 200kcal)
* 빨리걷기로 250kcal의 에너지를 소비하는 운동량 계산
  0.1364 × 68kg × 30분 = 249 (약 250kcal)
* 빨리걷기로 300kcal의 에너지를 소비하는 운동량 계산
  0.1364 × 68kg × 36분 = 299 (약 300kcal)

(자료 : 의사가 추천하는 하루 30분 빨리걷기, 김수창, (주)북하우스, 2004)

(1) 걷 기

걷기운동은 보통, 빨리, 급히 걷기로 구분할 수 있다. 그 중 빨리 걷기는 90~100m/분으로 운동 강도의 비율은 60~70%로 '다소 힘들고 다소 편하다'에 속하며 심박수는 120~150이며 팔꿈치를 조금 굽혀 30° 의 각도로 앞、뒤로 흔들며 걷는다.

표 4-1. 운동중의 맥박수와 체감 강도

(나고야대학 종합보건체육과학센터)

강도 비율	느낌	1분간의 맥박수					상태
		60대	50대	40대	30대	20대	
100	가장 힘들다	155	165	175	185	195	몸 전체가 괴롭다.
90	매우 힘들다	145	155	165	170	175	무리한 느낌, 숨차다.
80	힘들다	135	145	150	160	165	그만두고 싶다. 목마르다.
70	다소 힘들다	125	135	140	145	150	계속못할 것 같은 불안. 땀이 흠뻑
60	다소 편하다	120	125	130	135	135	충분히 만족하고 땀이난다.
50	편하다	110	110	115	120	125	땀이 나올락 말락 한다.
40	매우 편하다	100	100	105	110	110	즐겁지만 아쉽다.
30	가장 편하다	90	90	90	90	90	많이 아쉽다.

(자료 : 의사가 추천하는 하루 30분 빨리걷기, 김수창, (주)북하우스 재인용, 2004)

걷기의 에너지 소비의 관계는 체중에 따라 다소 차이가 있지만 일반적으로 빨리 걷기의 경우 1분당 약 5.4~6.5㎉를 소비한다.

비만관리를 목표로 운동을 한다면 하루소비량의 20% 정도 운동으로 소비시킨다면 효과적인 비만관리가 될 것이다. 운동을 처음 시작할 때는 과격한 운동보다 유산소 운동을 하며 점차 갈도를 높여준다. 또한, 몸에 질병(고혈압, 당뇨병 외)이 있는 경우에는 반드시 전문가의 도움을 받아 운동처방 후 자신에 맞는 운동을 하는 것이 바람직하다.

(2) 조 깅

심호흡기계에 적절한 자극을 주어 심폐지구력을 향상시킬 수 있는 전신운동으로 걷기와 달리기가 있다. 이중 달리기는 특별한 기술이나 고도의 스피드가 필요하지 않고 장소와 날씨에 관계없고 경제적으로 언제 어디서나 남녀노소 누구나 할 수 있는 유익한 운동이라 할 수 있다.

효과적인 달리기 기본은 몸은 지면에 수직, 보폭은 크게, 골반의 움직임을 크게, 발은 뒤꿈치가 먼저 땅에 닿도록 하며 운동프로그램을 세워 서서히 운동의 강도를 높여가는 것이 좋다. 달리기는 보통 120m 이상/분으로 운동 강도는 '힘들다, 매우 힘들다'에 속하며 심박수는 135~190 이상에 해당한다.

(3) 사이클

고정식싸이클의 운동효과는 체지방 감소와 심혈관계능력 증진 등 두 가지를 들 수 있다. 천천히 타는 것은 빨리걷기에, 빠르게 타는 것은 사이클이 좀 더 효과가 있다.

운동은 몇 가지 방법으로 일주일을 단위로 해서 속도에 변화를 주는 방법이 있고, 한번 운동할 때 처음에는 천천히 타다 중간에는 빨리 마지막에는 다시 천천히 타주는 방법도 있고 두가지를 조합하는 방법도 있다. 또 한가지 방법으로는 빠르게 타다 일정시간 천천히 타면서 쉬는 것을 반복해주는 인터벌식 방법도 있다. 자신의 체격조건과 건강상태, 원하는 목적에 맞게 빨리 걷기와 다른 운동기구들을 병행하여 사용하는 것이 비만을 위한 몸매 관리에 효과적이다.

(4) 제트슬림

진동에 의한 바이브레이션으로 유산소운동과 무산소운동을 동시에 가능하게 도와주는 비만관리를 목적으로 한 운동기기이다. 이 기기는 짧은 시간(1일 1회 10분)에 많은 공간을 차지하지 않고 가정에서도 손쉽게 할 수 있는 장점이 있다. 운동 시 여러 가지 자세(직립자세, 기마자세, 누운자세, 다리만 올려 놓는 자세 등)에 따라 부위별로 비만 관리가 가능하며 그 효과가 탁월하다. 또한 진동운동이 신체에 미치는 영향에 대한 논문이 발표되면서 그 효과가 입증되었다.

(5) 수중운동

물은 부력, 수압, 저항, 수온 등 4개의 특성을 이용한 운동으로 부력은 충격부담을 줄여주고 수압은 혈액순환을 촉진하며 물의 저항 때문에 빠른 운동은 어려우나 저항을 잘 활용하여 각선미를 만드는데 효과적이다. 수온이 체중보다 높으면 땀을 많이 나게 되어 칼로리를 소모시켜 체중을 줄이고, 체온보다 낮으면 상쾌함을 주고 건강을 유지할 수 있다. 비만관리 시 수중운동은 많은 칼로리를 몸에 무리없이 소모시키므로 규칙적으로 수중운동을 한다면 비만관리에 매우 효과적이다.

(6) 웨이트트레이닝

웨이트트레이닝은 다양한 헬스기기를 통하여 부위별 근육의 양을 높이는 것으로 준비운동, 기기활용법, 호흡법이 선행되어야 효과적인 운동이 될 수 있다. 준비운동으로는 맨손체조, 스트레칭, 줄넘기, 실내 자전거타기 등을 약 5~10분간 실시하여 근육의 온도를 높인다.

주 운동으로는 근력증가, 근육성장, 근지구력 발달 운동을 체계적으로 실시하며 체중과 운동 목표에 따라 다소 달라질 수 있다. 처음 시작할 때는 근력증가 운동을 1~4회 반복 3세트정도 하며, 세트 간 휴식은 3분정도로 한다. 근육 성장 운동은 6~12회 반복 3~5세트, 세트 간 1분 휴식한다. 근지구력 운동은 15~20회 반복에 4~6세트, 세트 간 40초 휴식한다.

이와 같이 방법을 바꾸면서 운동을 하는 것은 타성화 되는 것을 막고 근육을 단단하게 해준다. 근육을 단단하게 만들려면 근육 운동 후 대략 48시간을 쉬어주는 것이 적당하다.

3. 행동수정요법

행동수정요법이란 비만이 될 수밖에 없었던 생활습관을 조금씩 수정하여 건강한 생활방식으로 바꾸는 것으로 성공적인 비만 관리는 무엇보다 행동수정요법을 얼마나 빠른 시간에 바꾸고 지속되느냐에 달려있다고 해도 과언이 아닐 것이다. 먼저 자신의 생활습관을 관찰한 후 계획에 맞게 수정하여 차근차근 노력한다면 성공적인 비만 관리가 될 것이다.

1) 행동수정요법의 기본요소

(1) 하루 동안 생활한 생활일기를 자세히 기록한다.
(2) 식사 일기를 쓴다(식사시간, 식단, 섭취량).
(3) 에너지 소비량을 기록한다(수면, 명상, 운동 등).
(4) 매일 취침 전 반드시 에너지 섭취량과 소비량을 피드백(비교분석 및 평가) 한다.

2) 행동수정요법의 실천

(1) 생활습관

① 헐렁하고 편안한 옷보다는 몸에 딱 맞는 옷을 입는다.
② 여가시간은 TV나 컴퓨터 대신 운동을 한다.
③ 가사노동(세탁, 청소)은 가능한 기계 대신 손으로 한다.
④ 이동시 항상 계단을 이용한다.
⑤ 아침·저녁 체중을 잰다.
⑥ 전신거울을 자주 본다.
⑦ 하루 2ℓ 이상의 물을 섭취하여 수분을 충분히 공급한다.
⑧ 배가 부를 때 쇼핑하며 구입할 목록을 미리 작성한다.
⑨ 스트레스를 현명하게 해소한다.

(2) 식습관

① 규칙적인 식사를 한다(정량 그릇 사용).
② 비만의 주요원인인 폭식, 야식, 간식 등을 삼가한다.

③ 인스턴트식품, 패스트푸드는 삼가 한다.

④ 저칼로리 음식을 대체하여 식사한다(예, 단백질 고기 → 콩).

⑤ 식사 중 TV, 신문 등을 보지 않는다.

⑥ 천천히 오래 먹는다.

⑦ 외식을 줄인다.

4. 약물요법

약물치료방법은 비만치료제 식욕억제제(항 우울제), 탄수화물 흡수억제제, 지방 흡수억제제, 지방 연소촉진제와 열량발산효과 등을 이용하는 방법 등이 있다.

1) 비만치료제

비만자를 위해 식욕 의사의 처방 하에 감퇴제를 복용하는 예가 있다. 이것은 현재 비만증에 걸려 있거나 체중감량을 시작한 사람에게 효과가 있다. 이 약제를 복용하면 구강내의 건조증, 불면증, 불안, 흥분, 혹은 변비 등의 문제를 야기 시킬 수 있으므로 꼭 필요한 경우에만 사용한다. 비만한 사람이 체중감소의 효과를 보이려면 4~6주간 꾸준히 복용하여야 한다.

약물치료로 체중을 감소시킴으로써 얻는 이익이 약물자체의 위험성보다 더 뚜렷한 효과가 있어야 하며, 치료에 반응하지 않는 매우 심한 비만, 병적인 비만, 수면무호흡증에 의해 생명에 위협이 되는 경우에는 장기적인 치료가 요구된다.

(1) 식욕억제제(항 우울제)

비만에서 가장 중요한 원인은 과식과 폭식이다. 이는 포만감을 느끼게 해주는 신경전달물질을 증가시켜 식욕이 억제된다. 최근에 대부분의 비만치료제로는 이러한 항 우울제를 사용하여 치료 접근을 하고 있다.

배고픈 느낌과 포만감은 뇌 속 신경세포의 시냅스(synapse)에 세로토닌(serotonin), 노르아드레날린(nor adrenaline), 도파민(dopamine) 등의 신경전달물질(neurotransmitter)의 분비를 증가시켜 조절한다. 식사를 충분히 하면 도파민을 비롯해 이러한 신경전달물질들의 분비가 증가되어 포만감을 느끼게 되면서 식욕이 감소하게 된다.

우울증 환자들은 도파민을 비롯한 신경전달물질들의 분비량이 극히 소량이기 때문에 약을 복용하여 우울증의 개선이 필요했으며 이러한 용도로 FDA는 항 우울제 약품들을 승인했다. 항 우울제 약의 원리는 이들 신경전달물질들의 분비를 증가시키거나 혹은 이것들이 신경말단에서 재 흡수되어 사라지는 것을 억제해주어 쾌감과 포만감을 지속적으로 느끼게 해주는 것이다.

① 노르아드레날린계 약물(nor adrenaline drugs)
② 노르아드레날린 도파민계 약물(noradrenaline dopamine reuptake inhibitors)
③ 세로토닌계 약물(selective serotonin reuptake inhibitors)
④ 노르아드레날린계 세로토닌계 병합물질(serotonin noradrenaline reuptake inhibitors, SNRI)

(2) 탄수화물흡수억제제

아카보스, 미글리콜

(3) 지방흡수억제제

Orlistat(Xenical-제니칼)

(4) 지방연소촉진제, 열량발산효과

2) 이뇨제와 설사제

설사를 하게 되면 음식물의 흡수가 이루어지지 않아 체중증가를 막을 수 있다고 생각하는 것은 잘못된 것이다. 설사는 음식물의 흡수에 영향을 미치는 것이 아니라 수분과 전해질이 흡수에 영향을 미치기 때문에 체중을 감소시키지 않는다. 하지만 약간의 체중의 감소가 일어나는 이유는 탈수나 수분부족 때문에 일어나는 것이며 실제로 체중이 줄어드는 것은 아니다. 설사를 반복해서 하는 경우 오히려 변비를 유발한다. 변비가 생기면 사람들은 설사제의 용량을 늘리게 되고 이는 변비가 더 악화되는 악순환을 나타내게 된다. 설사를 남용하는 사람들은 대부분 살이 빨리 빠지기를 바라면서 설사제를 사용한다. 그러나 설사로 인해 갑작스런 수분의 손실이 일어나면 신체는 수분의 소실을 방지하기 위해 수분을 체내에 유지하려 하기 때문에 몸이 붓게 되는 부종이 생기게 된다. 설사가 심할 경우 대변에 피가 묻어나오는 장출혈을 유발할 수 있다.

체중감량 중에는 물을 충분히 마셔야 인체의 세포들이 열심히 일을 할 수 있다. 세포들이 일을 한다는 것은 칼로리의 소비를 의미하므로 지방이 줄어 들 수 있다. 물이 부족한 상태에서는 세포가 일을 할 수도 없고 지방을 연소시킬 수도 없다. 따라서 이뇨제나 설사제을 복용하는 대신 충분히 물을 섭취하는 것이 체중감량에 도움이 된다.

3) 국소치료제 – 메조테라피(Mesotherapy)

메조테라피는 1952년 프랑스 의사 Dr. Michel Pistor에 의해 창안된 시술법으로 약물을 메조덤(mesoderm)부위, 즉 지방층과 연결조직에 주입하는 조직법이다.

비만관리에 있어서 국소치료제의 의미는 매우 중요하다. 우선 치료의 범주가 국소적으로 제한되어 부작용이나 여러 문제들이 최소화하면서 원하는 국소부위에만 약물전달을 직접적으로 하여 장기간 치료에도 안전하게 사용 될 수 있다.

메조테라피는 주사제를 통해 약물을 원하는 부위에 투여하는 방법으로 혈관에 투여하여 전신치료를 하는 기존의 주사법과는 달리 피내 혹은 피부 바로아래에 주사하여 국소적으로 약물을 투여하는 방법이다.

4) 커피와 담배

적당한 양의 커피나 홍차 안에 들어 있는 카페인은 인체의 칼로리 대사를 촉진시켜 지방의 연소를 도와주는 효과가 있다. 커피 자체로는 칼로리가 없으며 다이어트 식품이라 볼 수 있으나, 지나치게 마시게 되면 이뇨제의 작용과 비슷한 부작용을 초래 할 수 있다. 그러나 크림과 설탕을 넣어 마시는 커피는 그 자체가 많은 칼로리를 함유하고 있어 오히려 살 찔 가능성이 높다. 즉, 식후에 설탕을 가하지 않은 커피나 홍차 등은 소화 및 지방연소 효과를 동시에 볼 수 있다.

담배는 식욕을 감퇴시키고 소화액의 분비를 억제하는 작용을 한다. 담배의 주요성분은 단기간에 지방의 연소를 촉진시켜 하루 칼로리 소비를 평균 10%까지 늘려주는 효과가 있다. 따라서 흡연가가 금연을 하면 8kg까지 체중이 증가 할 수 있다는 연구결과가 있었다.

담배속의 니코틴 자체는 지방의 연소를 돕는 효과가 있으나 장기적으로 흡연하게 되면 흡연 시 코나 입을 통해 일산화탄소를 공급받게 되고 이는 뇌나 근육에 산소공급을 차단하여 오히려 지방이 연소되는 것을 방해하고 근육의 운동을 떨어뜨리는 한편 피부생성을 억제하여 4~5년 후에는 피부에 주름살과 주근깨가 많이 생기게 된다.

담배연기 속에는 니코틴 외에도 타르 등 약 4,000여종의 독성물질이 함유되어 있으며 아편수준의 습관성중독을 일으킬 뿐 아니라 17종 이상의 암을 비롯한 25종 이상의 질환을 유발하는 독성을 가지고 있다. 특히 여성에서는 피로 권태, 우울증, 신경증, 월경불순, 불임, 기형아출산 등의 증상이 더 많이 나타날 수 있다.

5. 수술요법

1) 지방흡입술 또는 지방성형술

아름다운 얼굴과 함께 현대여성의 최대 과제는 아름다운 몸매를 갖는 것이다. 사람은 일정한 수의 지방세포를 가지고 태어나며 사춘기까지 세포의 수와 크기가 증가한다. 지방세포의 크기는 식이요법으로 줄일 수 있으나 지방세포의 수는 줄일 수 없게 된다.

허리둘레나 허벅지 등에 부분적으로 지방이 침착하는 것은 다이어트나 운동으로 쉽게 지방을 줄이기 곤란하다. 부분적으로 지방침착(복부, 엉덩이, 허리둘레, 허벅지, 팔, 턱, 기타)은 유전, 식생활 등과 관계가 있다.

여성에 있어 지방침착이 많이 나타나는 곳은 엉덩이와 허벅지이다. 또한 성호르몬으로 인해 지방침착의 정도에 차이를 나타내는데 호르몬에 대한 감도의 차이가 지방침착의 정도를 결정한다.

최근에는 지방흡입술을 이용해 비만의 문제를 해결하는 사람들이 많아졌다. 지방흡입술로 지방 세포층을 파괴하는 방법에는 여러 가지가 있다.

가장 많이 쓰는 방법으로는 초음파지방흡입술이다. 초음파지방흡입술이란 지방세포만을 선택적으로 파괴시키는 특정한 파장의 초음파를 이용하여 지방을 녹인 후 녹은 지방세포 내용물을 흡인하는 것이다. 과거에는 지방층에 금속손잡이를 삽입하여 강력한 음압으로 빨아냄으로써 손잡이가 지방층을 왕복하는 동안 지방조직이 음압에 의해서 떨어져 흡인되어 나오는 방법을 이용하여 지방을 제거하였는데 이러한 지방제거술을 사용하면 미세한 혈관이나 신경조직 등이 음압에 의해 손상을 받아 과다한 출혈을 유발할 수 있었다.

지방흡인술이란 혈관, 신경, 림프관에는 손상을 가능한 적게 주면서 국소적으로 과다하게 축적되어 있는 지방을 제거하여 몸매변형을 개선시키고자 하는 방법이다. 그러나 초음파지방흡입술을 이용한 지방제거술은 미세혈관 및 신경구조물을 손상시키지 않아 출혈과 통증이 적고 여러 부위를 한꺼번에 시술 할 수 있으며 수술 후의 경과도 더 빠르고 좋다.

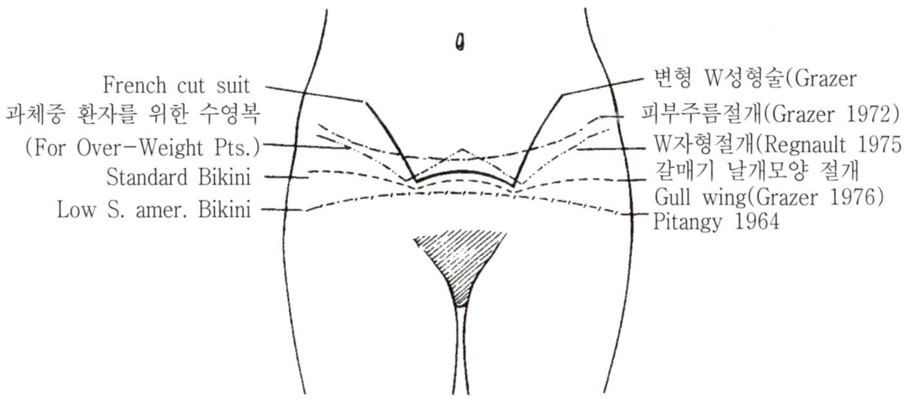

그림 4-3. 보편적으로 사용하는 피부절개선

이러한 초음파를 이용한 지방제거술은 원하는 부위의 지방을 제거함으로써 신체의 각선미가 개선되는 효과를 얻을 수 있고 또한 피부 아래쪽에 자극이 가해지면서 피부가 긴장하게 되므로 잔주름까지 없앨 수 있다.

지방흡입술로 한 번에 제거할 수 있는 지방의 양은 일반적으로 종아리 300cc, 허벅지 500~1,000cc, 아랫배와 허리에서는 1,000~1,500cc까지 지방을 제거할 수 있다. 지방흡입술은 다른 신체부위에 비해 특별히 더 비만한 부위를 부분적으로 뺄 때 좋은 효과를 볼 수 있다.

전체적으로 비만한 경우에는 수술만으로 좋은 효과를 기대하기 어려우며 따라서 수술 전에 다이어트와 운동을 병행하여 비만정도를 줄인 후에 살이 잘 빠지지 않는 부위에만 지방흡입술을 시술하는 것이 바람직하다. 지방흡입술(lipo suction)이 개발되기 이전에는 지방세포와 함께 피부도 제거하는 지방절제술(dermolipoectomy)이 주류를 이루었다.

지방절제술에 의한 지방제거에서는 출혈도 많고 수술시간도 길었으며, 결과적으로 혈종이나 림프관 장애 등의 합병증을 초래하는 경우도 있다. 또 절제법은 성형외과 봉합을 하기 때문에 넓은 범위에 수술자국을 만들어 흉터가 남는다는 결점이 있다.

2) 기타 수술요법

기타 수술요법으로는 위절제술, 장절제술, 피하조직절제술 등이 있다.

극도로 비만이 심한 사람 중에 생명에 위협을 받을 경우에 한하여 시술한다. 너무 비만하여 걷기도 힘들 정도의 경우 위나 장을 잘라내어 음식물의 흡수를 줄이거나 상악과 하악의 치아를 묶어 음식물의 섭취를 줄이는 등의 수술방법이 있지만 보편화되지는 않았다. 비만한 사람은 몸의 일부에 지방이 쌓이는 것이 아니라 몸 전체에 고르게 지방량이 많은 상태이므로 그 방법으로 체중감량을 1~2kg 정도 할 수 있다. 수술한 후 칼로리 소비가 적고 칼로리 섭취가 많다면 다시 지방이 축적될 수 있다.

아름다운 체형을 유지하고자 하는 경우에는 식이요법, 운동요법, 행동수정요법, 약물치료요법, 수술요법, 침요법 원적외선요법 등의 방법을 적절하게 병행하여야만 재발을 방지할 수 있다.

6. 피부미용요법

1) 아로마테라피(Aroma Therapy)

(1) 체형관리에 효과적인 에센셜 오일

① 항 부종효과

아로마테라피에 있어서 배농효과는 매우 중요한 부분을 차지하고 있다. 로즈마리, 타임, 시나몬 에센셜오일은 인체에 미세하게 자극하여 조직에 정체된 수분과 독소들을 배출하는 림프드레나지를 함께 사용하여 독소배농과 항부종효과라는 이미지를 주는 대명사적인 용어로 사용되고 있다. 에센셜 오일에서 항 부종효과의 원리는 페놀그룹과 알코올그룹에 의해 따뜻한 느낌을 주면서 말초순환계의 혈액 순환 촉진 작용과 체액을 분해하여 감소시키는 케톤그룹 그리고 바이오플라보노이드와 탄닌 성분들에 의한 혈관 강화 효과와 혈액 분산작용이 같이 적용되는 것을 볼 수 있다.

그림 4-4. OUTDOOR BATHING, Anantara, HUA HIN, Thailand

② 지방분해

에센셜 오일에서 지방분해효과를 위해 가장 대표적으로 많이 사용되는 성분이 페퍼민트, 세이지, 제라늄 에센셜 오일이다. 미세혈액순환 촉진으로도 잘 알려져 있는 이 식물에는 케톤그룹에 속하는 멘톨과 멘톤이 50% 이상 함유되어 있는데 케톤그룹의 주요효능은 바로 점액질 분해 작용이다. 점액질 분해 작용은 기관지에 고여 있는 가래나 피부 조직 등에 정체되어 있는 지방을 포함한 여러 체액들을 분해하여 몸 밖으로 배출하는 과정을 의미한다. 또한 멘톨성분을 피부에 발랐을 때 그 성분이 기화하면서 저온효과를 주어 혈관을 즉시 수축시키면서 에너지보충을 위해 열량 발산을 유도하여 지방세포에서의 지방분해 작용을 촉진하는 효과를 가지고 있다.

(2) 아로마테라피 트리트먼트(Aroma Therapy Treatment)

오늘날의 아로마테라피(aroma therapy)는 전 세계에 걸쳐 실험실의 과학자들과 테라피스트들의 임상에 의해 연구되어져 왔다. 노화관리, 불면증 등의 분야에서 성공해오고 있다. 아로마 마사지 , 목욕하기, 사우나에서 아로마오일 사용하기 등의 응용적인 트리트먼트를 할 수 있다. 그 외로 스팀 흡입법(steam inhalation), 확산기, 습포를 사용하여 관리할 수 있다.

그림 4-5. Floral Bath crop, Mandara' Spa

2) 스파테라피(Spa Therapy)

(1) 스파의 정의

전통적인 스파는 터말(thermal) 스프링워터를 사용하는 온천지역에서 신체를 치유하는 개념으로부터 시작되었다.

터말 스프링워터에 함유된 요소들, 즉 물의 온도, 부력, 압력을 이용하여 신체의 원활한 혈액 순환과 스트레스 해소, 질병 예방과 치료를 위한 의료진, 그에 따른 건강증진보조 장비와 더불어 목욕, 미용시설 및 심신안정을 위한 다양한 시설과 세션을 포함하는 프로그램 등을 총칭하는 의미로 불리고 있다.

최근 들어 확대된 개념의 스파는 일반적인 물을 이용한 다양한 시설 외에 그 안에서 행해지는 서비스를 의미하고 모든 프로그램과 테라피를 포함한다.

그림 4-6. Colonial Pool, MOCNX, Mandarin Oriental, Chiang Mai

(2) 스파의 행태적 분류

제공되는 서비스의 유형 따라 스파의 행태를 나눈다.

① 리조트 스파(Resot Spa)

도심을 떠나 스파테라피를 휴양과 함께 받을 수 있는 스파의 형태이다. 체류기간에 따라 보통 3일에서 전통의 6일 프로그램을 다양한 스포츠와 함께 경험 할 수 있다. 빌트인 호텔을 필요로 하는 목적형 데스티네이션 스파(dastination spa)가 포함될 수 있다.

그림 4-7. PEARLPOO, Pearl Village, Thailand

② 데이 스파(Day Spa)

도심에서 이루어지는 하루 일정의 전문적인 스파 서비스를 고객에게 제공하는 형태이다. 스파의 다양한 프로그램을 시행하는 스킨 앤 뷰티의 개념을 포괄한다. 즉 전문적인 피부미용과 바디트리트먼트의 다양한 프로그램을 시행하고 있는 뷰티살롱도 데이 스파로 분류될 수 있다. 호텔 스파센터라도 도심 속에 있는 하루(one-day) 일정의 스파 프로그램을 운영한다면 데이 스파라 할 수 있다.

그림 4-8. MANDARA SPA S LAGOON ROO
Anantara, HUA HIN, Thailand

(3) 스파의 성격에 의한 분류

① 홀리스틱 스파(Holistic Spa)

대체의학적 요법을 전문인들의 상담과 개인에 특성에 맞게 계획된 프로그램으로 처방되어진다. 몸과 마음 그리고 정신을 최적의 상태로 회복시켜 신체의 정상 기능을 개선시켜주는 방법으로 개개인의 영양 상태와 테라피의 목적에 따른 스파퀴진(cuisine)이 영양사에 의해 제공된다.

주로 빌트인 된 리조트 스파에서 골프, 승마, 스키 등과 함께 각종 이벤트, 산악걷기, 에어로빅, 스파 디너와 스파, 레크레이션, 가족 오락프로그램, 어린이를 위한 다양한 프로그램 등을 운영하는 웰니스를 포함한다. 유럽의 딸라소테라피센터와 터말센터의 전통적인 개념이다.

② 메디컬 스파(Medical Spa)

국제 스파협회의 메디컬 스파에 대한 정의는 다음과 같다. "기본 목적이 스파 서비스는 물론 전통적이고 보완적인 요법과 치료를 통합하는 환경에서 전반적인 의료적 건강 서비스를 제공하는 스파이다." 라고 밝히고 있다.

메디컬의 장점과 웰니스(wellness) 케어의 장점을 이용하여 즉각적인 효과와 빠른 회복을 목적으로 의료진에 의해 처방과 프로그램을 시행된다. 최신의 하이드로테라피 장비의 서비스와 치료 목적의 트리트먼트를 갖춘 스파이다. 스파의 편안한 실내 이미지를 제공하는 분위기는 불편한 의료 치료 환경에서도 고객에게 심리적 안정과 편안함을 제공한다. 또한 메디컬 스파는 의료진과 스파테라피스트가 공동으로 같은 센터 내에서 의료행위와 미용치료가 함께 제공되며 스파 내에서 고객은 실시간 의학적 보호아래 테라피가 시행된다.

그림 4-9. MANDARA- SPA THAI MASSAGE
Anantara, HUA HIN, Thailand

(4) 물의 조성에 따른 스파 센터의 개념

딸라소테라피, 테말리즘, 스파테라피의 차이는 물의조성에 따른 국제적 규약과 규정을 밝히고 있다.

① 딸라소테라피(해수요법 또는 해양요법)

물에 조성을 따른 개념을 가진 테라피들 중 오랜 유럽의 온천문화와 함께 바다가 주변을 중심으로 발달 되어왔다. 미용과 치유의 목적으로 36.5℃로 덥혀진 해수와 해초류를 사용하는 테라피 형태이다. 해수와 해양의 재료에 풍부한 천연의 미네랄의 효능의 딸라소테라피는 루이깽통박사이후 많은 학자에 의하여 수많은 논문들이 과학적인 입증아래 프랑스의 노하우라고 일컫는 바다와 연합이라는 기구를 통하여 전 세계에 기술이전을 하고 있다. 학문적으로 증명된 수많은 프로그램과 세션을 포함한다. 전통적인 건강과 치유의 놀라운 프로그램들을 가지고 있다.

② 터말리즘(스프링테르말 테라피 & Balneo therapy)

유럽의 전통적인 온천요법을 의미한다. 동양의 온천의 단순한 치료적 온천을 이용하는 개념과 달리 접근된다. 유럽의 온천문화는 치유와 건강회복을 위하여 의료진에 의한 처방과 함께 수많은 프로토콜을 포함하며 다양한 프로그램을 보유하고 있다. 2000년도 초반에 들어와 유럽의 웰빙케어로 터말리즘이 수많은 고객에게 애용되어지고 있다. 그것은 온천수의 수많은 효능과 효과의 결과 일 것이다. 다양한 많은 세션은 딸라소테라피와 유사하며 바닷물대신에 천연 유효성분을 다량으로 함유한 테르말 스프링워터를 사용한다는 차이를 가지고 있다.

③ 스파테라피(Spa therapy)

최근 들어 데이스파의 의미와 함께 스파시설이나 릴렉스의 개념으로 통용되고 있다. 여기서 쓰여지는 물은 무게감(밀도)이 없기 때문에 일반적인 물(ordinary water)을 사용한다. 운영자의 관리에 의해 하이드로시설에 화학적 조성을 할 수 있다. 터말리즘 환경이나 터말 스프링 워터를 사용하지 않아도 무방하다. 어휘의 본래 의미로는, 항상 의학적 시설에서 관리를 실시한다. 유명한 약어인 '온천(balneo)'은 운동, 휘트니스, 뷰티 센터, 그리고 한편으로는 목욕탕, 온천, 센터 파크와 같은 장소들의 의미로 사용된다.

(5) 스파 트리트먼트(Spa treatment)

① 하이드로테라피(Hydro Therapy)

광의의 의미로는 물을 이용한 테라피의 총칭을 의미한다. 여기에는 갖가지 물을 사용하는 다양한 기구들과 장비들이 이용되어지며 전신적 웰빙을 위한 물을 사용하는 트리트먼트의 형태이다. 물은 수증기에서 얼음까지 응용되며 수많은 테라피의 명칭과 함께 장비를 포함한다. 스파 센터에서 프로그램 중에 운영되는 하이드로테라피는 테라피 전에 받는 이상적인 테라피로 몸을 따뜻하게 하고 근육을 이완시킴으로써 몸을 준비시키는 과정으로 시행된다. 고객을 위한 동선을 고려해 별도의 테라피 룸에서 이루어지며 입욕과 최신첨단장비의 결합된 형태의 테라피이다.

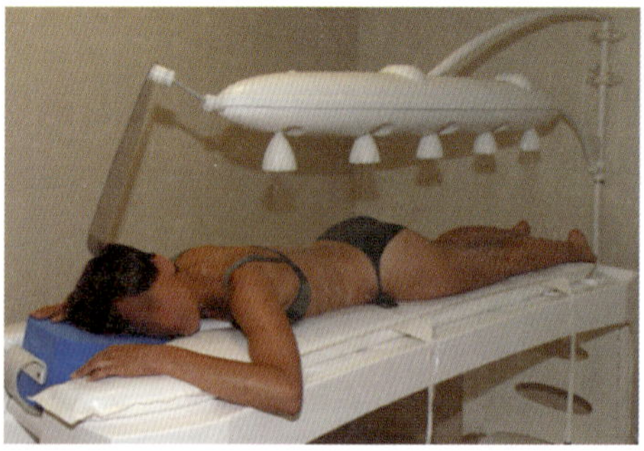

그림 4-10. 비쉬샤워(Vichy Shower) ThalaventureThalafun Thalasso Therapy Centre, Caleta De Fuste, Fuerteventura, Spain

그림 4-11. Natural Body Conditioners, Mandara Spa

가. 비쉬 샤워(Vichy Shower)

프랑스의 비시라는 온천의 지명에서 유래되었으며 통증 관리에 사용되는 샤워 요법이다. 다섯에서 일곱 개정도의 샤워헤드가 설치된 스파테이블 위로 부드럽게 뿜어 내리는 물을 이용한 설비와 관리를 비가 내리듯 바닷물 줄기로 긴장을 이완시켜 최고의 컨디션을 유지하는 비쉬 샤워(vichy shower)라고 통칭한다. 비쉬 샤워는 몸을 씻어내는 기능 외에도 쏟아지는 물의 압을 이용해 인체의 혈액순환을 돕고 근육을 이완시키는 효과를 함께 가진다.

비쉬 샤워 관리로 바디 스크럽을 시행하고 천연재료로 얻어진 다양한 종류 중 선택된 전신팩, 바디랩 등을 제공한다. 비쉬 샤워의 쏟아지는 물줄기의 압력과 고객의 개별적인 상태에 적합한 아쿠아 마사지를 시행하기도 하므로 인체에 조화로운 시너지효과를 체험할 수 있다.

나. 스위스 샤워(Swiss Shower)

고객은 샤워관에 둘러 쌓여 진 샤워시설 안에서 선자세로 시행하게 된다. 시행자는 압력과 온도를 적절히 조절하여 사용한다. 층층이 둘러져 있는 사방원통형에 약 10개 정도의 샤워코일로 된 샤워관에서 수백 개의 구멍에서 쏟아지는 뜨겁고 차가운 교차 물줄기의 압력으로 마사지 한다.

다. 사우나(Sauna)

우선 사우나를 이용하려는 고객들의 건강상 문제가 없는지를 꼭 체크하도록 한다.

사우나의 종류로는 크게 건식사우나와 습식사우나가 있다. 사우나에 첨가하는 재료로는 숯이나 약초 등의 한방재료로 효과를 볼 수 있게 한다. 안에서 스위치 조절이 가능해야 하며 음악이 들리도록 되어 있어야 한다. 건식 사우나는 약 80℃가 넘는 온도로 유지되는 건조한 룸을 말하는데 사우나는 핀란드에서 유래되었으며 열기와 냉기를 동시에 이용하는 방식으로 차가운 호수에 뛰어들거나 눈 속에 몸을 묻기도 한다. 가장 이상적인 사우나 이용방법은 사우나로 순환을 촉진시키고 땀을 낸 후 냉각시키는 것이다. 그러나 이러한 방식이 익숙하지 않는 사람의 경우에는 주위를 기울여야 한다. 이러한 경우에는 사우나에 5분 정도 앉아 있다가 천천히 몇 분 동안 열을 식히는 것이 바람직하다.

스파에서의 증기욕실은 벽 전체가 타일로 된 방에서 시행되나 핀란드식 증기욕실은 나무로 방이 되어 있다. 벤치가 있고 높은 온도의 스팀이 분출된다. 이때 온도를 적응하기 위여 보통은 찬물이 담겨진 대형 수반이 설치되어 있다. 이 치료는 기공을 열어 해독하는데 사용된다.

라. 하이드로 텁(Hydro Tub)

욕조의 하이드로 젯(jet)의 유속에 의해 'hydrodrainage massage'는 셀룰라이트를 매끈하게 다듬어주는 역할을 한다. 수많은 노즐 젯트가 신체를 안정시킨다.

그림 4-12. UTDOOR. TERRAZZO TUB s SAnantara, HUA HIN, Thailand

다양한 정도의 수압을 이용하여 인체의 순환을 도와주는 프로그램으로 하이드로 텁 장비 내에 스팀 또는 비시샤워의 기능까지도 수행할 수 있는 복합장비 형태도 존재한다. 물의 세기에 의해 고객이 받는 느낌을 다를 수 있고 욕조 안에 첨가하는 내용물에 의해 효과나 새로운 느낌을 받을 수 있을 것이다. 하이드로테라피는 20분 정도 소요되는데 몸이 릴렉스될 수 있도록 한다.

조용한 음악으로 분위기에 알맞는 종류를 선택하여 휴식을 술 수 있도록 배려한다. 하이드로테라피를 마친 후 고객이 나올 때는 약간의 현기증이 날 수도 있으므로 주의를 요한다.

마. 월풀(Whirlpool)

월풀은 가족이나 친구 또는 연인이 함께 들어가서 받을 수 있는 장소이므로 주위의 경관은 자연적인 이미지를 살릴 수 있는 공간으로 선택한다. 월풀을 즐기면서 자연 속에 있는 느낌을 받을 수 있는 공간이면 더없이 좋을 것이다. 그리고 계절마다 기온의 차이가 심하므로 여름철에 덥지 않도록 하고 겨울철에는 춥지 않도록 자체 시설이 잘 갖추어져 있어야 한다. 물의 순환을 돕기 위해 욕조 아래에서 계속적으로 물을 바꿔 줄 수 있는 시스템이 갖추어져야 한다.

바. 제트 스트림(Jet-Stream)

수중 제트샤워의 일종이다. 곳곳의 다양한 종류의 제트 수류들이 설치된 광대한 시설의 풀에서 시행된다. 수중벤치, 수중베스, 해저샤워 등의 형태를 가지고 있다. 수중의 수로에서 나오는 강력한 물줄기를 이용하여 근육을 이완시키고 통증을 완화시킨다.

그림 4-13. Jet Stream Thalaventure Thalafun Thalasso Therapy Centre, Caleta De Fuste, Fuerteventura, Spain

그림 4-14. Loy Kham Pool, MOCNX, Mandarin Oriental, Chiang Mai

사. 아쿠아체조(Aqua Gymnstic)

물에 의한 지지와 저항을 이용하여 수영장에서 하는 수중 운동이다. 아쿠아 엑서사이즈(aqua exercise)는 물의 부력을 이용하여 과체중 또는 척추와 관절의 무리함을 덜어주기에 적합한 운동이다. 주로 관절에 문제를 가진 고객들에 권장되어지며 아쿠아 에어로빅의 일종이다. 수중운동은 밀도가 공기의 12배 이상으로 운동효과가 높고 지방 소모량이 많아 다이어트에 효과가 크며 수중으로 인체의 열을 전도시킴으로써 급격한 체온상승을 억제한다. 특수 장비를 갖춘 시설에서의 전신장애를 가진 환자의 재활치료에서부터 가벼운 운동단계까지 다양한 형태로 이용되어지고 있다.

아. 와추(Watsu)

테라피스트의 보호에 의해 시행하며 고객은 몸의 힘을 빼고 완전히 이완하게 한다. 테라피스트는 고객을 음악에 맞추어 부드럽게 천천히 움직이게 하면서 근육이완, 스트레칭 등을 하게 한다. 와추는 테라피스트가 보호해주며 시행하는 것이 플로팅과 구별된다.

그림 4-15. 와추(Watsu), Chiva-Som International Health Resort, Thailand

자. 플로팅(Floating)

플로팅은 중력에 의해 아래로 끌어당기는 힘으로부터 조금이나마 벗어나는 코스 또는 기구를 착용하거나 훈련에 의해 몸을 자연스럽게 수면에 띄우는 관리이다.

플로팅에서는 소포로지에 의거하여 명상음악을 수중에 출력하기 위한 수중앰프시설이 기본이다. 물위에 누운 것처럼 느끼며 15분 정도의 시간동안 조용히 음악을 들으면서 마음이 안정을 되찾는다.

그림 4-16. 플로팅(Floating), Chiva-Som International Health Resort, Thailand

차. 젯샤워(Jet Shower)

일명 스카치 호스(scotch hose)라고도 한다. 숙련된 테라피스트에 의해 시행된다.

고압의 물 분출을 이용해 신체를 마사지 한다. 특히 지방질, 섬유질 부위의 온화작용으로 탄력관리나 몸매 관리에 효과적이며, 척추나 관절 부위의 자극에도 유용하다.

② 바디랩테라피(Body Wrap Therapy)

전신에 뷰티와 치유의 목적으로 다양한 해초류를 사용하는 것이다. 비타민, 아미노산, 미네랄, 엽록소 등의 성분을 함유하여 자연치유효과가 뛰어나다. 딸라소테라피 초기에 부종치료 목적으로 사용되는 해조의 공식적 이름중의 algae라는 재료의 용어이다. 이용어가 발전되어 알개테라피(algaetheray)의 대표되는 용어로 사용되었다. 딸라소테라피의 프로그램에 자주 사용되는 알개 트리트먼트의 다른 명칭이다.

바디랩의 종류 중 thalaterm은 올리고 성분 마스크나 찜질을 통해 해조류의 천연성분을 체내로 스며들게 한다. 발한작용 및 노폐물과 독소제거에 효과적이며 피부미용에 탁월하다.

가. 사해 머드 치료(Mud Treatment)

사해로부터 채취한 미네랄이 풍부한 머드가 피부에 적용된다. 해독 작용을 하며 류머티즘과 관절염의 통증을 완화할 수 있다.

나. 팡고(Fango)

미네랄이 풍부한 머드를 열 팩으로써 인체에 적용한 다음 루파로 씻어낸다. 해독, 근육 이완 및 혈액순환 촉진 효과가 있다. 미네랄이 풍부한 머드를 오일이나 물을 섞어 적용한다. 뜨거운 팩으로써 머드를 인체에 적용하며 인체의 독성이 제거되고 근육 이완 및 혈액순환 촉진 효과가 있다.

다. 해초 랩(Seaweed Wrap)

해양의 영양소로 가득 찬 농축 해수 및 해초를 랩이나 마스크로서 적용한다. 미네랄, 극미량 원소, 비타민, 단백질 등이 혈관 속으로 흡수되어 피부와 인체의 활력을 회복한다.

③ 마사지 테라피(Massage Therapy)

다양한 마사지 테크닉을 통해 피부를 자극하면 모세혈관의 혈액순환을 촉진하여 신진대사를 강화시키고 근육의 긴장을 이완시키며, 세로토닌 분비, 촉진을 통한 정신적 편안함을 제공하여 인체의 자연치유력을 향상시키는 테라피 형태이다.

최근 스파센터의 세션으로 흔히 사용하는 마사지로 전통 스웨디시(Swedish), 로미로미(Lomilomi Massage), 아율베딕마사지(ayurvedic massage), 림프드레니쥐(Lymph Drainage), 시아추(shiatsu massage), 핫스톤마사지(hot stone massage), 발반사마사지(foot reflex massage), 딥티슈(Deep tissue), 타이마사지(Tai massage), 발리니즈보레(Balinese Boreh), 스포츠마사지(Sports massage), 체어마사지(chair massage) 등이 있다.

그림 4-17. Yoga, MOCNX, Mandarin Oriental, Chiang Mai

④ 기타 프로그램

스파테라피를 시행하는 리조트 스파 또는 데스테네이션 스파센터의 전통6일의 프로그램 진행시 다음과 같은 프로그램을 체험할 수 있게 된다.

요가와 명상(Yoga & meditation), 기공(Qigong), 사운드테라피(Sound therapy), 스파퀴진(spa cuisine), 아이티너리, 댄서사이이즈 등의 프로그램이 진행된다.

그림 4-18. Mandalay Residence, MOCNX, Mandarin Oriental, Chiang Mai

3) 온냉요법

(1) 한냉요법, 냉동요법(Cold Therapy, Cryo Therapy)

콜드테라피(cold therapy)는 인간의 광범위하고 복잡한 체온조절(themal regulation) 메커니즘을 이용한 테라피다. 일상에서 사용되어지던 관리의 한 형태이지만 최근 들어 콜드테라피에 대한 관심이 많아지면서 인체의 체온조절능력을 응용한 트리트먼트들에 새로운 시각을 더하고 있다. 또한 에스테틱 분야에서도 비만, 셀룰라이트, 리프팅에 이용되어져있다.

① 냉동요법(Cryo Therapy)

클리이오테라피는 빙냉 이하의 드라이아이스법이나 냉증기분무법 등 의료적인 치료효과를 가져오는 재활치료와 재생에 이용되며 광범위한 냉 적용 온도를 의미한다. 콜드테라피(coldtherapy)는 빙냉을 한냉과 냉의 온도 범위에 제한을 가지며 물리치료의 범위에서도 가정에서의 사용을 권장하는 추세이다.

Priessnitz의 분류법에 의해 빙냉이하(very cold)는 32~55℉(0.56~12.8℃) 마취효과, 한냉(cold)의 55~65℉(12.8~18.3℃) 자극효과, 냉(cool)은 65~80℉(18.3~26.7℃) 자극, 진정효과를 나타낸다. 콜드테라피는 32~80℉(약 0~26℃) 범위에 제한된 요법을 일컫는다.

② 냉동요법(Cryo Therapy)의 역사

엄밀한 의미에서 클라이오테라피는 수치료 범주에서 하나의 세션이라 할 수 있으며 최근 들어 재활(rehabilitation)분야에서 학문적 뒷받침이 되고 있다.

고대로부터 사용되어지던 수치료의 역사와 함께 발전되어 왔으며 15~17세기에 들어와서 물을 사용해 치료하는 방법이 유럽의 일부 의사들에 의해 다시 시작되었는데 그중에서도 가장 대표적인 사람은 John Floyer경(1649~1714)이였다. 그는 1697년에 집필한 자신의 저서 'An Enquity into the Right Use and Abuse of Hot, Cold and Tempetate Baths'를 통하여 수치료의 올바른 사용법을 강조하였고, 또 스칸디나비아와 러시아 등에서는 고온증기욕(hot vapor baths)에 이어 한냉욕(cold baths)을 실시하는 방법이 수세기 동안 계속되어 오면서 널리 사용되었다.

1903년 보스톤(Boston)에 세워진 소규모의 수치료 연구소나 1909년 필라델피아(Philadelphia)에 설립된 수치료 연구소들이 그것이다.

미국의 수치료는 1844년 Russell Trall에 의해 개척되기 시작하였으며 수치료로 가장 명성을 얻은 사람은 Dr, Simon Baruch였다. 그는 수치료의 연구를 위해 거의 생애를 바쳤으며 1908년 'The Principles and Practice of Hydrotherapy' 라는 책을 25년간의 연구와 경험을 토대로 하여 출판하였다. 또한 수치료 중 한냉(cold)에 대한 수많은 임상의 토대를 마련하게 되었다.

③ 냉동요법(Cryo Therapy)의 정의

Baruch는 "수치료에는 물의 여러 가지 형태 즉 고체나 액체, 기포 그리고 얼음이나 증기들 중 어느 것이든 신체의 내적 혹은 외적으로 적용하는 것이 포함된다." 라고 말하였다. '수 치료란 의료적 목적달성을 위해 물의 여러 가지 다양한 물리화학적 성질을 이용하여 질병을 치료하는 물리치료의 한 분야'라고 할 수 있다.

Thermal regulation(체온조절)의 작용 중 낮은 온도에서의 열방사를 유도하여 인체에 보다 나은 혈액순환과 열 배분을 통하여 조직안정과 진통작용, 재활에 이용하는 방법이라 할 수 있다.

기온이 낮을 때에는 피부의 혈관을 수축시켜 피부의 온도를 내려 방사나 전도에 의한 열의 방산을 방지한다. 반면 기온이 높을 때에는 피부혈관의 확장이 일어나 열의 방산을 돕는다.

④ 냉동요법(Cryo Therapy) 방법

가. 냉습포(Cold Pack)

냉습포는 저렴하게 구입할 수 있으며, 쉽게 만들 수도 있다. 상업용 상품은 대게 실리카겔 또는 비닐에 쌓여 있는 모래-슬러리(sand-slurry)혼합물이며, 치료될 부위의 외형에 맞는 다양한 크기와 모양이 있다. 냉습포는 20~25분 동안 적용하는데, 충분히 낮은 온도를 유지해야 하며, 치료시간이 길어진다면 냉습포를 교환해야 한다. 슬관절과 족관절과 다리 치료에 효과적이다. 가정프로그램으로서 종창이나 통증이 증가할 때 필요에 따라 냉습포를 사용할 수 있도록 환자를 교육하는 것도 필요하다.

나. 얼음마사지(Ice Massage)

얼음마사지는 대게 작은 부위인 근복, 건 또는 활액낭 부위나 경우에 따라 심부압력 마사지 전에 발통점 위에 적용한다. 기법은 단순하지만, 가정에서 사용할 경우는 환자에 충분히 교육하는 것이 바람직하다.

얼음마사지는 치료부위(5~10cm)를 5~10분 동안 적용하는데 얼음으로 작은 원을 중첩하여 그리듯이 피부 위를 문지른다. 대부분 환자는 강한 냉, 타는 느낌, 아픔, 그런 후 무통과 같은 4가지의 다른 감각을 경험하게 될 것이다. 타는 느낌과 아픔단계는 약 1~2분 정도 지속된 후 사라진다. 얼음 마사지를 사용하게 되면, 피부온도는 대개 15° 이하로 떨어지지는 않을 것이다. 따라서 조직 손상을 일으킬 위험이 가장 낮은 방법이라고 할 수 있다.

다. 냉욕(Cold Baths)

사지를 냉각하고자 할 때는 냉욕조에 원위사지를 침수시키는 것이 가장 실용적이다(동시에 거상이 요구되지 않는다면). 이러한 접근법은 냉인자를 적용부위 전체에 골고루 접촉 시킬 수 있다는 장점이 있다. 침수를 위한 물의 온도는 13~18℃까지 다양하다. 온도의 범위가 낮을수록 침수시간을 짧게 한다. 한 대접 분량의 물이나 작은 와류욕조에 물을 채우고 잘게 부순 얼음을 넣어서 온도를 조절할 수 있다.

라. 냉증기 분무기(Vapocoolant Spray)

국소 마취제인 염화에틸 분무(ethyl chloride)기는 1990년 공기 정화법에 영향을 받지 않았으며 발통점 치료를 위해 기본적으로 사용되고 있다. 하지만 이것도 지속적으로 사용하지 않는데 염화에틸 가스가 휘발성이며 가연성이고 피부를 냉동시킬 수 있다는 위험성 때문이다. 역사적으로 두 종류의 냉증기 분무기가 발통점을 치료하기 위해서 사용되어졌다.

마. 냉압박기구(Cold-Compression Units)

조절되는 냉압박 기구는 cryotemp과 같은 것으로 온도를 선택(거의 10~25℃의 온도 범위)할 수 있다. 족관절 염좌 및 부종을 감소시키는데 효과적이라고 보고되고 있다.

⑤ 냉동요법(Cryotherapy)의 효과

한랭치료는 물질대사를 감소시키고 엔돌핀의 분비를 촉진하며 혈액의 흐름과 모세혈관의 압력을 감소하는 능력을 가지고 있기 때문에 염증성 반응과 관절부종을 감소시키기 위한 국소적 치료방법으로 적합하다고 할 수 있다. 몇몇 연구에서는 한랭치료를 단독으로 류마티스 관절염 환자에게 적용하여 나타나는 반응을 알아보는 실험을 하였다. 먼저 사용한 기구는 얼음주머니 이며 이것을 한 달 동안 적용하는데 하루에 3번씩 해주며, 일회 적용시간은 20분으로 하였고 적용부위는 환자의 무릎이었다. 실험결과 ROM과 수면기간의 증가, 통증의 감소(VAS로 측정한 결과)와 구강의 통증이 없어졌음을 보고하였다. 열은 부종유발 지역의 혈류량을 증가시켜 손상된 림프계에 과부하를 일으키고 결국 조직액을 증가시키게 한다. 또한 일광욕, 빛 화상 등과 사우나, 뜨거운 욕조욕은 수술부위나 방사선 치료 등으로 인해 림프부종이 생길 우려가 있을 경우 삼가야 하므로 냉치료를 시행하게 된다. 한냉치료(cryotherapy)는 통증경감, 열감소, 그리고 지혈을 위해 오래 전부터 이용되어 온 방법으로, 최근에는 외상으로 인한 부종(edema)과 염증을 예방하거나 감소시키기 위해 적용되고 있으며, 근 보호성 경련(muscle-guarding spasm)이나 운동치료를 실시하기 전에 경직(spasticity)을 일시적으로 경감시키기 위한 방법으로도 적용되고 있다.

⑥ 냉동요법의 에스테틱적 적용

문제성 피부 미용(problematic skin care)의 경우 냉타월을 적용하여 여드름 처치 과정에서 화학약품을 사용한 필링(exfoliation)이나 여드름 압출 후 액화 '아이스볼'을 이용한 피부 진정효과를 볼 수 있다.

가. 쿨링 알지네이트팩(Alginate Mask)

노화피부, 모공이 큰 지성피부, 여드름 피부에 특히 효과적이다. 쿨링알지네이트팩은 냉(약 18~26℃)의 조절기능으로 리프팅과 모공수축 효과를 발휘한다. 여름철에 외부 온도가 36℃ 이상이 되면 진피에 있는 온각이 반응을 보이므로 피부표면이 늘어나고 모공과 땀구멍이 넓게 벌어진다.

이어 cooing mask 사용은 콜드테라피(coldtherapy)의 적절한 적용사례 일 것이다. 이 팩의 기전은 외부온도가 28℃ 이하로 내려가면 옷을 입지 않은 상태를 기준으로 하여 감각기관 중 한각이 반응을 보인다. 그러므로 피부표면과 혈관, 입모근이 수축하며 말초부분의 혈관은 수축하며 또한 피부조직의 혈관은 팽창하여 림프관과 함께 순환을 거듭하며 신체내부기관에 에너지를 주고자한다. 이때 피부에 gelling 현상은 모세정·동맥과 조직림프관사이의 투과성을 조절하는 탄력도를 유지하는 온도에 놓여 지게 된다는 것이 주효과라고 할 수 있다. 마사지 이후 파우더와 용액을 혼합하여 20분 정도 도포한다.

나. 크라이오 리프트(Cryolift)

약 0℃~10℃까지 스틱의 헤드부분이 냉각되는 장치를 가지고 있는 기기이다. 노화로 인한 혈관확장이나 이완된 혈관이나 세포에 자극을 주어 조직수축과 탄력이 뛰어나 드레나지효과가 탁월하며 즉각적인 리프팅효과를 나타낸다.

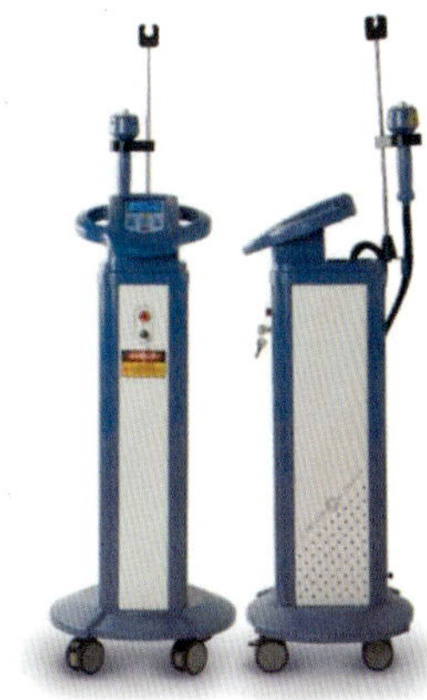

그림 4-20.
크라이오리프트(cryolift)

다. 천연멘톨(Menthol Cooing Gel)을 이용한 팩

일시적인 크리오레귤레이션을 일으키므로 말초의 혈관수축작용으로 조직을 강화시키는 강장팩이다. 노화피부나 모세혈관확장피부, 지성, 여드름피부에 사용한다. 마사지단계 이후 5~15분 정도 도포한다.

라. Cryo-Tonifier(Cryo Bandage)

체형관리시 사이즈 감소의 목적으로 시행한다. 이 트리트먼트는 제품마다 차이를 보이나 전신 또는 반신을 적용하게 된다. 고객이 한냉에 적용하는 동안 인체의 2/3 이상 감지 말 것을 권장한다.

전신순환과 심장순환의 촉진부위인 발의 신경시스템부터 벤데지를 감기 시작하여 유미조(cistena chyli)부분까지 감아주고 한냉의 감각이 극대화되지 않도록 요추부위는 제외한다. 특히 셀룰라이트 비만이나 부종형 비만에 있어 효과적이며 혈관확장에 열약한 하체부위에 효과적이다. 정맥류가 있는 경우 핫 테라피를 응용한 요법보다 콜드테라피를 시행하도록 한다. 이 요법의 기전은 천연멘톨에 의한 cryo-regulation 이다. 혈관수축으로 인한 완벽한 드레니쥐효과는 혈액과 림프순환촉진 및 결합조직의 탄력강화에 있다.

특수용액을 전신 붕대를 아코디언기법으로 신체의 아랫부분에 위쪽을 향해 감아준다. 고객의 상태에 따라 5분에서 20분 이내로 시행한다. 관리 이후 샤워는 하지 않는다.

(2) 온열 요법(Thermo Therapy)

온열 요법은 마사지의 효과를 높이고 근육의 피로나 질병의 회복을 촉진 하는 효과가 있다.

높은 온도의 물은 강한 항염증성과 항감염성을 가지고 있다.

온열 요법의 적용은 피부 내 모공과 한선을 열어 인체의 노폐물 배출을 용이하게 한다. 피하지방층의 지방분해에 효과적이며 신체조직에서 모세혈관 내의 혈액흐름을 촉진하여 세포재생효과를 준다.

① 수요법의 온도에 따른 온열효과

따뜻한 욕탕에 몸을 담그면 혈액이 따뜻해짐과 동시에 혈관도 확장되어 혈액 순환이 촉진된다. 이렇게 하여 따뜻해진 혈액은 순환에 의해 전신에 열을 운반하여 잠시 후면 신체 전체가 따뜻해진다. 혈액량이 증가하면 신진대사가 촉진되어 산소나 영양소의 보급이 활발해지고 노폐물과 이산화탄소도 빠르게 체외로 배출되므로 근육의 통증이나 피로, 결림 등이 완화되어 피로 회복이 된다. 혈액의 원활한 순환은 뇌에도 신진대사를 촉진시켜 신경이나 정신을 안정시켜 통증을 완화시킨다. 따뜻한 욕탕에 들어가 신체를 따뜻하게 하여 얻어지는 작용을 온열 효과라고 한다.

② 입욕의 온도에 따른 효과

가. 고온욕

42℃ 이상의 고온수에 입욕하면 소름이 끼치는 이유는 교감신경이 자극을 받아서 피부의 혈관을 수축시키기 때문에 일어나는 현상이다. 혈관이 수축되는 동시에 수압의 영향으로 혈관도 압박을 받으므로, 혈압이 30~50mmHg 정도 상승한다. 그대로 입욕하고 있으면 점차로 혈관은 넓어져서 상승했던 혈압이 내려가게 된다.

고온욕은 혈관에 급격한 자극을 주며, 온열 작용에 의해서 혈액 순환을 활발하게 하고 신진대사를 촉진시켜 피로 회복이나 통증을 완화시켜준다. 또한 유효 성분의 침투를 촉진시킨다. 그러나 동맥경화나 고혈압 증상이 있는 사람에게는 금기 되어야 하므로 개인차에 알맞는 온욕을 시행하는 것이 중요하다.

고온욕은 단시간의 입욕을 권장하며, 잦은 고온욕은 피부가 건조로 인한 노화를 촉진 시키게 된다.

그림 4-21. Thermotherapy, Thalaventure Thalafun Thalasso Therapy Centre, Caleta De Fuste, Fuerteventura, Spain

나. 미온욕

체온과 같거나 3℃ 정도 높은 수온에서는 뜨거움의 자각이 없으므로 36~41℃의 온욕을 미온욕 불감온욕이라 한다. 혈압에 미치는 영향이 거의 없어 고혈압, 순환기계 질환자에게도 위험이 적다. 물은 몸을 이완, 혈액순환을 촉진, 발한에 의한 독소배출, 근육과 전신을 이완시키고 통증을 완화시키다. 장시간 입욕가능 하여 시간을 두고 신체를 따뜻하게 하여 혈압을 낮추는 진정효과도 있다. 심신이 편안하고 안전할 수 있게 된다.

다. 저온욕

체온보다 낮은 탕온에서의 입욕은 효과나 주의점 등이 고온욕과 거의 동일하여 특정의 목적 이외는 일상의 입욕으로 자주 행하지 않는 것이 좋다.

라. 냉온교차욕

냉온교차욕은 냉탕과 온탕을 30초 내지 1분간씩 번갈아가며 전신 또는 부분 목욕을 하는 것이다. 냉탕에서는 부교감 신경계가 항진되며 온탕에서는 교감 신경계가 항진되어 자율 신경계가 조절된다. 냉온교차욕은 스트레스, 신경성 위염, 변비 등의 증세를 호전시킨다. 피부와 근육을 연속적으로 이완, 수축하여 혈액 순환 촉진, 피부조직의 대사촉진, 발한 등의 효과를 준다. 냉온교차욕은 각종 호르몬 대사에 긍정적인 영향과 누적된 피로회복에도 효과 있다. 냉·온교차욕은 과식이나 편식습관에 영향을 미치는 인슐린 분비억제효과로 비만에 효과적이다. 냉·온교차욕을 처음 시행할 때는 냉탕과 온탕의 온도차를 적게 하여 적응 하도록 한다.

냉탕은 25℃ 내외, 온탕은 40℃에서 시작하여 냉탕을 15℃까지 내리고 온탕은 45℃ 올려준다. 냉·온교차욕은 냉탕으로 시작해서 냉탕으로 끝내는 것이 원칙이나 냉적용에 익숙지 않을시 낮은 온탕에서 끝내도록 한다. 몸을 녹인 후 심장 부위 및 손, 발을 냉수로 마사지하면서 냉수에 몸을 담근 후 30초~1분 정도를 보낸다. 다음에 온탕으로 옮겨 땀이 날 정도로 2분 정도를 담근 후 다시 냉탕으로 5회 정도 반복한다.

마지막은 모공의 수축을 통한 피부의 탄력 강화와 면역력 향상에도 도움을 주는 냉탕에서 마무리한다. 머리까지 잠기도록 하여 냉·온교차욕에서 나타나는 어지럼증, 집중력 저하, 무기력증을 감소시켜준다. 냉·온교차욕은 숙면, 스트레스성 과식으로 인한 비만 등에 효과가 있으며 체중 감소시 피부탄력을 잃지 않게 한다.

4) 스톤테라피(Stone Tharapy)

고대로부터 돌은 인체 치유용으로 사용하여 왔다. 스톤은 역사적으로 남아메리카의 잉카, 이집트, 중국 등의 고대로 거슬러 올라가면 치료와 의식에 사용되었다. 미국 원주민인 인디안들 또한 "스톤 부족 사람들"로 불리며 스톤과 일체감 스톤을 이용하기 위해 그들의 생활에 매우 중요한 장소를 마련했다.

그림 4-22. Warm Stone Massage

스톤테라피는 전통적으로 마사지와 함께 차갑고 뜨거운 돌을 번갈아 사용하는 요법이다. 몸의 에너지를 소통시켜 아름다운 체형관리 효과를 제공한다. 또한 스트레스나 육체적인 피로로부터 인체에 릴렉스 효과를 제공하여 인체 깊이 감각의 밸런스를 맞추고 마음이 평온하도록 안정시킬 수 있다. 스톤은 원적외선 효과를 가지고 있어 신체와 정신을 안정시킬 수 있는 밸런싱 요법이다.

몸과 마음 그리고 정신을 함께 명상상태로 휴식하도록 도와주며 스톤테라피의 전인적 트리트먼트로 몸과 마음, 정신적 이완은 원활한 신진대사와 혈액순환을 도모하는 긍정적인 효과를 가져온다.

스톤은 스파에서 천연 약초오일과 아로마에센셜오일을 이용하여 다음과 같은 여러 가지 트리트먼트에 사용될 수 있다.

아로마테라피 마사지, 딥티슈 마사지, 리플렉솔로지(발반사요법), 훼이셜 관리 및 왁싱, 메니큐어 & 패디큐어, 치유적인 마사지, 이완 테라피와 명상 등에 사용된다.

(1) 스톤의 구성물질

① 현무암

어둡고 무거운 화산암(화산유래)은 세계적으로 널리 퍼져있다. 현무암은 철, 마그네슘, 규산염 등 미네랄이 풍부한 광물질을 많이 함유하고 있다. 주된 휘석과 사장석으로 질감이 곱다. 주로 따뜻한 테라피에 사용된다. 현무암의 특성은 원적외선이 방출됨으로써 세포조직과 근육, 관절부위에 온열효과를 제공하여 혈액순환을 촉진시키고 세포 활성에 도움을 준다. 40~50℃ 온열시 빨리 식지 않는다는 장점을 갖는다. 스톤이용은 피부에 직접적으로 닿게 하여 사용하거나 너무 뜨거운 경우는 얇은 타월 위에 사용한다.

② 퇴적암

바다, 강, 호수에서 기원되었고 식물, 산호암초, 석회암 등이 퇴적되어 만들어지게 된다. 주로 차가운 테라피에 사용된다.

③ 변성암

화성암이나 수성암 혹은 변성암 자체로부터 발생할 수 있다. 지반의 이동과 뜨거운 마그마의 증기로 인한 고온의 용액이 기존의 암석 구조에 침투하여 변성암이 형성된다. 화성암과 퇴적암은 지구의 3/4를 덮고 있고 다른 질감, 색깔과 구성되어 있으며 그 발생지역에 따라 스톤테라피에 최적으로 적용될 수 있는 열과 차가움의 보유 능력이 있다고 알려진 광물이다.

형성 과정에서 밝은 검정에서 어두운 검정, 회색, 경우에 따라 변화하는 붉은 빛이나 녹색 빛이 도는 검정 및 회색에 이르기까지 스톤(stone)의 빛깔이 다양하게 된다.

치유용 스톤은 오염되지 않은 광대한 지역의 휘도가 높은 스팩트럼 대에서 채집한다. 페루, 아르헨티나, 인도네시아 일부지역에서 안정성과 뛰어난 품질을 제공한다.

(2) 스톤의 적용

① 스톤의 온열 요법(Thermotherapy)

온열 요법은 신체에 핫 스톤이나 쿨 스톤을 적용한다. 궁극적인 목적은 신체의 힐링을 촉진하여 신체에서 생리학적 반응에 대한 변화를 일으키는 것이다. 핫 스톤의 적용은 발한작용을 촉진하여 체내의 독소를 배출하고, 원활한 신진대사 및 혈액순환으로 통증을 완화 시킨다.

가. 특정부위에 핫 스톤 적용

일정부위에 부위에 핫 스톤을 사용하면 관련 기관의 혈관에 대해 수동적 팽창(passive dilation)을 일으킨다. 이것은 또한 기관에서부터 조직 주위에 이르는 혈액을 끌어들여 피부를 따뜻하게 하고 홍조를 띄게 한다.

나. 핫 스톤 사용 효과

혈관을 확장시키거나 팽창시키고, 혈액순환을 향상시키고, 세포 및 전신신진대사를 향상시킨다. 림프 기능을 강화시키고 맥박수를 증가시킨다. 근육계 및 신경계를 진정시켜서 혈행을 좀 더 느리게 이동하도록 한다.

② 콜드 스톤

가. 콜드 스톤 적용(5분 이내)

차가운 스톤(cool stone)은 대리석 또는 퇴적암을 사용한다.

스톤의 효과로는 인체의 밸런스 기능 강화하는 기능을 들 수 있다. 스톤 테라피와 마사지가 갖고 있는 특징으로는 인체에 균형을 잡아주는 밸런스 효과와 함께 독소를 배출하는 원활한 정화작용을 나타낸다.

염증과 좌창, 통증을 즉각적으로 가라앉히며 충혈된 혈관을 수축시켜 진정효과를 준다. 상해 및 만성 근육 경련을 회복시키는데 사용된다. 신체의 회복 속도를 가속시키며 근육과 신경계가 자극된다.

콜드 스톤에서 방출되는 원적외선의 효과에 대한 자연적 반응은 인체 스스로 항상성을 회복시켜서 몸을 따뜻하게 해준다.

콜드스톤은 혈관 수축, 진통 효과, 근육 손상 축소, 감염부위 감소, 신경계 자극 효과 등을 나타낸다.

나. 콜드스톤의 사용 효과

- 염좌, 골절, 타박상(멍)의 통증 감소
- 부종 완화
- 피부의 온각을 자극
- 항상성을 유지하며 중심부 온도를 유지

다. 스톤의 7차크라 응용

인간에너지 장(human energy field)에는 전자기 회로가 존재한다. 각종 생체 에너지(기[氣])의 대부분이 흐르는 뇌척수액 내에서 이동한다. 인체 내 주요 7개의 에너지 중심 중 하나가 7차크라이다. 이것이 바로 쿤달리니(kundalini)라고 알려져 있다. 7차크라의 해당 에너지 장에 콜드 스톤 중 차크라스톤(보석)을 이용하여 테라피를 시행한다.

(3) 온냉교차스톤(Hot & Cold Stone)

인체에 핫 스톤과 콜드 스톤을 번갈아 사용하면 인체를 통해 혈액, 림프액 및 소화액의 순환을 촉진한다. 순환을 증가시키는 온열 요법을 사용하면 혈액이 세포에 더 많은 영양분을 전달할 수 있다. 또한, 피부, 간, 장 및 신장과 같은 제외된 기관(eliminative organ)으로 혈류량을 증가시키면서, 해독 과정이 증가하여 힐링을 촉진한다.

그림 4-24. Stone, MSpa Generic

5) 보석테라피(Jewelry Therapy)

고대 인도, 중국, 이집트 등에서 치료를 위해 색을 사용하였다. 질병치료를 추정할 수 있는 색을 찾아내기 위해 음식, 돌가루, 묘약 등의 물질의 색깔이 사용되어 왔다.

17세기 유럽의 왕실 중심로 보석 테라피가 확산되었다. 보석이 갖는 칼라, 파동의 이용하여 건강과 미용의 치료제로 사용하는 대체의학의 한 분야이다. 오늘날 의사, 과학자, 치료사들에 의해 다양하게 실험 검증되어지고 있다.

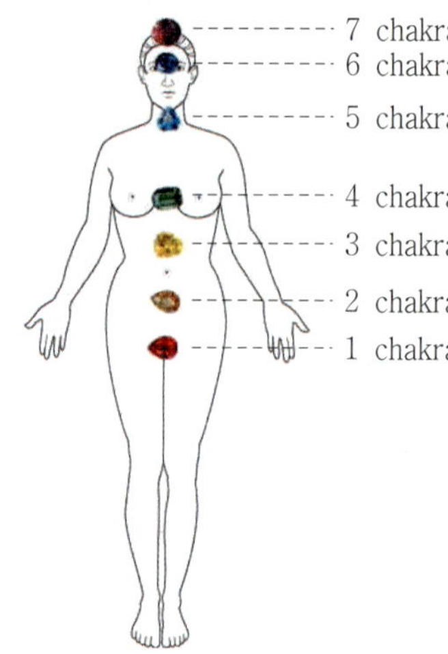

그림 4-25. Jewelry therapy Chakra Zone

고대로부터 스톤과 함께 치료에 이용되어졌던 것으로 보석을 들 수 있다. 보석은 자체의 컬러와 컬러에 해당되는 고유파장을 가지고 있다. 보석의 고유파장은 공명에너지를 가지고 있으므로 인체에 각기 다른 영향을 나타낸다. 보석은 연령과 증상에 따라 각기 다른 효과를 제공하기 때문에 인체 필요한 고유공명 에너지가 일치한다면 몸에 지니는 것만으로도 좋은 효과를 나타 낼 수 있다. 이러한 보석의 고유 공명에너지를 이용하여 고객의 상태에 따른 마사지와 차크라 레벨에 알맞도록 활용하는 것을 보석테라피라고 한다.

보석은 공명 에너지를 갖고 있으므로 인체의 에너지 차크라를 분류하는 차크라 단계에 알맞은 보석을 이용하여 테라피를 전개한다. 또한 개개인의 선호색과 상응되는 보석을 찾아 인체의 부족 되었거나, 과도한 에너지장의 해당 차크라를 다스려서 육체와 정신을 조화롭게 해준다. '차크라(Chakra)' 라는 용어는 산스크리트어로 "빛의 바퀴"를 의미한다. 이는 정수리(머리의 꼭대기) 부분에 이르는 척추를 따라 위치하는 빛과 색의 회전을 설명한다.

인도의 보석치료는 명상과 신비의 영적인 내용으로 몸에 수직으로 형성된 7 차크라에 해당 칼라와 보석으로 대비하여 다음과 같은 그 치료적 내용과 범위를 설정하고 있다.

(1) 제1차크라

신체의 생식기에 해당한다. 생식 및 생명과 관계된 중추로서 붉은 빛이 중심이 된다. 루비, 가넷 등 붉은 빛깔의 보석을 사용한다. 루비는 피부외적인 부분에, 가넷은 피부 내적인 부분에 생명력으로 작용을 한다. 특히 가넷은 혈액순환에 탁월한 효능을 보이며 가루의 형태로 복용되기도 한다.

(2) 제2차크라

배꼽에서 3~5cm 아래쪽으로 위치한 단전의 위치이다. 방광과 비뇨기에 영향을 주는 위치로 주황빛으로 지르코니아, 주황색 스톤을 사용한다. 의욕과 적극적인 자신감을 나타낸다.

(3) 제3차크라

배꼽과 명치 사이의 태양신경총 위치이다. 신체 생리, 소화 역할을 한다. 노란색 차크라에 해당하는 토파즈, 황수정 옐로우 지르코니아를 사용한다. 소화를 촉진시키고 신체의 장기에 활력을 주는 역할을 한다.

(4) 제4차크라

가슴과 가슴사이의 위치로 축적된 에너지를 외부로 투사한다.

녹색컬러로 에메랄드를 치유보석으로 사용한다. 심리적 및 정신적 질병과 조절하는 곳으로 대부분의 초능력을 나타내는 해당 차크라이다.

(5) 제5차크라

인후부에 위치하고 폐를 직접 관장하며 호흡기관을 다스린다. 하늘색컬러로 아쿠아마린을 사용한다. 호흡과 목소리로 지속적인 신체의 진동을 유발하게 된다. 부드러운 피부와 부드러운 목소리의 연관관계를 갖는다.

(6) 제6차크라

눈사이인 미간에 위치하고 파란칼라로 짙은 파란빛의 사파이어를 사용한다. 이성적, 정신적 능력의 부위로 의식센타라고 한다.

(7) 제7차크라

두정 차크라의 위치는 정수리 부분에 해당한다. 영광, 승리, 완성 등을 의미하며 보랏빛 칼라와 자수정을 사용한다. 6개의 차크라들이 잘 조절되면 스스로 빛을 발하는 작용을 하는 후광을 나타내는 차크라이며 이 차크라의 빛을 오오라(aura)라고 부른다. 보석테라피는 정신과 육체의 밸런스를 조절하여 정신적 휴식과 신체의 안정과 조화를 이루는 효과가 있다. 이는 보석에 내재된 고유공명의 영향으로 신체적, 정신적 정화를 통해 인체 파동에너지의 균형 회복이 이루는 노폐물 제거 및 신진대사증진 등의 인체에 원활한 에너지를 소통 시킨다.

그림 4-26. Jewelry therapy, soskin, Paris

7. 보정속옷(파운데이션)

프랑스 여성들이 16세기부터 지금의 팬티의 형태를 갖춘 드로우즈(drawers)를 입기 시작한 것이 속옷이 시작이다. 파운데이션은 '기초', '토대' 라고 하는 의미로 의복을 입는 토대가 되고 신체의 라인을 정리하고 체형을 보완하는 역할을 갖고 있다. 아름다운 신체의 프로포션을 갖고 싶은 여성의 소망을 구현하는 여성 속옷의 한 종류라고 할 수 있다. 현재 여성 몸의 곡선미에 대한 관심이 높아지고 있는 가운데 파운데이션은 보다 강한 보완과 정리효과, 그리고 부드러운 느낌을 추구하고 있는 실정이다. 과거의 속옷은 원래 몸에서 나오는 노폐물을 직접 겉옷에 묻히지 않기 위한 일종의 방편이었으나 요즘의 속옷은 실용성과 아름다움을 겸비한 겉옷에 못지 않는 또 하나의 독립된 의복이라 해도 과언이 아니다.

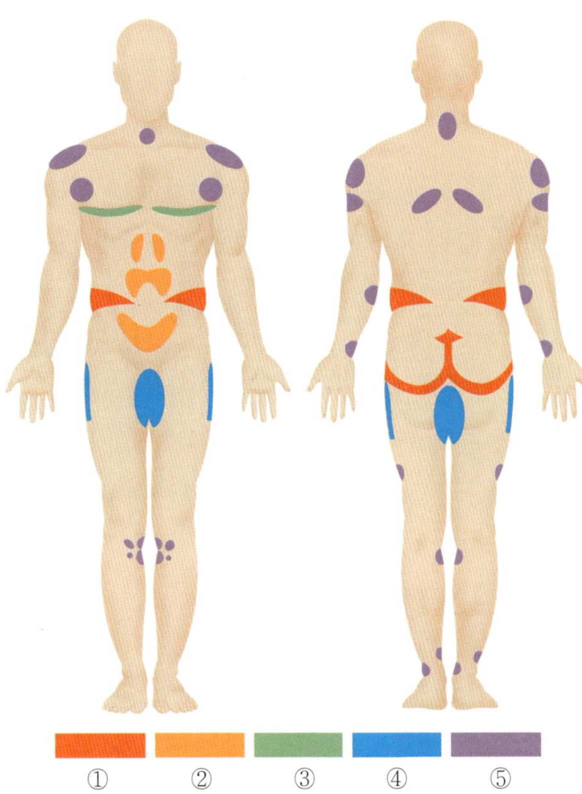

그림 4-27. 지방이 붙는 순서

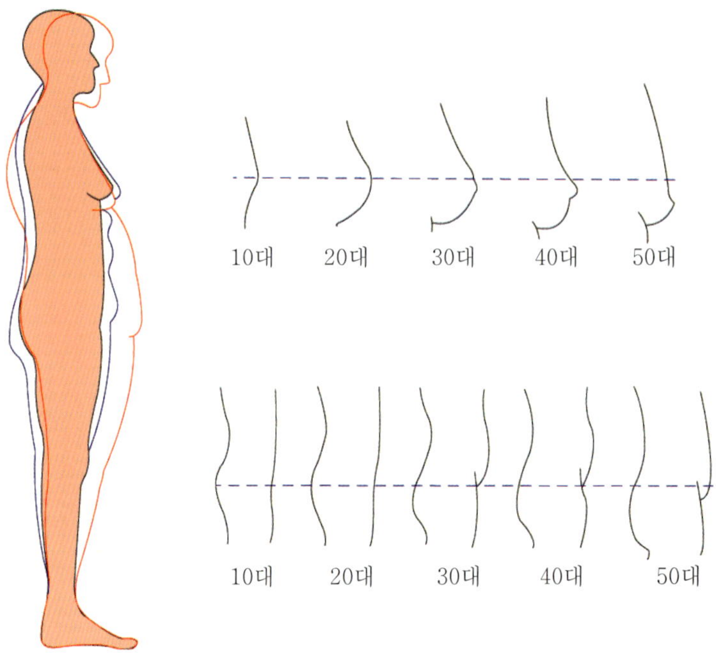

그림 4-28. 연령에 따른 여성의 체형변화

최근에는 자신의 생활패턴이나 기호도 뿐만 아니라 체형관리에 대한 욕구가 증가함에 따라 보다 쾌적한 느낌과 보정효과가 우수한 자신만의 멋을 만족시켜주는 감도가 높은 이너웨어가 요구되고 있다.

체형보정을 목적으로 하는 속옷의 경우 정확한 사이즈 측정이 선행되어야 하며 피부에 부담을 줄일 수 있도록 통기성이 좋은 소재여야 한다. 자신의 사이즈에 맞지 않은 보정속옷을 입었을 경우 혈류장애, 스트레스, 소화불량, 어깨결림 등의 현상이 나타날 수 있으며 소재에 문제가 있는 경우 접촉성 피부염을 유발할 가능성도 있다.

또한 압박감도 자신의 기호도에 따라 선택하는 것이 현명하다. 답답함과 압박력을 견디기 힘들어하는 경우 날씬해 보이고자 하는 욕구로 압박강도가 강한 보정속옷을 선택했을 경우 장기적으로 입는 것은 실패할 가능성이 매우 높다. 체형관리를 위한 보정속옷은 정확한 사이즈에 따른 통기성의 소재, 적절한 압박강도, 체형의 결점을 고려하여 선택되어야 함이 중요하다고 할 수 있다.

1) 이상적인 체형의 기준

- 자신의 얼굴 길이 하나 정도 아래에 유두점이 와야 가슴이 처지지 않은 아름다운 상태이다.
- 턱을 숙여서 몸을 붙였을 때 닿는 점이 자신의 쇄골 가운데이며, 이 점에서 양쪽 유두와 연결한 점이 정삼각형을 이루면 가슴이 쳐지거나 밖으로 퍼지지 않은 아름다운 상태이다.
- 허리의 가장 가는 부위는 똑바로 섰을 때 팔꿈치가 닿는 부분의 약간 위쪽에 와야 한다.
- 힙(hip)의 가장 나온 부위는 신장의 2분의 1지점에 와야 한다.
- 몸 옆선의 중심에서 가슴의 유두점까지 나온 점의 길이와 힙(hip)의 가장 나온 부분까지의 길이가 같아야 가슴과 힙(hip)의 볼륨이 균형을 이루는 이상적인 체형이라 할 수 있다.
- 어깨 너비 : 유두 간격 : 허리 너비 : 엉덩이 너비 : 대퇴부 너비 = 1.6 : 0.8 : 1 : 1.4 : 0.65
- 가슴 두께 : 허리 두께 : 엉덩이 두께 = 1.3 : 1 : 1.3
- 가슴 길이 : 허리 길이 : 엉덩이 길이 = 1 : 1 : 1.2

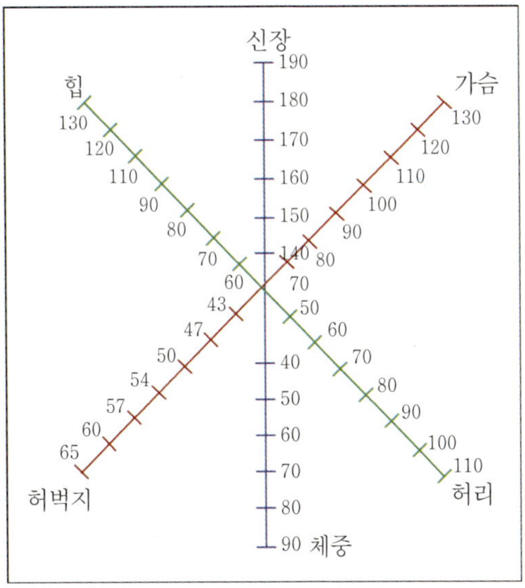

그림 4-29. 이상적인 체형의 황금 비율

2) 사이즈 측정 자세

사이즈 측정시 올바른 자세
양발을 편안한 자세로 똑바로 모으고 등을 곧게 펴고 선다.

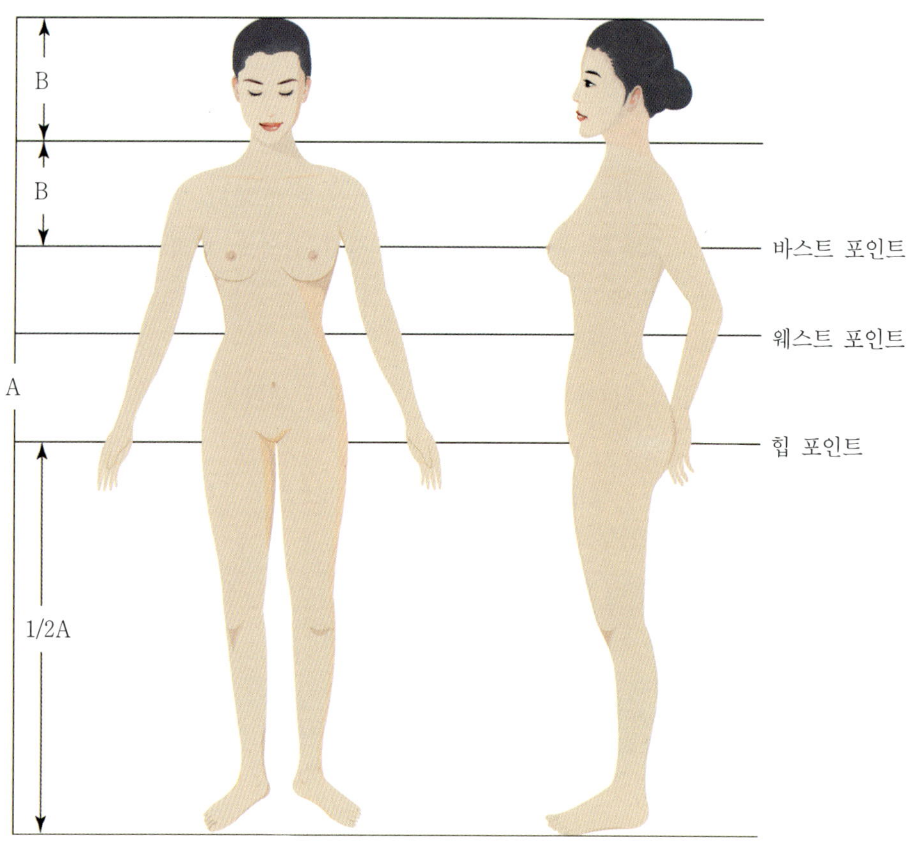

그림 4-30. 사이즈 측정 자세

3) 사이즈 측정 방법

(1) 윗가슴 둘레 측정

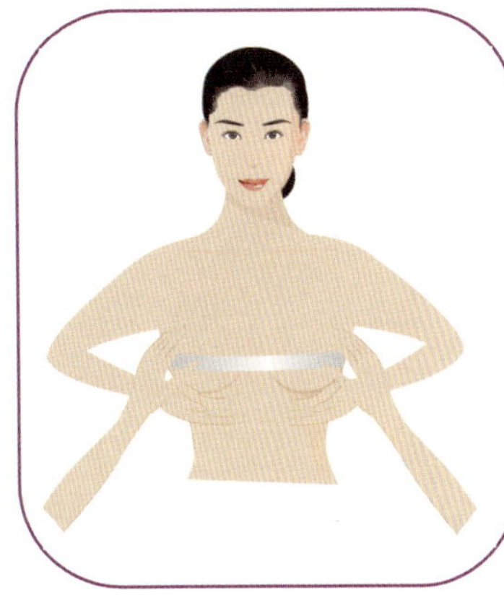

① 가슴이 처지지 않은 경우

기본적으로 앞쪽은 유두를 수평으로 지나게 측정하며 가슴을 누르지 않고 약간 여유있게 잰다.

② 가슴이 처지거나 벌어진 경우

손으로 가슴을 올려 받친 상태에서 유두 위를 줄자가 지나도록 하여 측정하되 살집이 있는 경우 2cm 정도 여유있게 잰다.

2) 밑가슴 둘레 측정

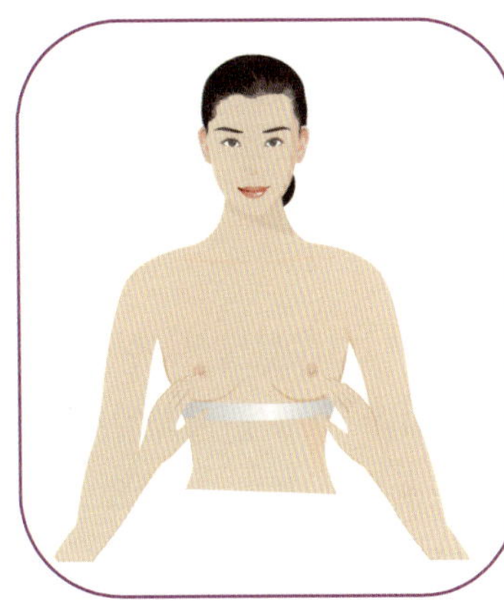

① 날씬할 경우

가슴 바로 아래를 기준으로 수평으로 측정하되 약간 여유있게 측정한다.

② 뚱뚱할 경우

밑가슴과 배꼽사이에 가장 뚱뚱한 부분을 줄자로 손가락이 두개(검지와 중지)가 들어갈 정도로 여유있게 잰다.

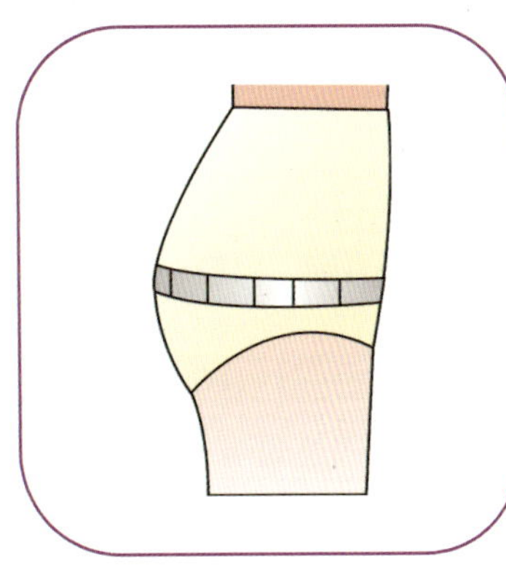

(3) 엉덩이 둘레 측정

엉덩이의 가장 높은 부분을 수평으로 측정한다.

4) 목적별 분류

(1) 언더웨어

피부에 직접 착용하여 땀의 흡수, 보온, 통기라는 생리 위생 기능을 가진 속옷이다.

파운데이션 정도로 체형을 보정하는 특별한 역할을 갖지는 못하지만 신체에 피트되고 겉옷의 실루엣을 정리하는 기능도 갖고 있다.

체온 유지와 땀의 분비물 흡수를 위해 입는 옷으로 흡습성과 통기성이 풍부하여 촉감이 좋고 신축성이 있는 것이 좋다.

➜ 종류 : 슈미즈, 드로워즈 등

(2) 파운데이션

체형을 가다듬어 몸 전체의 실루엣을 보정하며 안락감과 동시에 몸의 균형을 잡기 위한 기초 의류이다.

➜ 종류 : 브래지어, 거들, 웨이스트 니퍼, 바디슈트 등

(3) 란제리

란제리는 오염방지, 땀의 흡수, 겉옷의 성질을 좋게 하는 기능 이외에도 파운데이션과 겉옷 사이에 착용해서 아웃웨어를 한층 돋보이게 하는 역할을 한다.

➜ 종류 : 슬립, 캐미솔, 페티코트 등

(4) 하우스캐쥬얼(나이트 웨어, 홈웨어)

실용성과 패션성을 가진 옷으로 취침, 집에서의 휴식, 가정을 중심으로 한 번위에서 외출, 홈파티라고 하는 광범위한 경우에 대응할 수 있는 성격을 가진 웨어이다.

➜ 종류 : 파자마, 슬리머, 네글리제 등

5) 올바른 선택 및 착용방법

파운데이션의 선택만큼이나 정확하고 올바른 착용은 매우 중요하다.

정확한 착용법을 실천하면 확실한 체형보정이 되고, 그 결과 아름다운 바디라인이 나타나게 된다.

(1) 브래지어

브래지어는 가슴이 처지는 것을 예방하고 가슴선을 아름답게 보이도록 유지한다.

① 가슴의 모양에 따른 브래지어 선택방법

- 옆으로 퍼진 가슴 : 유두의 간격이 넓고 겨드랑이 부분쪽으로 퍼진형으로 Side-Up효과가 있는 Full Cup 스타일을 선택한다.
- 작은 가슴 : 가슴 발달이 되지 않아 볼륨이 작은 형으로 3/4 Cup 디자인으로 주변에 흩어진 지방을 모을 수 있는 세미롱 스타일을 선택한다.
- 큰 가슴 : 가슴전체가 풍만하여 볼륨이 큰 가슴으로 가슴을 완전히 감싸주는 Full Cup 스타일로 가슴의 무게가 처지는 것을 최소화한 어깨끈이 넓은 디자인을 선택한다.
- 새가슴 : 흉부가 튀어나온 형으로 가슴과의 구분이 명확하지 않은 형이다. 이 경우 아래에서 받쳐주는 힘이 강한 1/2 Cup 스타일은 오히려 강조되 보이므로 3/4 Cup 스타일이 이상적이다.
- 처진 가슴 : 임신과 출산 노화를 거치면서 대부분 30대 이후의 여성에게 나타나는 현상으로 Full Cup 스타일로 밑가슴을 받쳐줄 수 있는 디자인을 선택한다.

② 착용방법

- 어깨끈에 팔을 넣고 양 어깨에 걸친다.
- 상반신을 앞으로 숙여 가슴을 컵 중심에 모으고 뒤의 훅을 채운다.
- 양손으로 호크를 밑으로 당겨 몸체를 움직여서 피팅상태를 확실하게 한다.
- 상반신을 일으켜 어깨끈을 조절하고 겨드랑이 밑의 지방을 당겨 컵 중심으로 완전히 모아준다.

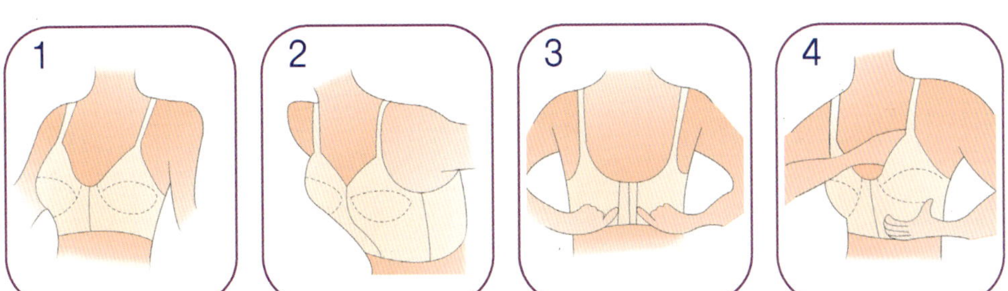

(2) 팬 티

팬티는 신체 분비물을 흡수하는 가장 대표적인 속옷으로 매우 중요하다. 그러나 체형의 실루엣에 가장 중요한 기본 토대가 된다는 것은 간과하고 있다. 따라서 자신의 신체 사이즈보다 작은 팬티를 착용하여 실루엣을 망가트리는 실수를 범하게 된다. 지나치게 작은 미니형 팬티는 상복부로 지방이 이동하며 하복부에 선을 만들고 자궁을 압박하며 오래도록 작용할 경우 엉덩이 주변의 지방이 허벅지로 이동하면서 엉덩이는 볼륨감이 없어지고 허벅지는 굵어진다. 좋은 팬티는 자신의 사이즈에 잘 맞고 허리선이 배꼽부분을 살짝 덮고 조이지 않으며 엉덩이를 충분히 감싸주는 것이 좋다.

(3) 거 들

거들은 복부와 엉덩이, 허벅지 등 하반신을 비교적 광범위하게 보정해주는 역할을 한다.

체형에 따라 허벅지쪽이 비대하지 않은 경우 숏 거들을 선택하고 하반신이 전반적으로 비만한 경우 롱 거들을 선택하는 것이 올바르다. 또한 피부조직의 유연함, 단단함 정도에 따라 소재를 선택하도록 하는데 임파선을 압박하지 않는 디자인이 좋다.

착용방법

- 거들을 바깥쪽으로 2~3번 말아서 양다리에 넣는다.
- 양쪽을 잡고 가볍게 웨이스트까지 끌어올려 꼭 맞도록 조절한다.
- 허벅지로 처진 지방을 모아주기 위해 한손을 거들 안에 집어넣어 거들의 엉덩이 라인과 맞도록 엉덩이를 고정시킨다.

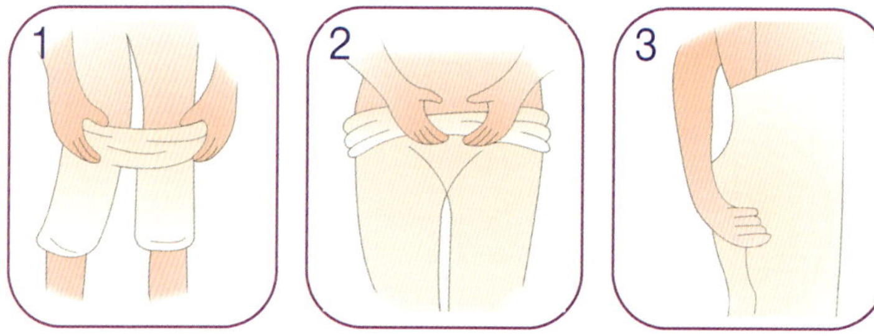

(4) 바디슈트

바디슈트는 올인원이라고도 하며 브래지어, 웨이스트 니퍼, 거들의 효과를 동시에 주는 제품이다. 복부와 엉덩이를 조여주어 몸 전체를 균형있고 아름다운 바디라인으로 유도하여 겉옷의 실루엣이 돋보이도록 한다.

착용방법

- 스냅버튼을 열고 바디슈트를 반으로 접어 허리까지 올린 후, 스냅버튼을 잠근다.
- 상반신을 앞으로 숙여 가슴의 지방을 올려 모아주고 어깨끈을 어깨에 건다.
- 등과 겨드랑이 밑의 지방을 끌어올려 컵의 중심으로 모아준다.
- 앞부분을 잘 잡고 허벅지 부분을 정확히 위치시킨다.

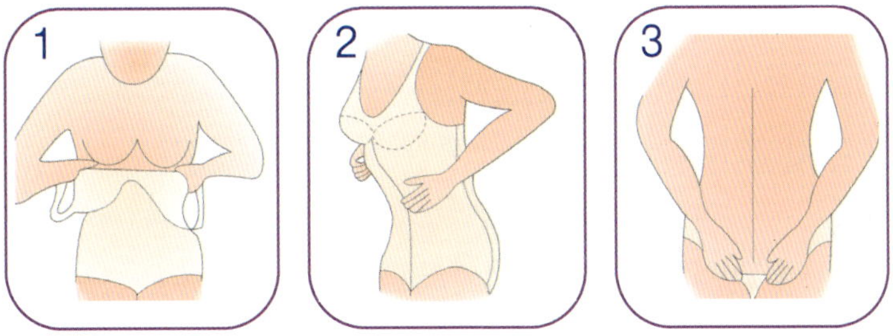

(5) 웨이스트 니퍼

운동부족, 과식 등으로 체중이 늘어나면 대부분 복부에 내장지방형과 피하지방형 비만을 가져온다. 여성은 임신과 출산을 거치게 되면서 피부조직이 비대해지고 트며 탄력이 없어지는 고민을 겪게 된다. 웨이스트 니퍼는 허리부분의 지방을 이동시켜 아름다운 복부와 허리선을 연출하도록 도와주는 제품이다.

웨이스트 니퍼의 경우도 사이즈 선택이 매우 중요한데 지나친 욕심으로 작은 사이즈를 선택했을 경우 웨이스트 니퍼 아래와 위로 지방이 이동하여 신체 균형을 깨트리게 된다. 따라서 반드시 자신의 신체 사이즈에 맞는 제품을 선택하도록 한다.

(6) 압박스타킹

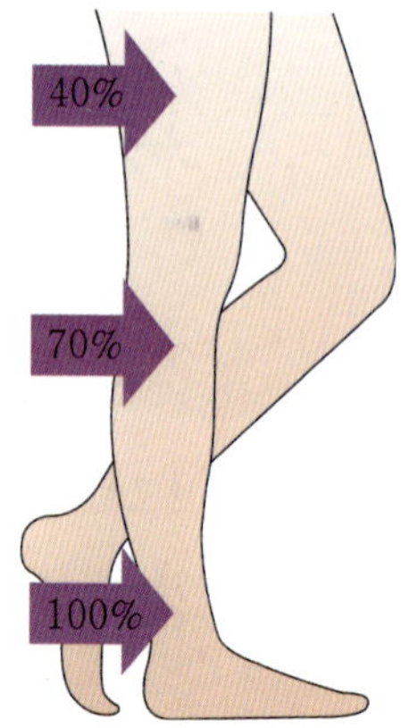

그림 4-31. 압박스타킹의 강압 정도

유전적 요인 또는 오랫동안 움직이지 않거나 장시간 서서 일하는 직업 등의 환경적 요인은 하지정맥부전증이나 하지부종, 정맥혈전증을 초래할 수 있다. 압박 스타킹은 하지로 내려와서 정체되어 있는 혈액을 신체부위에 따라 심장에서 먼곳을 강하게 가까운 곳을 약하게 순차적으로 압력을 가해서 혈액순환을 원활하게 하여 혈액의 정체로 나타나는 정맥류, 하지부종, 피곤함, 통증을 개선시키는데 효과적이다. 압박스타킹을 착용하고 8시간 이상 비행한 승객들에서 정맥혈전증이 발생되지 않았다는 연구 보고가 이를 뒷받침하고 있다. 즉 압박스타킹은 심장에서 먼 부위는 더 강력하게 조여주고 심장에서 가까울수록 덜 조여주기 때문에 혈액이 말초에서 중심으로 이동하는 역할을 한다. 따라서 착용 시에 발 및 발목 부분의 압력이 가장 강하고 위로 올라갈수록 다리를 조이는 힘이 적어지게 고안되어 있다.

① 압박스타킹을 필요로 하는 경우

- 체형 관리 또는 하체 및 종아리 관리 후 요요 현상을 방지하고자 하는 경우
- 아름다운 힙(Hip)라인과 종아리 곡선을 원하는 경우
- 각선미에 자신이 없거나 종아리 근육이 아름답지 않은 경우
- 갑작스런 체중 증가에 따른 피부가 트는 것을 예방하고자 할 경우
- 장시간 서서 일하는 직업에 종사하는 경우
- 비행기 여행 등과 같이 장시간 움직임이 어려운 경우
- 발과 발목이 자주 붓고 다리가 무겁게 느끼는 경우
- 정맥류가 있는 경우
- 장시간 앉아서 일하는 경우
- 장거리 비행으로 인해 발생될 수 있는 정맥혈전증을 예방하고자 할 경우

② 압박스타킹의 선택 방법

압박스타킹에는 데니아(denier)라는 용어가 사용되는데 스타킹을 짤때 들어가는 원사 한가닥의 길이를 무게로 측정했을 때 그 무게가 140g이면 140데니아, 280g이면 280데니아라고 한다. 대체적으로 일반 패션 스타킹은 60데니아 이하 정도로 편직하고 기능성 스타킹(건강다이어트 스타킹)은 통상적으로 140데니아 이상의 원사로 직조한다. 데니아가 높아질수록 스타킹의 두께와 압력은 어느정도 비례하지만 정비례 하지는 않는다. 스타킹의 압력강도는 데니아와 동시에 탄력사(elastan, lycra)의 혼용율이 높을 수록 압력이 세진다. 따라서 데니아라는 용어 대신 압력단위 mmHg를 사용하기도 한다.

일반적으로 기능성스타킹에 사용되는 원사의 데니아는 보통의 경우 70부터 시작하여 140데니아, 280데니로 올라가는데 용도 및 스타킹의 투명도를 고려하여 선택할 수 있다. 압박스타킹의 단점으로는 투명감이 없어 두껍고 번들거릴 수 있으므로 예방용 및 체형관리 측면에서의 선택은 140데니아 정도면 충분하다.

6) 체형별 코디방법

여성의 체형은 그 형태가 매우 다양하며 크게 X형, A형, V형, I형의 네 가지 유형으로 나누어 볼 수 있다. 각각의 체형에 맞게 코디 방법을 달리하여 신체의 결점을 보정해야한다.

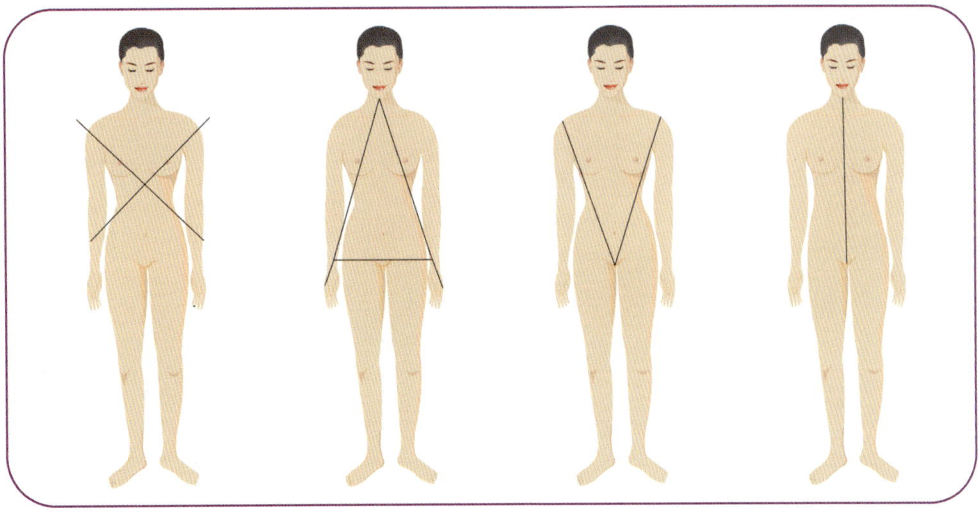

(1) X형

상반신과 하반신이 비교적 적당한 균형을 형성하고 있는 체형으로 이상적인 체형인 경우라도 현재의 체형을 유지하기 위해 항상 보정하는 것이 좋다.

(2) A형

하체 발달형으로 어깨가 좁고 가슴은 빈약하나 엉덩이와 허벅지가 발달한 체형으로 체형 보정 브래지어를 착용하여 가슴을 풍만하게 가꾸고 거들을 지속적으로 착용하여 엉덩이의 군살을 보정하여 실루엣을 아름답게 가꿔 나가야 한다.

(3) V형

어깨가 발달하고 가슴은 풍만하나 엉덩이가 작고 납작한 체형으로 유두 간격이 벌어지면 상체가 더 넓어 보이므로 가슴을 충분히 감쌀 수 있는 브래지어를 착용하여 가슴을 안쪽으로 모아 주어야 한다. 브래지어와 바디슈트를 겹쳐 착용하면 효과가 더 좋다.

(4) I형

가슴, 허리, 엉덩이가 실루엣이 없는 일자형으로 바디슈트와 니퍼를 착용하여 허리의 지방을 가슴과 엉덩이로 분산시켜 줌으로써 지속적으로 착용하면 허리선이 나타날 수 있다.

8. 전신관리에 사용되는 도구

1) 접시경락

접시경락은 접시를 이용한 경락 마시지로 이는 경락관리를 오래하던 피부관리실 원장에 의해 개발되었다. 경락 수기요법의 어려움을 접시에 접목시켜 경락관리와 접시의 특수성을 살려 창안한 기법이다. 또한 여러 모양의 접시를 개발하여 그 모양에 따른 사용부위가 다르고 나타나는 효과도 다르므로 사용시 주의해야 한다. 접시경락의 장점은 단단하게 뭉쳐진 근육을 힘들지 않고 아프지 않게 풀어주고 마찰시 발생하는 온열효과는 지방분해 및 비만관리에 도움을 주어 아름다운 각선미를 가꾸는데 효과적이다.

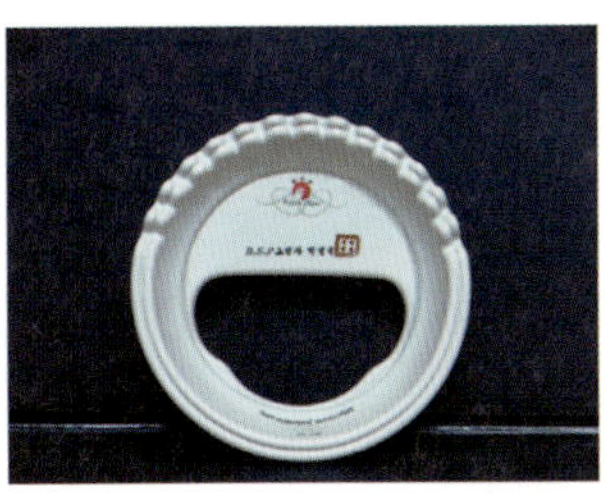

바디 마무리용(DA형)

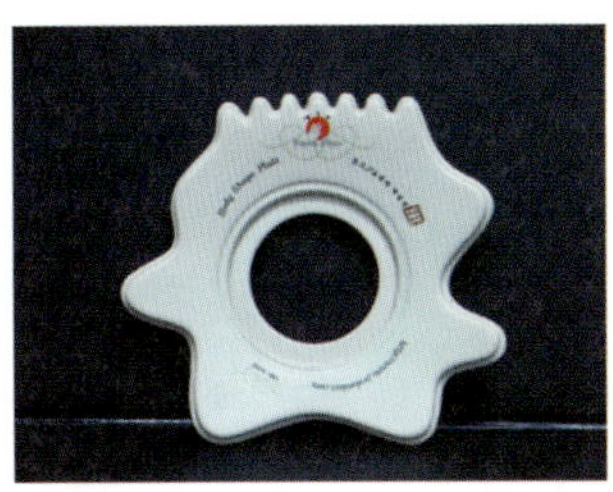

단단한 근육용(DB형)

안면용(DC형)

2) 스톤테라피

스톤의 원리는 돌에는 물, 공기, 흙, 불 등 자연에너지가 무수히 많이 함축되어 있다. 이 돌을 이용하여 신체의 리듬을 원활히 하고 근육이완을 하는 것이다. 돌은 신체부위나 마사지 테크닉에 따라 크기가 다르고 모양이 다르며 돌의 온도는 그 효과를 극대화 시켜준다. 그러나 관리 시 온도가 떨어질 수 있으므로 온도를 확인하여 돌을 교체하며 시술한다.

Warm stone(**따뜻한 돌**) 26.6~43.3℃ 사이로 넓은 부위에 고정하여 올려주면 근육이완효과 크며 Hot stone(**뜨거운 돌**) 48.8~57.2℃로 한곳에 고정 시 화상을 입을 수 있으므로 계속적으로 경찰법을 이용하여 전신에 마시지하여 근육이완 및 마사지 효과를 준다.

Cool stone(**차가운 돌**)은 36.7도보다 낮게 하여 근육을 갑자기 사용하여 부었거나 더위에 지친 피부관리에 효과적이다. Ice stone(**얼린 돌**)은 타월로 싸서 필요한 부위(환부, 냉찜)에 고정하여 진정효과를 준다. 돌에서 나오는 지기(돌의 기)로 에너지를 공급하고 정신적 스트레스가 많거나 근육이완, 혈액순환, 만성통증 감소 등에 효과적이다.

3) 자 석

자석은 음극과 양극이 인체의 신경기관에 영향을 주어 질병을 치료하는 것으로 자석으로 생긴 자장은 신경계와 세포의 기능에 영향을 주어 신진대사를 촉진시킨다. 주로 근골격계 질환 환자에게 많이 사용되며 요통의 통증완화 효과와 관절염의 염증을 감소시켜 준다. 독일의 생물리학자 볼프강 루드윅 박사는 '자석요법은 전체적으로 몸을 관통하여 다른 부작용 없이 몸을 치료할 수 있다' 고 하였다.

4) 옥불테라피

옥은 옛날부터 가장 귀한 보석으로 멕시코 원주민들은 몸에 지니면 초자연적인 힘을 발휘한다고 하여 몸에 지니고 다녔으며 민간요법의 하나로 사용되었다.

옥에 화주경락(불을 이용한 경락)을 접목시켜 옥불테라피를 정립하였다. 미용효과로는 비만, 체질개선, 근육이완, 신진대사촉진 등이 있다. 옥불테라피의 장점은 온열효과로 달궈진 옥의 열기가 심층부까지 전달되어 장시간 몸을 따뜻하게 하여 혈액순환, 노폐물 체외배출, 세포조직의 재생촉진에 효과적이다.

5) 맥반석

중국 명나라시대 이시진이 펴낸 「본초강목」에 "약석(맥반석)의 외관이 보리밥의 주먹밥과 아주 비슷하다 하여 맥반석이라 이름 붙였고 독이 없어 피부종기에 쓰였다."라고 적혀있다. 또한 그 쓰임새도 다양하여 환약을 정제할 때 여과제, 등창, 종기 등 각종 피부질환에 소염제로 사용되었으며 원적외선 방출효과가 있어 찜질방에도 사용되고 땀을 나게 하는 효과로 비만관리 시에도 사용되며 최근에는 알레르기, 여드름에 효과가 인정되어 화장품 개발 및 팩 재료로 사용되고 있다.

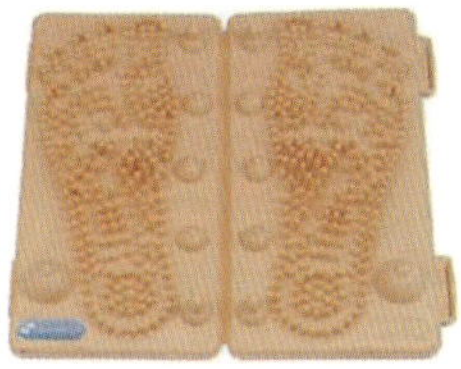

지압 맥반석

맥반석 가루

청 맥반석

6) 각종 괄사 기기

괄사요법은 피부표면의 표피층에 직접 영향을 일으켜 지방과 한선의 기능을 개선시키며 지방분비물을 제거하는 역할을 한다. 그리고 괄사 사용법은 피부의 온도를 2~3℃ 증가하는 것으로 직접적인 기계적 효과와 간접적인 혈관운동의 작용으로 나타난다. 또한, 피부의 근원조직이 유착증을 보이고 반흔조직이 형성되면 마찰운동과 신장력을 사용하여 기계적으로 유착조직을 늦추고 반흔조직을 부드럽게 하여 더 좋은 피부미용 효과를 얻을 수 있다.

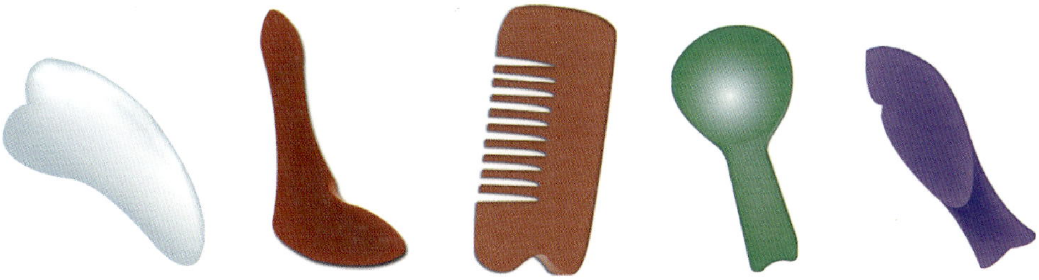

납작한모양괄사 골프채모양괄사 빗모양괄사 주걱모양괄사 물고기모양괄사

제5장

체형관리용 화장품성분

체형관리용 화장품의 주요 기능은 체지방을 제거한다기보다 셀룰라이트와 지방조직의 비대화로 인한 울퉁불퉁한 바디라인을 매끈하게 하는 것이다. 체형관리용 화장품만을 사용하기보다는 식생활 개선, 운동요법, 마사지와 함께 보조적 수단의 병행이 바람직하며 꾸준하게 사용하여야 그 효과를 볼 수 있다. 체형관리용 제품을 사용했을 때 공통적으로 나타나는 피부의 느낌은 시원함이나 온열감이다.

주요 기전은 활성 성분이 특정 부위의 혈행 촉진으로 노폐물 배출을 돕고 부종을 방지하는 것이다. 쿨링감은 혈관 수축을 통한 근육 리후레쉬 효과와 긴장감을 부여한다. 온열감은 생체의 열 발생을 촉진시켜 에너지 소비를 유도해 주며, 혈액 및 림프순환을 촉진하여 노폐물 배출을 촉진한다. 체형관리용 제품은 신체의 활동성을 고려해 흡수가 빠르고 끈적임이 적은 제품이 이상적이다. 최근에는 로션이나 젤 타입 외에 신체의 원하는 부위에 직접 부착하는 패치나 밴드형으로 출시되고 있는 것이 특징이다.

1) 주요활성성분 및 추출물

(1) AHA(Alpha Hydroxy Acid)

과일산의 총칭으로 각질제거 및 유연성질을 가진 활성물질이다. 산의 작용으로 각질층에서 각질을 부드럽게 녹여주며 각질사이의 연결고리를 제거하여 죽은 세포를 피부 표면으로부터 잘 떨어져 나가도록 유도해준다. 즉, 각질층 박리 효과로 피부를 매끄럽게 한다. 상한 우유(sour milk)로 목욕을 하고 포도주로 세수를 하여 깨끗한 피부를 유지했다는 고대인들의 기록이 이를 뒷받침한다. AHA와 비슷한 효과를 내는 성분 중 하나로 BHA(beta hydroxy acid-sallicylic acid)가 있다. BHA는 AHA와 달리 지용성이기 때문에 여드름 부위의 각질을 효과적으로 제거해줌으로써, 피지분비가 많고 여드름이 잘 나는 피부에도 침투가 쉽다. AHA나 BHA 모두 체형관리용 제품에 적극적으로 활용이 된다. 특히 얼굴뿐만 아니라 등부위의 여드름을 치유하며 각질제거 효과로 튼살 및 모공각화증 피부를 개선하며 세포 재생을 촉진하여 피부에 활력을 준다. 그러나 피부를 다소 민감하게 할 수 있으므로 레티놀(retinol) 혹은 비타민C 제품과도 혼용 사용은 바람직하지 않다.

(2) 크산틴(Xanthine)유도체

카페인(caffeine)과 데오피린(theophyline), 데오부로민(theobromine)이 있으며 혈관확장효과로 혈류량을 증가시키며 이뇨작용 및 지방 분해 대사를 촉진하는 것으로 알려져 있다. 그 중 카페인은 체내 대사작용과 관련하여 뇌나 근육의 자극제로 흥분작용을 일으키는 흥분제, 강심제, 이뇨제 등 다양한 자극제로 많이 알려져 있다. 1949년부터 화장품에 이용되기 시작했으며 지질분해억제 효소인 phosphodiesterase의 작용을 억제시켜 아데노신(adenosine)의 농도를 낮추고 국소지방의 지방분해를 촉진하는 것으로 알려졌다. 카페인은 현재 다양한 바디 슬리밍제품에 자주 함유되고 있다.

(3) 녹차(Green Tee-Catechin)

녹차는 대표적 항산화제로서 여러 동물 실험에서 혈중 콜레스테롤을 낮추고 항암효과가 있는 것으로 보고되었다. 또한 최근에는 지방을 비롯한 전체적인 칼로리 소비를 촉진함으로써 체중을 감소시키는 효과가 있다고 보고되면서 비만 치료 보조제로 사용되고 있다.

일본 시즈오카대학 연구팀에 의하면 녹차속의 떫은 맛을 내는 카데킨(catechin)이 장에서 지방이 흡수되는 것을 억제하고 체내에 있는 지방을 소모시키는 두 가지 효능이 있다고 밝혔다. 따라서 녹차에 대한 화장품의 응용이 활발히 진행 중인데 카데킨 성분 중에서도 가장 많이 함유된 EGCG(epigallocatechin gallate)가 열 발생과 에너지 대사를 촉진하는 것으로 알려져 최근 셀룰라이트용 제품에 그 사용이 증가추세에 있다.

(4) 시우드 추출물(Seweed extract, Algae Extract)

약 2,5000여종으로 그 중 라미나리아(laminaria), 푸쿠스(fucus) 등이 많이 이용되는데 진정제, 보습제, 보호제로 활용되고 있다. 비타민과 철분 다양한 미네랄의 함유된 자연 추출물로 피부 본연의 신진대사 기능을 촉진하며 인체내 노폐물 배출, 독소의 정체 해소로 셀룰라이트 관리에 효과적이다.

(5) 담쟁이덩굴 추출물(Ivy Extract, Hedera Helix)

두릅나무과의 식물로 유럽, 북아프리카, 서아시아에 자생한다. 담쟁이의 잎 또는 줄기에서 추출된다. 사포닌이 함유되어 있어 세정효과가 우수하며 자외선에 노출된 피부를 진정시키는 효과가 있다. 담쟁이덩굴 추출물은 순환 활성화로 작용으로 피부조직의 수분 축적을 방지하는 효과 및 독소배출을 도와 부종을 완화한다.

(6) 클로버 추출물(Sweet Clover Extract)

다년생 식물로 꽃이 피며 피부에는 독소배출 및 안티박테리아 효과와 부종을 완화작용을 한다.

(7) 맨톨(Mentol)

박하의 잎이나 줄기를 수증기 증류하여 얻는다. 의약품, 과자, 화장품 등에 첨가제로 쓰이며, 진통제나 가려움증을 진정 시키는 데에도 사용된다. 멘톨 성분이 함유된 화장품은 피부에 닿으면서 시원하다는 느낌을 받게 되는데 이는 혈관 수축을 통한 근육 리후레쉬 효과로 부종을 해소하며 탄력을 얻을 수 있다. 따라서 주로 허벅지 종아리와 같은 하체 관리용 제품에 많이 활용된다.

(8) 캄파-장뇌(Camphor)

장뇌는 녹나무에서 얻는다. 녹나무는 아열대성 교목으로 아시아 동부에서 주로 자란다. 녹나무는 결이 치밀하고 아름다워서 불상이나 가구 및 배를 만드는 목재로 많이 쓰였다. 녹나무 줄기를 토막내어 증류하여 얻은 향기성분인 정유를 '장뇌'라고 부른다. 향은 유칼리투스(eucalyptus)와 비슷하며 항염, 수렴작용으로 지성 및 여드름 트리트먼트에 효과적이다. 혈액순환을 촉진해 노폐물 배출을 도와주며 셀룰라이트 관리에 효과적이다.

(9) 센텔라 아시아티카(Centella Asiatica)

말굽풀, 조개풀이라고도 불리우는 미나리과에 속하는 다년생 식물이며 원산지는 아프리카 동부의 madagascar섬이며 인도, 스리랑카, 말레이시아, 홍콩, 중국, 대만은 물론이고 한국에는 제주도와 남부 도서지방의 저습지에 군생(群生)한다. 인도에서는 이미 나병치료에 오래전부터 사용했으며 대만에서는 투골초(透骨草)라 해서 어린 아이의 열에 대한 해열제로 또는 뱀에 물렸을 때 해독제로 사용되었다. 결핵균에 대해서 그 항균성이 크다고 보고된 바 있으며 이 식물에서 분리된 유도체들은 피부궤양 및 광범한 외상치료, 원형탈모증 등에 탁월한 임상효과가 있다는 것이 입증되었다.

주요 성분은 바이오플라보노이드(luteolin-7, glucoside, apiin apigenin), 펙틴, 탄닌, 비타민 A, 비타민 C, 에센셜 오일로 이루어져 있다.

진정, 소염 등의 효과가 있으며 혈행 촉진 및 독소 제거, 강력한 피부 재생 효과 때문에 화장품에 사용된다.

(10) 버쳐스 브룸(Butcher's Broom)

지중해 연안이 원산지이다. knee holly, box holly로도 불리며 관상용으로 심는다. 줄기는 밑부분에서 가지가 많이 갈라지고 높이가 20~50cm이며 옆으로 뻗는 다육질의 뿌리줄기가 있다. 잎이 없는 대신 잎 모양의 잔가지들이 있다. 어린 줄기는 식용하고 잔가지에서는 염료를 얻기도 하며, broom에서 알 수 있듯이 과거에는 가지를 말려 빗자루를 만들기도 했었다.

butcher's broom의 뿌리는 혈관을 수축시키며, 염증을 막아주고, 과다한 수분을 배출해 주는 특징이 있어 오랫동안 화장품 원료로 사용되었다. 일본에서는 최근 슬리밍 스타킹에 천연성분으로 첨가되어 화장품 뿐 만 아니라 기능성 섬유에까지 첨가되고 있다. 또한 피부의 세라마이드의 수준을 유지 또는 증가시킬 수 있는 것으로 보고되어 피부의 보습 및 탄력 증대에도 그 효과를 기대 할 수 있다.

(11) 호오스 체스넛 - 칠엽수, 마로니에(Horse Chestnut)

일본이 원산지이다. 높이는 30m에 달하고 굵은 가지가 사방으로 퍼지며 가로수 또는 정원수로 많이 심는다. 호오스 체스넛이라는 이름은 터키인들이 말에게 체스넛을 먹였던 데서 유래한다. 마로니에는 모양이 비슷한 유럽산 horse chestnut으로 잎에 주름살이 많으며 꽃이 약간 크다. 이 나무는 프랑스 파리의 가로수로 유명하다. 나무의 껍질은 에스신(escin)이라는 사포닌이 주성분으로 피부의 일광 화상 방지제로도 사용되며 수렴, 항염증, 혈관조직벽에 대해 부종형성방지 등의 효과가 있으며, 혈액순환 장애를 치유하는데 상당한 효능이 있는 것으로 알려져 있다.

2) 효과적인 체형관리용 제품 사용법

① 팔은 손목에서 어깨 방향으로 팔 안쪽과 바깥쪽을 쓸어 올리며 겨드랑이 쪽으로 바른다.

② 복부는 손바닥으로 배꼽 주변을 작게 또는 크게 원을 그려준다.

③ 엉덩이는 허벅지 아래에서 위로 수직 또는 대각선으로 끌어올리듯 발라준다.

④ 다리는 발목부터 허벅지까지 나선 또는 수직으로 끌어올리듯 서혜쪽으로 발라준다.

※ 9장 전신피부관리 실기(p163~201) 참조

제6장 전신 메뉴얼 테크닉 방법

1. 스웨디쉬(Swedish Massage)

스웨덴의 물리치료사인 PehrHenrink Ling에 의해 체조와 함께 연구되어 정립된 과학적이고 체계적인 마사지 기법이다.

유럽에서는 클래식 마사지, 유럽피언 마사지라고 알려져 있으며 스파에서 아로마테라피요법을 가미한 가장 기본적인 마사지로 널리 사용되고 있다. 쓰다듬기(Effleurage·Stroking ; 경찰법), 집어주기(Petrissage ; 유연법), 문지르기(Friction ; 강찰법), 두드리기(Tapotement·Percussion ; 고타법), 흔들기(Vibration·Shaking ; 진동법)의 기본동작으로 프랑스 용어로 정립되었다.

스웨디쉬 마사지는 스트레칭과 체형교정을 통해 신체적, 정신적인 최상의 효과를 가져다 준다.

2. 경락(經絡)

경락 마사지는 동양의학의 음양오행설과 경락학설을 바탕으로 하는 수기요법으로 최초 중국의학서적인 '황제내경'에 상세히 기록되어 있다. 경락 마사지는 혈액이 순환하는 혈관과 기를 순환시키는 통로를 원활히 소통시켜 경락과 연관된 내부의 장기를 활성화하여 신체의 건강을 개선하는 요법이다. 경락의 경(經)은 상하수직으로 분포되어 장기와 관련이 깊고 12쌍이 있다. 락(絡)은 좌·우 수평으로 흐르는 가지를 말하며 조직에 연결되어 피부, 뼈, 근육, 힘줄 등과 관련이 있다.

경혈이란 기를 위한 '작은 구멍' 이란 의미로 많은 경혈이 경락을 따라 놓여 있으며 경락을 통하여 기와 혈의 소통을 원활히 해준다.

경락 마사지의 효과는 기, 혈액, 림프액의 순환을 촉진시켜 건강을 유지시켜주며, 근육이완, 자세교정효과 등의 자연치유기능이 탁월하여 통증을 완화시켜주며, 자율신경에 작용하여 심리적 안정을 준다. 또한 장기에 작용하여 장기기능을 활발하게 도와주고 신진대사를 촉진시켜 셀룰라이트 제거효과와 피부미용에 효과적이다.

3. 지압(Shiatsu ; 시아추)

시아추(shiatsu)는 일본식 지압이라고 불리며 약 6세기경 승려에 의해 중국에서 전해져 일본의 마사지인 안마와 혼합하여 현재 일본지압으로 전 세계에 알려져 있다. 시아추는 '손가락으로 압력을 가하다' 라는 뜻을 갖고 있으며 20세기초 일본인 의사 tamai(王 ; 왕) tampotu가 시아추는 물리요법으로 약물을 쓰지 않고 쇠약해진 세포에 탄력을 주어 자연치유력을 향상시키는 것이다. 시아추에서 강조하는 효과적인 치료점인 'tsubo' 가 있고 이는 인체의 point를 말한다. 인체에는 약 1,000여개의 tsubo가 있으며 이는 움직일 때 들어간 곳, 힘줄, 통증, 아픔 등을 느끼는 모든 부분이 이에 속한다. 또한 tsubo는 경락과 연결되어 내부조직과 장기에도 큰 영향을 주어 신체 건강함을 줌은 물론 자연치유력도 탁월하다. 시아추는 손의 촉감으로 모든 질병을 진단하고 관리하며 시술시 불쾌감이나 부작용이 없고 자연치유력을 증강시켜 질병예방에 효과가 우수하다. 시아추의 기본방법은 수직압으로 근육이 굳을 정도에 따라 힘을 적절히 가해야하며 딱딱한 근육에 급격한 강압을 가하면 역효과가 날 수 있다. 이때 정신을 집중하여 경압보다 조금 강하게 천천히 한곳을 3~6초 누르면 약간 아프지만 기분이 좋아하는 쾌압 상태가 되며 지압효과가 극대화된다.

시아추의 효과는 신경 안정·흥분억제로 우울증, 수면부족, 정신질환에 효과적이며, 골격의 간접교정 및 진통효과로, 신경통, 디스크, 두통, 관절염 등에 효과적이다. 또한 근육의 경결, 위축, 이완을 회복시고 골격과 관계있는 근육, 인대 등을 지압함으로써 골격의 변형을 조정하고 셀룰라이트 층에 자극주어 균형 잡힌 몸매를 유지 시켜준다.

4. 타이 마사지(Thai Massage)

그림 6-1. Traditional Thai Massage, MOCNX, Mandarin Oriental, Chiang Mai

타이 마사지는 양초요법(허브), 명상, 요가와 함께 태국전통의술의 대표적인 것 중 하나로 약 2,500년의 역사를 가지고 있다. 부처님의 친구이자 의사인 '지바크마르 바차' 가 인도에서 태국으로 건너와 불교와 의술을 전해주었고 요가와 접목된 태국정통의 타이 마사지가 만들어졌으며 동양의학의 또 다른 하나의 대표적인 마사지이다. 타이 마사지는 중국의 추나, 인도의 아유르베다, 일본의 지압(시아추)과 같은 맥락으로 뿌리내렸다.

타이 마사지의 원리는 신체의 중요한 에너지를 '센' 이라고 불리는 통로를 통해 이동하며 흐르는 과정에서 내외적 요인에 의해 흐름에 불균형이나 방해가 발생되면 고통과 질병을 유발하게 된다. 이에 에너지 흐름을 좋게 해주기 위해서는 타이 마사지의 자극을 통해 에너지의 흐름을 좋게 하고 균형을 맞추어 건강한 몸을 유지하도록 도와주는 것이며 이 에너지는 중국에서 '기(氣)' 인도에서 '프라나(prana)' 라고 불린다.

타이 마사지는 스트레칭과 지압하기를 병행하며 근육과 골격의 이완, 수축을 통한 테크닉으로 건강을 유지시켜준다.

5. 림프드레나지(Lymph Drainage)

림프드레나지는 1933년 덴마크의 생물학자 Emil Voder와 그의 부인에 의해 창안되었고 현재 유럽 및 세계 많은 나라의 피부관리실과 병원에서 림프드레나지를 임상경험을 통해 학문적으로도 인정을 받았으며 현재는 정식 승인된 물리치료법으로 활용되고 있다.

림프드레나지는 림프의 흐름을 정확히 알고 주요 림프절에 모아 터미누스, 액와부, 서해부를 통해 심장으로 배출되도록 해야 하며 압력은 30~40mmHg 정도이며 동작 시 조직에 영향이 미칠 정도로 부드럽게 한곳을 5~7회 반복 시술한다.

림프드레나지의 효과로는 부교감 신경계를 자극하여 저항력을 증진시키고 피로회복, 면역력증강, 숙면에 효과적이며 자율신경계의 균형유지로 스트레스나 긴장회복효과가 우수하다. 또한, 적절한 압력과 정확한 관리는 근육을 완화시켜 동통 경감 및 긍정적 감정유발효과와 비만에 효과적이며 조직내 정체된 노폐물을 배출시켜 피부톤을 맑게 해준다.

6. 카이로프라틱(Chiropractic)

카이로프라틱(chiropractic)은 그리스어의 'chiro'는 손을 뜻하며 'pactice'는 치료를 뜻하는 합성어이다. 이는 약과 수술에 의존하지 않고 손으로 여기저기 질환을 치료한다는 의미이다. 카이로프라틱은 1895년 미국의 데이비드 파머((David Palmer) 박사에 의해 의학적 체계를 갖춘 후 세계 여러 나라에서 자연요법으로 자리를 잡고 있다. 카이로프라틱은 건강예방과 유지에 중점을 두어 신경, 근육, 골격에 복합적으로 다루는 보조치료개념으로 몸의 건강관리를 위하여 많은 물리치료사, 피부관리사들에 의하여 행해지고 있다.

카이로프라틱의 원리는 잘못 자리 잡은 척추를 부드럽게 눌러주어 척추를 바로 잡아주면 눌렸던 신경들이 제자리를 찾게 되어 통증도 자연 감소되고 자세도 교정될 수 있어 몸의 움직임을 자유롭게 하는 것이다. 그러므로 약이나 수술에 의존하지 않고 척추 교정만으로 건강해질 수 있도록 하며 적당한 운동과 올바른 자세유지는 본인 스스로의 노력이 있어야한다.

7. 아유르베다(Ayurvedic)

500년전부터 내려오는 인도의 고대의학으로 산스크리트어로 reyur(생명, 삶)와 veda(경전, 과학, 지식)의 합성어로 '생명의 과학' 이라는 뜻을 가지고 있다.

아유르베다는 만물의 근원인 우주의식(cosmic consciousness)의 다섯가지 요소에 따라 전개된다. 그 5요소는 에테르(ether ; 허공), 공기(air), 물(water), 불(fire), 흙(地)으로 상징하며 모든 물질에는 5요소가 다 들어있고 인간 역시 5요소의 에너지로 생명을 유지하고 있다.

또한 5요소는 각자의 기질, 체질이 결정되므로 3가지 성분과 기질로 나누어 바타(vata ; 공기+허공), 피타(pitta ; 물+불), 카파(kapha ; 물+흙)로 나누며 바타의 기질은 가볍고 거칠며 차가우면서 마르고 피부가 거칠다. 피타는 중간체형에 부드럽고 기름진 피부를 갖고 카파는 뚱뚱하고 두터운 피부를 갖게 되므로 그 체질과 성분에 맞는 관리와 치료가 되어야한다.

아유르베다 치료법은 바다, 땅 두 가지로 하나는 독소를 제거하는 것이고 다른 하나는 독소를 중화시키는 것이다. 그러나 근본적인 치료를 위해서는 마음의 감정을 잘 다스리는 것으로 분노, 공포, 신경과민, 공포, 소유욕, 탐욕 등 인간의 공통된 감정을 잘 다스려야 완전한 치료가 된다. 관리방법은 자신의 타입에 맞는 오일을 선택하여 심신의 안정을 주며 편안한 상태로 부드럽게 마사지 한다. 현재 인도의 인구의 약 70%가 아유르베다식 치료와 관리를 받고 있다.

그림 6-2. Ayurvedic Treatment, MOCNX, Mandarin Oriental,Chiang Mai

8. 아로마테라피(Aroma Therapy)

향기를 가진 천연 식물의 꽃, 줄기, 뿌리, 열매, 잎 등에서 추출해낸 에션셜 오일을 인체에 사용하여 건강한 정신과 육체를 유지하는 요법이다.

적용은 심신의 안정을 꾀하고자하는 아로마에센셜 오일을 블렌딩하여 릴렉스 마사지를 하는데 고객에게 향기를 후각적 흡수경로와 경피흡수를 통하여 인체에 직접적인 영향을 주게 된다. 후각적 흡수 경로 중 폐를 통한 경로와 변연계를 통한 뇌에 자극을 주는 아로마 사우나 등이 적용된다. 특정 효과를 위해 각각의 오일을 고객에게 알맞게 선택하여 사용한다.

그림 6-3. Mandara Spa

그림 6-4. Spa Athenee, Greece

9. 딥티슈(Deep Tissue Massage)

리메디얼(remedial), 클리니컬(clinical) 마사지에 딥티슈 요법이 쓰여진다. bindegewebs massage system의 결합조직마사지(connective tissue massage)로 전신에 그물망처럼 연결된 근막조직을 구조를 정렬하는 요법과 rolfing의 근육과 근막의 불균형으로 인한 물리적인 제한 요소들을 안정된 구조로 평형조절과 그에 따른 정서적인 안정요법으로 구분한다.

근막(fascia)과 심층의 근육(deep tissue muscle)과 결체조직(connective tissue)의 심층부까지 관리하는 방법이다. 근육, 근막, 건의 통증과 관절 기능장애 등에 치유적인 마사지며 심신의 이완 및 안정과 함께 근육이완, 통증이완과 순환 증진에 효과적이다.

딥티슈 바디 마시지 트리트먼트는 뻣뻣하고 거칠거나 지친 근육을 이완시키고 만져서 부드럽게 하기 위한 집중적이고 전문적인 기술을 사용한다.

10. 로미로미(Lomilomi Massage)

로미로미는 하와이 토착어로 마사지라는 의미이다. 로미로미는 인체가 하와이 파도와 폭포에 조화를 이루도록 둔다. 하와이언 로미로미는 오랜 세월 동안 이곳 토착민들의 생활 속에 깊고 정교한 힐링 기법으로 인정 받아오고 있다.

로미로미는 하와이언의 생활 철학인 후나(HUNA)를 기본으로 한다. 마사지를 통해 인체를 모든 긴장으로부터 해방시키고 호흡을 증진시켜 주는 전통 하와이 마사지이다. 어깨 통증이나 등 통증에 효과가 있으며 새로운 에너지를 부여하는 깊고 심오한 치유를 목적으로 하는 테라피이다.

로미로미는 삶의 근원인 에너지 흐름을 원활하게 함으로써 활력, 독소제거, 혈액과 림프 순환 등의 효과를 주는 것으로 알려져 있다. 릴렉싱 터치는 좌우 신경의 안정과 조화, 통합을 이루도록 가볍고 균형감 있는 느낌을 부여하여 원활한 에너지흐름과 신체와 정신 그리고 영혼의 균형과 조화를 이루는 힐링요법이다.

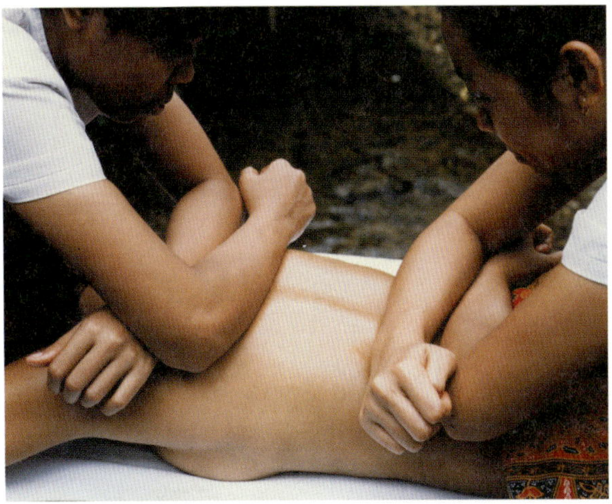

그림 6-5. 로미로미(Lomilomi Massage) Mandara's Images

제 7 장 비만관리기기

1. 엔더몰로지(Endermologie)

'endermologie'는 비만으로 인한 결합조직 이상을 치료한다는 의미로 1970년대 후반 프랑스학자인 'Louis Paul Guatay'에 의해 개발되어 특허를 받으면서 알려졌으며 셀룰라이트 제거와 국소지방의 감소를 돕는 체형관리기기이다. 엔더몰로지기의 바이브레이션을 통하여 셀룰라이트를 치료하고 국소지방을 분해하며 결합조직을 재배치함으로써 단단하고 탄력있는 몸을 위해 전신체형관리기기로 선보여지면서 많은 활용을 하고 있다. 엔더몰리지기는 피부에 물리적인자극을 주어 지방을 분해하는 방법이다. 진공음압에 의해 피부를 당겨주고 지방세포를 자극하여 혈액과 림프순환을 촉진시켜 지방세포 분해촉진 및 탄력섬유 강화로 피부를 탱탱하게 만들어준다.

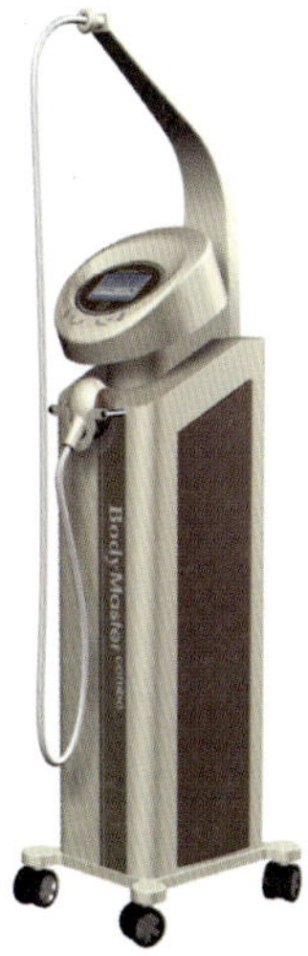

그림 7-1. 엔더몰로지

1) 효 과

(1) 진공 마사지 작용으로 복부, 엉덩이, 대퇴부, 목 등의 지방을 제거하고 셀룰라이트에 효과적이다.

(2) 혈액순환 증가로 신체에 영양과 산소의 공급을 증가시키고 노폐물 제거효과가 탁월하다.

(3) 기기의 음압으로 부종이 줄고 피부탄력효과를 준다.

(4) 체내 순환시스템에 작용하여 혈액순환과 림프액의 흐름을 좋게하고 피부조직을 활성화시켜 세포재생에 효과적이다.

(5) 다양한 프로그램과 6단계의 강도로 고객의 취향에 맞게 관리 할 수 있다.

2) 시술방법

(1) 아로마오일이나 지방분해 로션을 발라 시술시 매개체 역할을 하게 된다.

(2) 시술부위에 맞는 액세서리를 선택한다.

(3) 심장방향과 림프순환 방향으로 밀어준다.

(4) 전신 체형관리 시 하루에 약 40~50분 시술, 주 2~3회 관리하면 효과적이다.

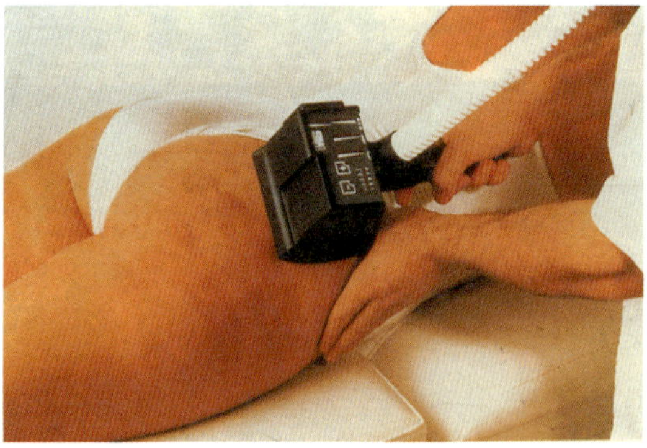

그림 7-2. LPG 엔더몰로지를 이용한 셀룰라이트 관리와 체형관리

3) 주의사항

(1) 질병에 의한 부종이 있는 고객은 반드시 의사의 진단을 받아야 한다.

(2) 정맥류가 심한 경우 사용을 금한다.

(3) 처음부터 강한 압은 삼가고 서서히 음압을 높인다.

(4) 인공심장박동기 등 몸 안에 금속핀이 있는 경우 삼간다.

2. 진공흡입기(석션기, Vacuqm)

그림 7-3. 진공흡입기 + 초음파

진공으로 빨아들이는 공기압이 작용하는 유리컵을 피부에 접촉하여 피부를 흡입하므로 피부의 혈액순환과 림프순환을 증가시켜 혈행과 노폐물배설을 촉진하는 효과가 있다. 진공흡입기의 유리컵안의 압력으로 피부조직을 흡입하여 림프순환에 도움을 주며 전신 체형관리시 혈액순환을 도와 독소배출효과와 근육을 이완시켜 비만관리에 효과적이다.

1) 효 과

(1) 지방분해 및 셀룰라이트 분해효과가 있다.
(2) 혈액순환 효과로 독소가 배출되어 피부톤을 맑게 한다.
(3) 림프의 흐름을 촉진시켜 노폐물을 제거한다.
(4) 경직된 근육을 풀어준다.

2) 시술방법

(1) 관리부위에 맞는 컵을 선택한다.
(2) 셀룰라이트 분해 및 독소배출효과가 우수한 아로마오일을 선택하여 매개체로 사용하다.
(3) 강압이 느껴지지 않도록 컵 안에 압력을 20% 이내로 한다.
(4) 림프절에 따라 이동하며 민감한 피부는 펌핑하여 자극을 최소화한다.

3) 주의사항

(1) 강한 압은 멍이 들 수 있으므로 주의한다.
(2) 심장질환, 간질, 당뇨병 등이 있는 경우 의사가 동의를 한 경우만 시술한다.
(3) 피부병이나 알러지가 있는 피부는 삼가 한다.

[A] 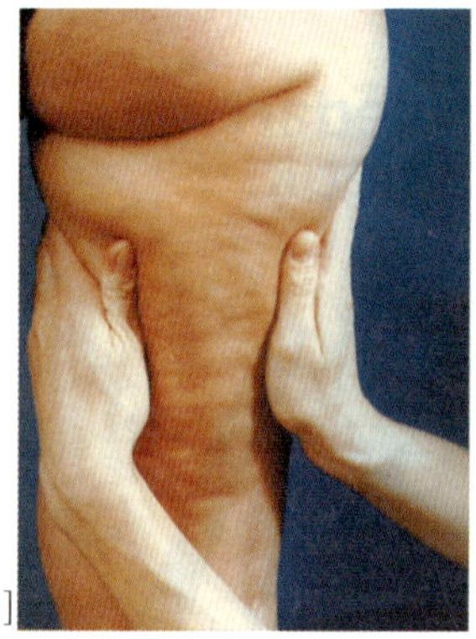 [B] 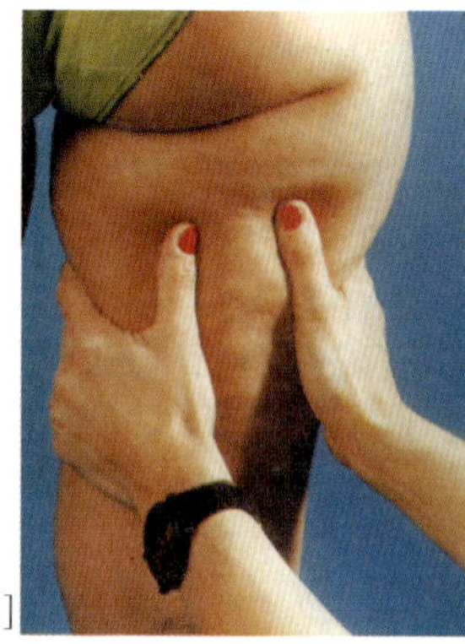

그림 7-4. 엔더몰로지 사용전[A]과 사용후[B]

3. 초음파기(Ultra Sound, Sonophoresis)

초음파 미용기에는 압전 세라믹을 사용한다. 이 압전 세라믹이란 압력(물리적인 힘)에 의해 전기(전압)가 발생하고 역으로 전기(전압)를 주었을 때 기계적인 힘(진동)으로 변환하는 기능성 재료이다.

초음파 미용기기는 1초에 백만 번 이상 진동(1MHz)을 한다. 1초에 한번 움직이는 것은 1Hz라고 하며 1Khz = 1000Hz 이다. 초음파 미용기기는 아주 작은 물리적인 진동이지만 잦은 횟수가 상당한 효능을 발휘한다. 1초에 백만 번 이상이라는 고속진동에 의해 저주파수의 큰 힘으로 할 수 없는 피부 속 깊은 침투가 가능하다.

그림 7-5. 중주파+초음파기

1) 효 과

(1) 세정효과

초음파를 물에 방사할 때 발생되는 초음파 공동화(ultra sonic cavitation)의 메카니즘은 핵의 생성, 수많은 기포(bubbie)의 발생, 성장한 기포의 폭발적인 파열 등 3

단계로 이루어지며 기포파열시 국부적 온도가 1,500℃이고 압력 또한 수백 기압에 달하는 충격파가 발생된다. 이때 충격파가 사람의 손에 미치지 못하는 미세부분까지 깨끗이 세척하고 분비물을 피부 밖으로 배출한다.

(2) 온열효과

진동에 의한 마찰력은 피부온도를 약 1℃ 정도 상승시켜 피부속까지 침투하여 혈액과 림프액의 흐름을 높여 물질대사를 촉진시키고 영양공급을 원활히 하며 이는 기저세포의 세포분열이 정상화되므로 피부기능을 개선시킨다. 또한 피하지방 덩어리의 분해를 도와 셀룰라이트를 개선에 효과적이다.

(3) 지방분해효과

초음파의 온열과 진동작용은 지방분해가 쉬운 상태로 변하게 되고 혈액 및 림프액의 흐름이 촉진되어 지방산 배출이 원활하다. 특히 전신비만에 사용되는 초음파기기는 효과면에서 강력하고 금속 해드 크기가 커서 그 효과가 극대화 되며 분해된 지방산 배출은 진동작용에 의한 운동으로 그 효과가 탁월하다.

2) 시술방법

(1) 시술부위에 초음파 매개체인 초음파 젤을 도포한다.
(2) 사용부위에 맞는 초음파 프로브를 선택한다.
(3) 부위에 맞게 강도를 조절하며 근육방향으로 약 10~30분 정도 적용한다.
(4) 전신관리시 지방과다 축적부위를 집중관리 한다.

3) 주의사항

(1) 빠르지 않도록 주의한다.
(2) 한 부위에 5초 이상 머무르지 않도록 하며 그 주위를 반복하여 사용한다.
(3) 뼈나 관절부위에는 절대 사용하지 않는다.
(4) 인공심장박동기 착용자는 사용을 금한다.

4. 중 · 저주파

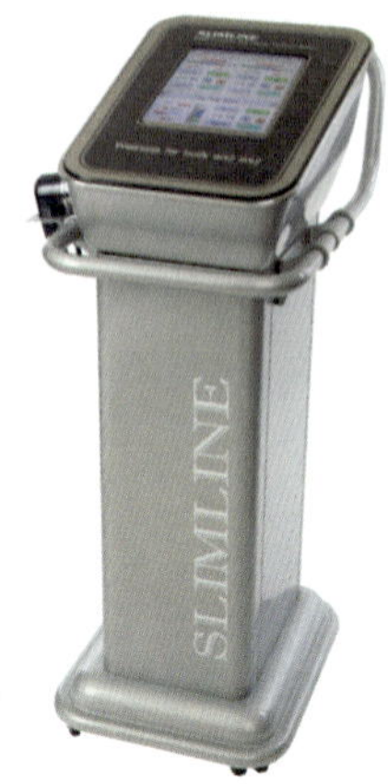

그림 7-6. 중 · 저주파

저주파(1~1,000㎐ 이하)기기는 근육에 전극을 통하게 하여 근육을 수축, 이완 시킴으로 셀룰라이트 분해 및 지방연소 효과가 있다. 중주파(2,000~4,000㎐)는 경피에 자극없이 전류가 이미 침투된 근육을 자극하여 넓은 부위, 깊은 심부까지 지방분해 효과를 준다.

최근 두 기능을 결합한 중·저주파는 비만 치료의 필수 조건인 근육의 운동과 인체의 혈액 순환, 신진 대사, 림프 순환과 같은 운동요법을 기초로 비만의 원인을 치료하고 이미 축적된 지방 세포를 감소시킴과 동시에 피부의 탄력을 증대시켜 비만의 가장 중요한 문제인 체형을 유지 시켜주는 효과가 뛰어나다.

미용 측면에서의 비만 관리와 물리적 치료가 결합된 개념의 중·저주파 기기는 체형의 균형을 잡아주는 슬리밍 관리와, 피부의 탄력을 증대하는 퍼밍 관리, 근육의 통증을 예방하고 치료하는 릴렉스 관리, 얼굴 및 바디 라인의 노화를 예방하는 리프팅 관리를 가능케 한다. 인체는 비만의 원인을 운동 요법으로 예방하고 치료하며 노화된 세포의 재생력을 증대시킨다.

1) 중 · 저주파의 효과

(1) 슬리밍효과로 과다한 지방 세포의 축적으로 인한 비만 부위와 뭉쳐진 근육을 이완시켜 림프의 원활한 흐름을 제공한다.

(2) 탄력효과로 지방 분해와 정기적인 운동을 하지 않는 부위의 근육을 당겨주고 강화시켜 처진 부위를 올려준다.

(3) 물리치료효과로 뭉쳐진 근육을 이완시키며 복잡한 부위의 근육을 형성, 강화시켜 주며 근육통을 완화시켜 준다.

2) 시술방법

(1) 시술부위에 맞는 액세서리를 선택한다.

(2) 비스코스 이용 시 물에 적시고 고무패드 이용시 하이드로 젤을 발라 전류가 잘 통하도록 한다.

(3) 시술부위에 패드를 대고 밴드를 감는다.

(4) 신체 부위에 맞도록 시간을 적용한 후 마무리한다.

5. 고주파기(High Frequency)

고주파는 높은 전류율(100,000Hz 이상의 교류전류)을 갖는 것이 특징이다. 테슬러(tesia) 전류를 이루고 있으며 이 전류의 주요작용은 굳은 근육의 경직을 풀거나 지속적 자극을 주어 뭉쳐진 근육을 완화시키는 기능을 한다. 고주파는 전류가 유리전극을 통과할 때 미세한 섬광을 방출시키는데 이는 유리관에 첨가되어 있는 가스의 종류에 따라 다른 색상을 낸다. 네온가스 첨가 시 오렌지색, 아스곤 가스 첨가 시 보랏빛을 띤다. 전신관리 시 열발생으로 지방의 연소를 가속화시키고 순환증가로 배수가 쉽게 되어 비만관리에 효과적이다. 셀룰라이트는 과잉된 피하지방의 축척으로 섬유질이 지방조직과 엉겨 붙어 피부 바깥으로 울퉁불퉁 뭉쳐진 부분을 림프 및 혈액순환을 촉진시켜 효과적인 관리를 한다.

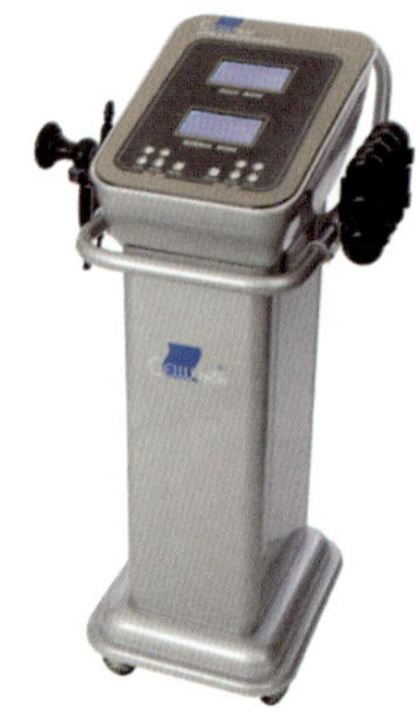
그림 7-7. 고주파기

1) 효 과

- 혈액순환 촉진효과로 림프순환을 촉진한다.
- 온열효과로 혈류량을 증가시키고 열을 발생시켜 지방연소를 가속화한다.
- 직접 피부에 사용 시 살균효과가 우수하다.
- 발한촉진으로 셀룰라이트와 지방분해를 돕는다.
- 탁월한 살균효과로 염증완화 및 박테리아 번식을 예방한다.

2) 시술방법

(1) 직접적인 적용

관리사가 전극을 손에 쥐고 직접 사용하는 방법으로 피부세포 조직에서 발생하는 고열을 진정시켜주는 효과가 있으며 지성피부, 여드름피부에 적용 시 살균효과를 얻을 수 있다(약 8~10분 적용).

(2) 간접적인 적용

관리사가 마사지를 하는 동안 고객이 전극을 쥐고 있는 방법으로 고객이 전극을 쥐고 있을 때 전류를 켜고 끈다. 이 방법은 피부에 적당한 자극을 주어 피부를 **중주파+초음파기** 긴장시키는 효과가 있다(약 10~15분 이내 적용).

3) 주의사항

- 고객에게 기기에 대하여 충분히 설명한다(소리, 냄새, 색상 등).
- 몸에 지닌 금속 및 보석을 제거한다.
- 임신중이나 맥박에 이상이 있는 경우 삼가한다.
- 알콜성분이 함유된 스킨사용을 삼간다.
- 인공심장박동기 등 몸속에 금속물이 있는 경우 사용을 금한다.

Ⅱ

체형관리 실기

제8장

인체의 이해

1. 전신의 명칭

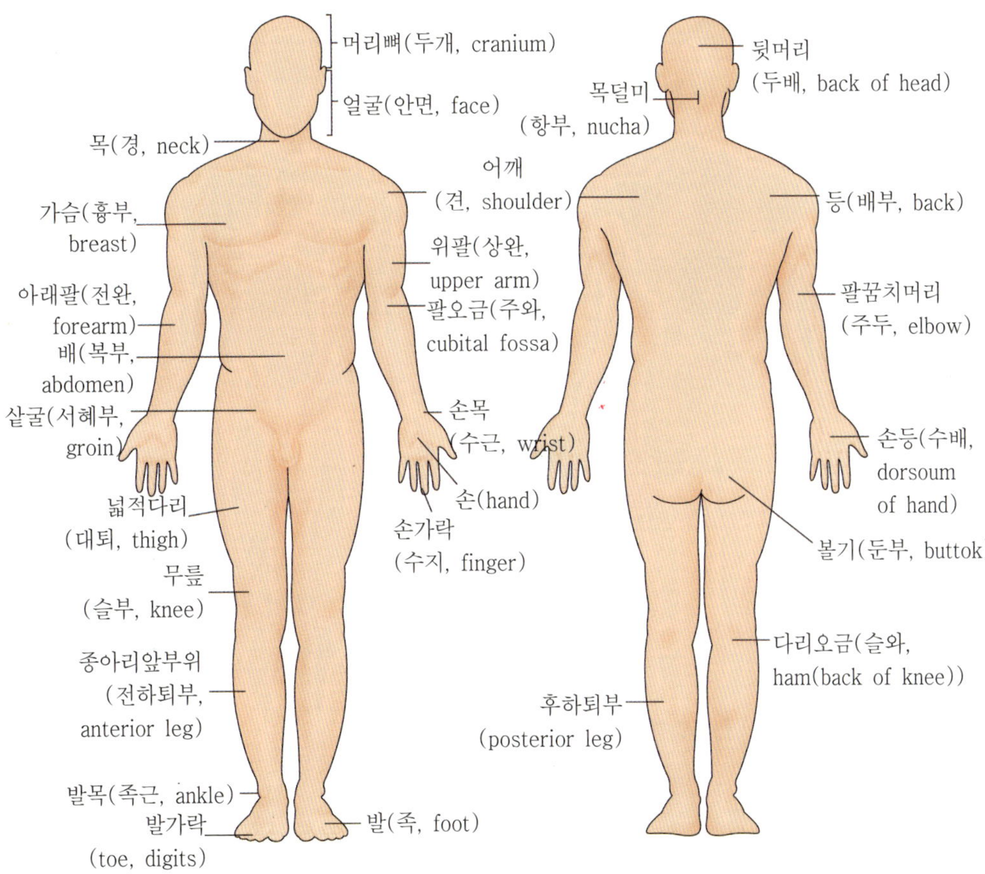

[A] 앞면 [B] 뒷면

그림 8-1. 전신의 명칭

2. 전신뼈대계통

인체는 총 206개의 뼈로 구성 : 머리뼈(두개골) 23개(설골 포함), 척주 26개, 팔뼈(상지골) 64개, 다리(하지골) 62개, 가슴우리(늑골) 24개, 이소골 6개

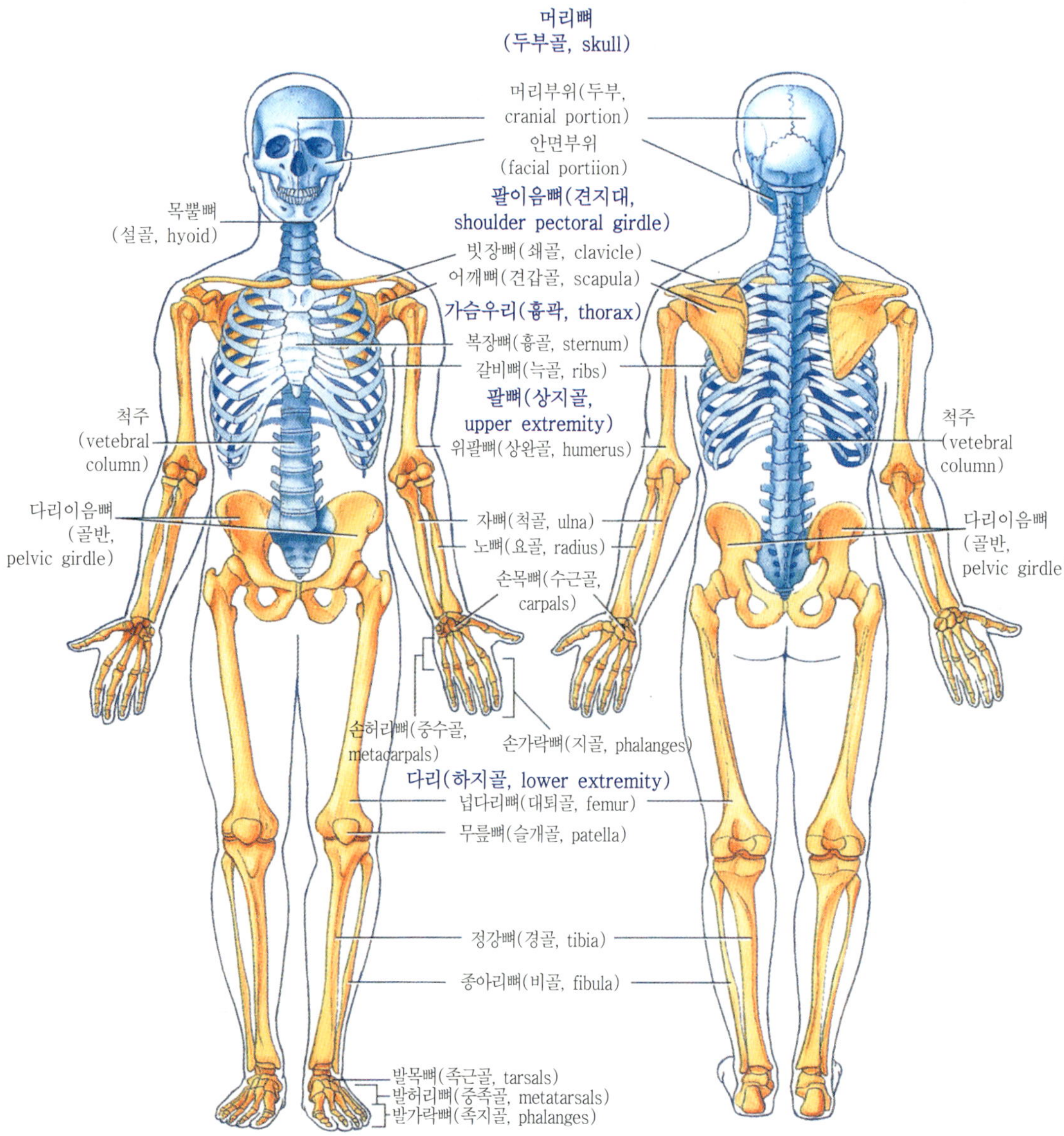

그림 8-2. 인체의 뼈대

3. 전신 근육계통

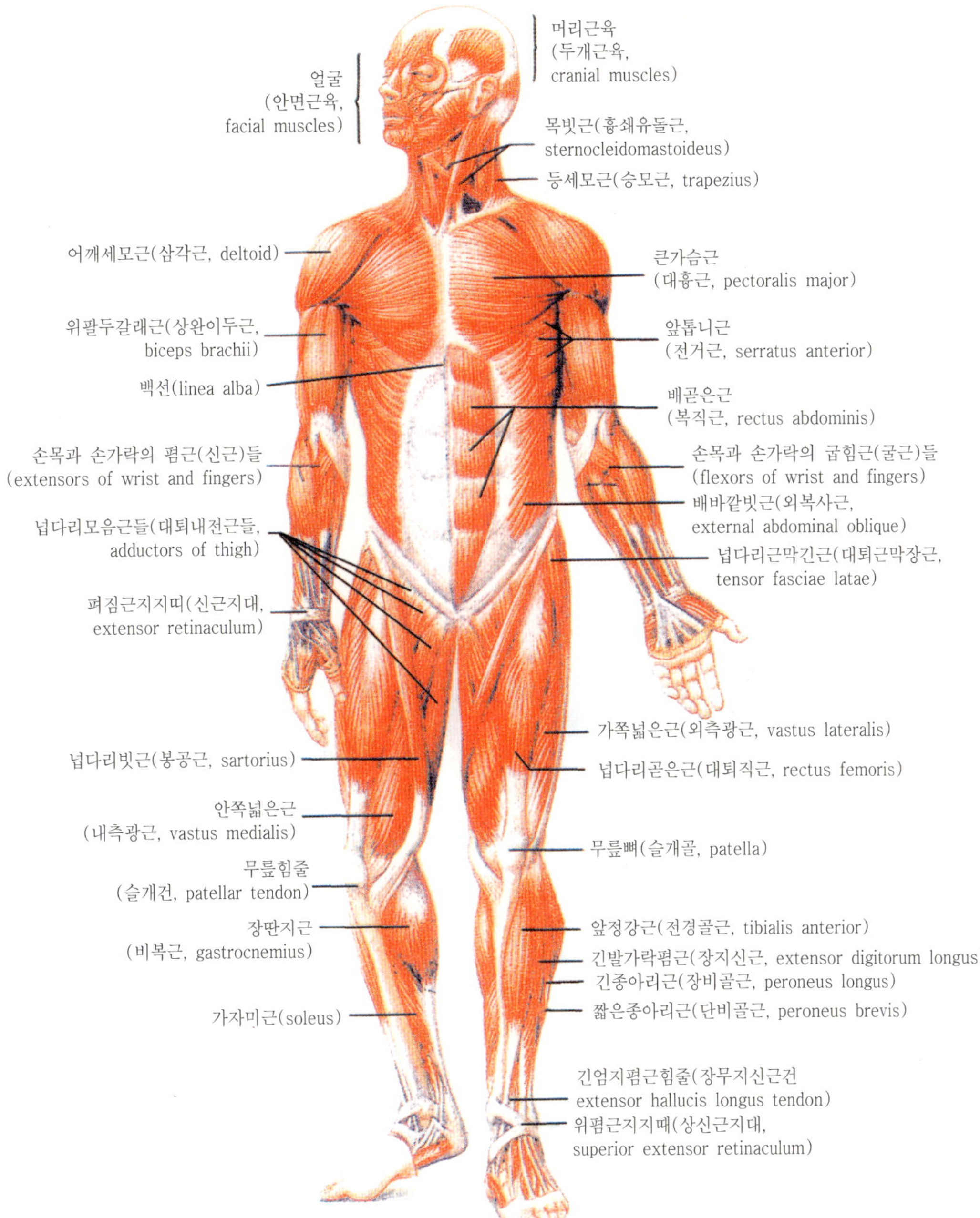
머리근육
(두개근육,
cranial muscles)
얼굴
(안면근육,
facial muscles)
목빗근(흉쇄유돌근,
sternocleidomastoideus)
등세모근(승모근, trapezius)
어깨세모근(삼각근, deltoid)
큰가슴근
(대흉근, pectoralis major)
위팔두갈래근(상완이두근,
biceps brachii)
앞톱니근
(전거근, serratus anterior)
백선(linea alba)
배곧은근
(복직근, rectus abdominis)
손목과 손가락의 폄근(신근)들
(extensors of wrist and fingers)
손목과 손가락의 굽힘근(굴근)들
(flexors of wrist and fingers)
배바깥빗근(외복사근,
external abdominal oblique)
넙다리모음근들(대퇴내전근들,
adductors of thigh)
넙다리근막긴근(대퇴근막장근,
tensor fasciae latae)
펴짐근지지띠(신근지대,
extensor retinaculum)
가쪽넓은근(외측광근, vastus lateralis)
넙다리빗근(봉공근, sartorius)
넙다리곧은근(대퇴직근, rectus femoris)
안쪽넓은근
(내측광근, vastus medialis)
무릎뼈(슬개골, patella)
무릎힘줄
(슬개건, patellar tendon)
장딴지근
(비복근, gastrocnemius)
앞정강근(전경골근, tibialis anterior)
긴발가락폄근(장지신근, extensor digitorum longus)
긴종아리근(장비골근, peroneus longus)
가자미근(soleus)
짧은종아리근(단비골근, peroneus brevis)
긴엄지폄근힘줄(장무지신근건
extensor hallucis longus tendon)
위폄근지지때(상신근지대,
superior extensor retinaculum)

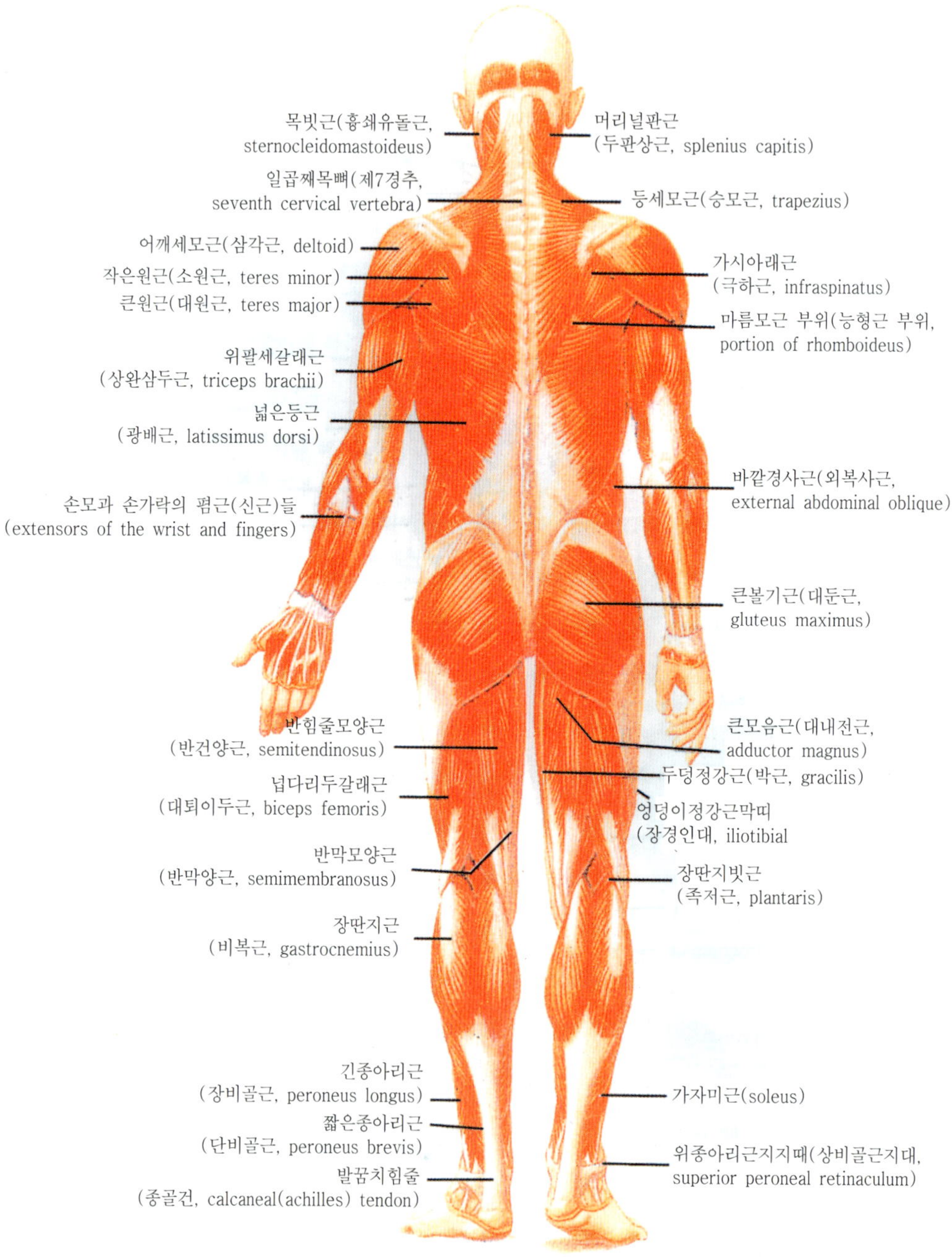

그림 8-4. 인체의 근육 뒤면

4. 전신 림프계통

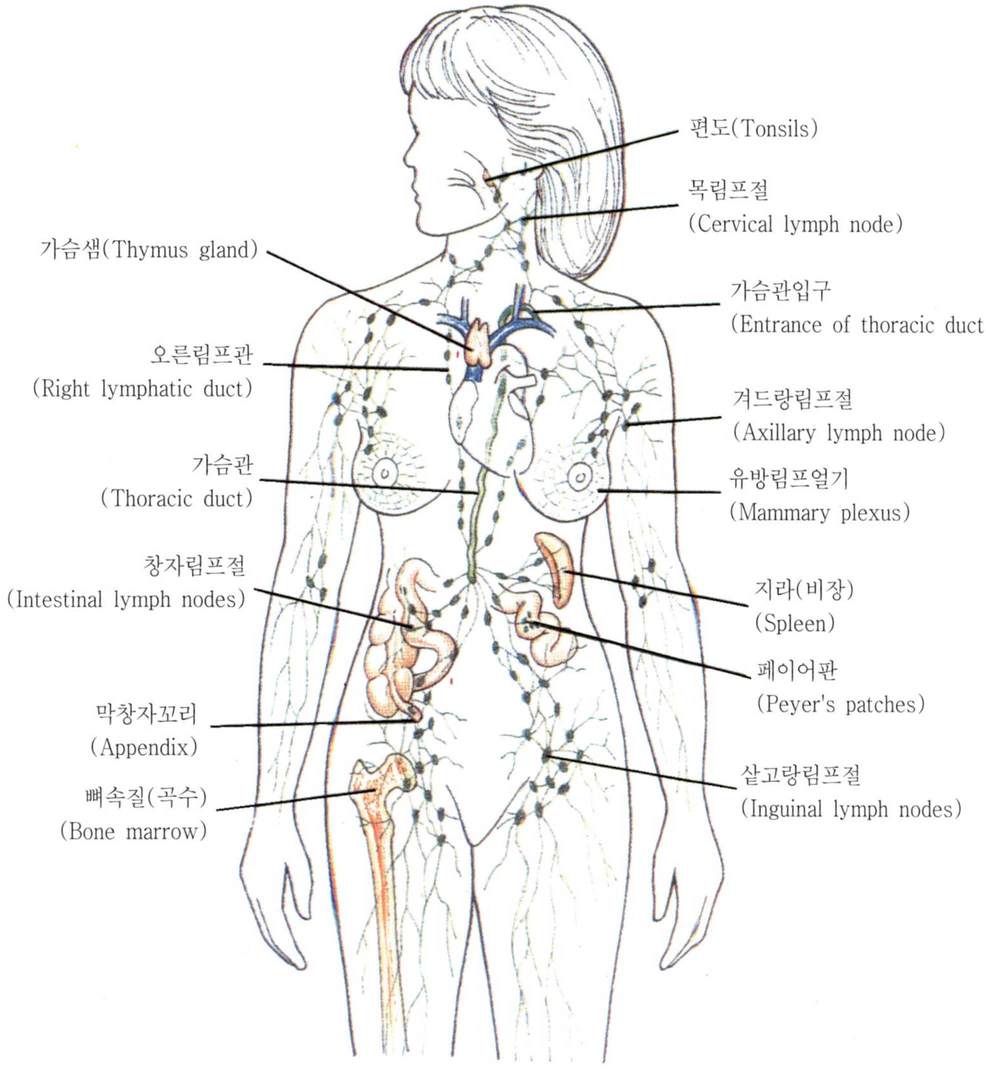

그림 8-5. 전신의 림프

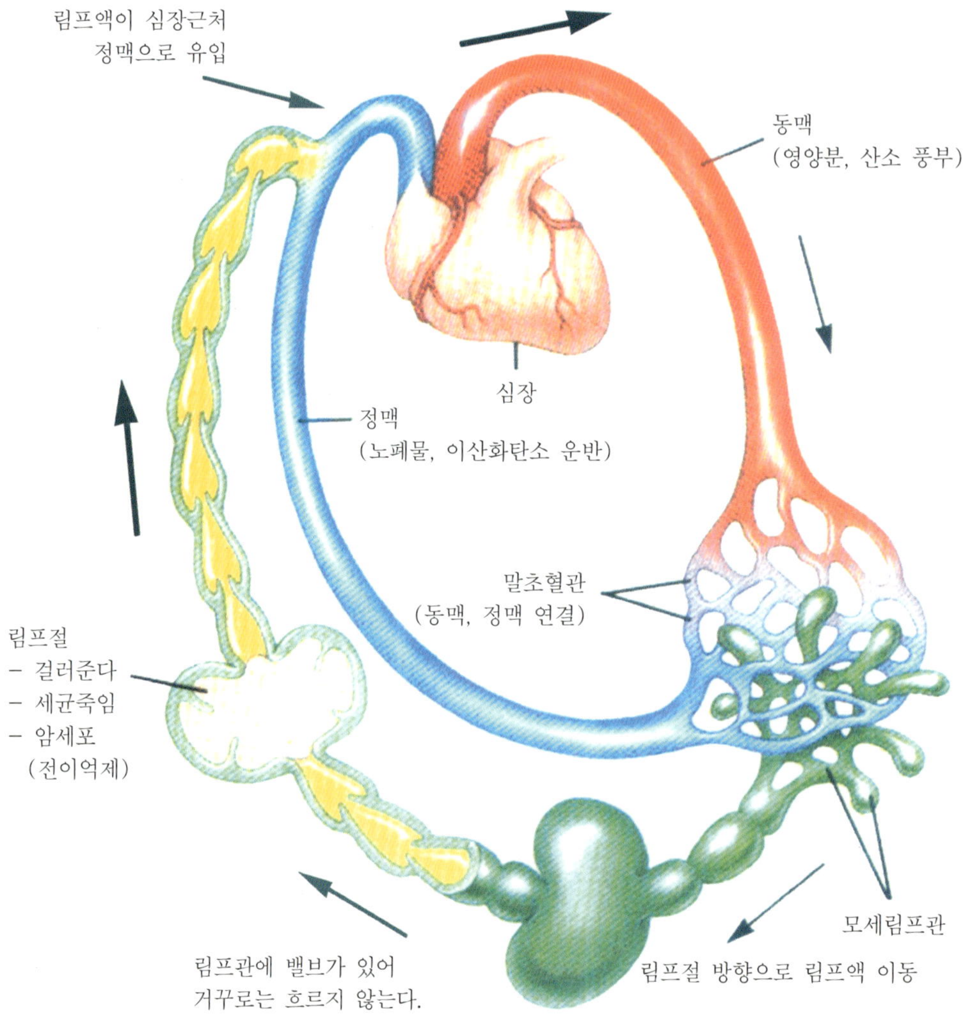
림프액이 심장근처
정맥으로 유입
동맥
(영양분, 산소 풍부)
심장
정맥
(노폐물, 이산화탄소 운반)
말초혈관
(동맥, 정맥 연결)
림프절
- 걸러준다
- 세균죽임
- 암세포
(전이억제)
모세림프관
림프관에 밸브가 있어
거꾸로는 흐르지 않는다.
림프절 방향으로 림프액 이동

그림 8-6. 전신의 순환

제9장 전신 메뉴얼 테크닉

1. 메뉴얼 테크닉의 정의와 목적

1) 메뉴얼 테크닉의 정의

메뉴얼 테크닉은 인류의 역사와 더불어 생성되고 사용되어져왔다.

메뉴얼 테크닉(manual technique)은 수기요법이란 의미로 손을 이용하여 근육을 주무르고 통증을 완화 시켜주는 시술법의 형태를 말한다.

손을 이용하여 인체의 조직에 계통적이면서 과학적인 방법으로 시술하여 신경, 근육, 혈관계통에 영향을 미치는 것으로 피부나 근육을 쓰다듬고, 주무르고, 두드리고, 문지르고, 떨어주는 것을 말한다.

2) 메뉴얼 테크닉의 목적

메뉴얼 테크닉의 시술 방법에는 전신 메뉴얼 테크닉과 국소 메뉴얼 테크닉으로 분류할 수 있다. 최근 피부미용의 영역이 넓어지고 있으며 메뉴얼 테크닉의 목적은 인체의 신진대사의 원활한 조절과 회복을 얻는데 있다고 할 수 있다. 그러므로 피부미용시 메뉴얼 테크닉은 전신관리의 메뉴얼 테크닉이 주로 적용되어지고 있는데, 손을 사용하여 인체의 연부조직 등에 행하는 여러 가지 효과적인 방법으로서 전신피로의 해소, 근육의 이완, 체형관리, 정신적 스트레스 완화, 심신의 이완효과, 신진대사의 회복, 림프와 혈액순환의 촉진 등을 통해 전신은 물론 피부 관리의 효과도 높인다.

2. 메뉴얼 테크닉의 효과

1) 피부에 미치는 효과

피부표면에 직접적으로 물리적인 자극을 주는 효과로서 피부의 주기적인 각질의 박리현상, 피지선과 한선의 기능을 원활하게 도와주어 노폐물의 분비, 세포의 교체, 혈액순환을 도와주고 체온상승효과와 더불어 피부 내·외부로 영양물질의 침투에도 영향을 준다.

2) 순환계에 미치는 효과

순환계에 해당하는 혈관계와 림프계의 정상적인 흐름을 도와주어 전신의 혈액순환과 림프순환을 조절, 촉진함으로써 신진대사 기능을 증진시켜준다. 그 결과 인체기능의 균형회복과 인체 내의 각 기관에 산소와 영양분의 공급이 원활해지고 체내의 노폐물 배출에도 영향을 주게 된다.

3) 근육계에 미치는 효과

경직되어 위축된 근육을 이완시켜 근육의 피로회복과 자극촉진으로 근육의 운동기능 강화를 도와준다.

4) 신경계에 미치는 효과

교감신경의 긴장 완화와 부교감신경을 자극하여 진정효과, 정신적인 안정을 주어 스트레스의 완화 등의 신경계통에 주는 효과가 있다.

5) 전신의 조절에 미치는 효과

인체의 자율신경계, 내분비계 등을 조절하여 전신의 신진대사조절 효과가 있다.

6) 진정·반사작용의 효과

신경, 근육, 내장 등에 직·간접적인 자극을 부여하여 그 반사작용에 의해 각 기관의 기능을 조절하고 회복시키는 효과가 있다. 특히, 복부 메뉴얼 테크닉은 내장기관의 소화·흡수작용과 장운동을 정상화하여 소화기능의 개선과 노폐물의 체외배출을 도와준다.

7) 골격계에 미치는 효과

골격과 골격을 연결하는 관절과 인대들의 정상적인 기능을 도와주며 통증완화효과를 준다.

3. 메뉴얼 테크닉의 구성요소와 시술방법

1) 바른 속도와 리듬

메뉴얼 테크닉의 효과에 따라 적당한 속도와 리듬을 균등하게 배합하고 전체적으로 너무 빠르지 않게 하여야 신경을 진정시키고 긴장을 완화시켜 표층의 효과뿐만 아니라 심층에까지 고른 효과를 줄 수 있다.

2) 방 향

일반적으로 메뉴얼 테크닉의 방향은 메뉴얼 테크닉 부위의 근육 결에 따라 고려된다. 서양 메뉴얼 테크닉은 주로 정맥이나 림프순환을 기본으로 하여 구심성(심장을 향하여)의 방향으로 실시하며 동양 메뉴얼 테크닉은 원심성(사지말단을 향해)의 방향으로 실시한다.

3) 규칙적인 압력

시술하는 부위의 근육, 넓이, 유연도를 고려하고, 고객의 상태에 따라 안정된 압력의 강도, 시간 등을 관리사의 감각과 경험의 지식으로 정확하게 행할 수 있어야 한다. 일반적으로 메뉴얼 테크닉의 압력은 처음에는 부드럽게 하며, 점차적으로 깊고 세게, 마지막 정리단계에서는 다시 부드럽게 변화시켜 피부조직에 적용시킨다.

4) 손의 유연성

관리사는 손을 부드러운 상태로 이완하여 유연성을 조절함으로써 보다 좋은 시행효과를 볼 수 있다. 관리 전·후 관리사의 손과 관절을 보호할 수 있는 운동을 충분히 행하는 것이 바람직하다.

5) 적당한 자세유지

(1) 고 객

· 적당한 체온 유지
· 근육의 이완 유도
· 메뉴얼 테크닉의 시술효과를 부가할 수 있는 적당한 자세 유지 유도

(2) 관리사

· 적당한 자세의 유지로 시술효과의 극대화
· 손의 유연성을 항상 조절하고 손바닥 전체를 사용
· 안정되고 균형적인 자세 유지로 피로와 통증의 요소를 제거하여 시술자의 신체보호와 메뉴얼 테크닉의 적당한 압력과 강도를 조절(체중을 중심에 싣기, 등·허리 펴기 등)
· 양쪽 다리는 항상 균형을 유지하여 메뉴얼 테크닉 시술 시 시술자의 신체보호와 메뉴얼 테크닉의 압력과 강도를 조절
· 고객과의 호흡조절
· 고객의 상태에 따른 메뉴얼 테크닉의 강도 조절
· 어깨에 힘이 들어가지 않게 하고 체중을 이용

그림 9-1. Massage Therapy Bangkok Marriott Resort & Spa, Thailand

4. 메뉴얼 테크닉의 기본동작

전신 메뉴얼 테크닉의 기본 기술 방법은 메뉴얼 테크닉을 행하는 부위, 목적에 따라 그 방법이 달라지는데 서양의학을 중심으로 한 방법과 동양의학을 중심으로 한 지압법 등의 장점들을 채택하여 성립시킨 기법 중 다음의 7종류로 분류한다.

1) 쓰다듬기(Effleurage·Stroking ; 경찰법)

경찰법은 메뉴얼 테크닉의 가장 기본적인 방법 중의 한가지이다. 가볍게 쓰다듬기(Effleurage·Stroking ; 경찰법)는 손발의 끝에서 심장방향으로 일정한 압력으로 혈관이나 림프의 흐름에 따라 손을 피부에 밀착시켜서 행하는 방법으로 혈액과 림프순환을 증진시킨다. 메뉴얼 테크닉의 시작이나 마무리 할 때 사용되는 방법으로 손바닥을 편평하게 하고 손가락을 약간 구부려 근육이나 피부표면을 쓰다듬는 방법이다.

적용효과로는 강한 쓰다듬기는 혈액순환촉진, 림프순환촉진, 부종완화, 근육 이완 등의 효과가 있고, 부드러운 쓰다듬기는 심리적 안정 효과 등의 효과가 있는데 신체의 상태에 따라 유연성 있게 달리 적용할 수 있다.

적용부위는 전신에 전체에 사용할 수 있고 특히 넓은 부위의 등, 팔과 다리 등의 부위에 많이 적용한다.

분 류

· 표면 경찰법 : 표면 쓰다듬기
· 심부 경찰법 : 심부 쓰다듬기

2) 문지르기(Friction ; 강찰법)

강찰법은 피부를 강하게 마찰하는 방법으로 손 등의 부위를 이용하여 피부의 표면과 심부에 원을 그리며 문지르는 동작이다. 마찰의 목적은 기초조직을 신장시키고 관절 주위의 순환을 촉진시키며 혈액순환촉진, 정맥과 림프순환촉진, 독소제거, 근육이완, 지방조직의 분해 등의 효과가 있다.

분 류

· 굴리기(rolling)
· 짜듯이 비틀기(wringing)
· 가볍게 치듯이 문지르기(chucking)
· 긁어주기(raking)

3) 집어주기(Petrissage ; 유연법)

손 전체를 이용하여 피부를 주무르고 반죽하는 방법으로 보통 5kg 정도의 힘으로 근육을 쥐듯이 주무른다. 손을 부드럽게 유지하며 어깨의 힘을 빼고 동작을 크게 하여 천천히 적당한 압력으로 표면조직에서 심부조직까지 영향을 준다. 혈액과 림프의 흐름을 촉진, 체내 각 조직의 노폐물 제거와 순환촉진, 피부 및 근육의 탄력성 증대, 근육 마비나 경련, 경직된 근육의 이완, 근육피로 해소의 효과가 있다.

적용부위는 관절과 머리부위를 제외한 신체의 모든 부위에 적용하는데 메뉴얼 테크닉의 기본동작 중 가장 강한 동작이다.

분 류

· 집어주기(petrissage)
· 주무르기, 반죽하기(kneading)
· 당기면서 주무르기(pulling)

4) 두드리기(Tapotement · Percussion ; 고타법)

고타법 또는 경타법이라고 하며 손의 각 부위를 이용하여 메뉴얼 테크닉 부위를 가볍고 리듬감있게 두드리는 방법으로 파장을 주어 피부 깊은 부분에 있는 기관이나 조직에 효과가 있다. 피부에서의 순환촉진효과가 있으며 신경종말에도 자극을 주어 적용 효과는 경직된 근육의 이완, 근육피로의 해소, 신경과 근육의 기능 항진 등이 있다.

적용부위는 근육이 경직되기 쉬운 부위, 크고 넓은 근육부위 등에 적용한다.

분 류

· 손의 측면, 손등으로 두드리기(hacking)
· 손가락으로 피아노 치듯이 두드리기(tapping)
· 주먹을 살짝 쥐고 두드리기(beating)
· 손을 컵 모양으로 만들어 손바닥으로 두드리기(cupping)

5) 흔들기(Vibration · Shaking ; 진동법)

진동법은 손 전체를 이용하여 근육이나 메뉴얼 테크닉 부위를 흔들어주는 방법으로 신체 부위를 들어 올려 흔들어 주거나 손바닥을 이용하여 흔들어 주는 방법도 있다. 강한 메뉴얼 테크닉이나 자극 후에 주로 적용되며 자율신경계 자극, 근육의 진정과 이완, 신체의 긴장을 제거 등의 효과로 안정감을 부여한다.

적용부위는 팔, 다리, 복부, 척추 부위 등에 적용한다.

분 류

· 떨어주기(vibration)
· 흔들기(shaking)
· 견인 진동법 : 끌어당기면서 흔들기(pulling shaking)
· 압박 진동법 : 압박하며 흔들기(pressure shaking)

6) 누르기(Compression ; 압박법)

압박법은 지압과 비슷한 형태로 손의 여러 부분을 이용하여 메뉴얼 테크닉 부위를 누르는 방법이다. 메뉴얼 테크닉의 속도는 서서히 3~5초간 지그시 누르면서 고객과 호흡을 같이 하고 메뉴얼 테크닉의 강도는 고객의 상태에 따라 결정되어져야 한다. 가볍고 빠른 압박은 근육에 자극을 주어 기능항진의 효과가 있고, 깊고 지속적인 압박은 이완과 진정효과가 있다.

인체의 모든 정확한 지압 부위에 시술이 이루어져야 하며 긴장완화, 신경계통, 근육의 기능, 내장기능 등을 원활히 하는데 효과가 있다.

적용부위는 신체의 모든 부위에 적용한다.

7) 늘여주기(Stretching ; 신전법)

신전법은 근육과 건을 늘여주는 동작으로 굴곡 하는 근은 신전하는 방향으로, 신전하는 근은 굴곡방향으로 늘인다. 손목관절, 팔꿈치, 어깨관절, 발목관절, 고관절 등의 각 관절에 시행하며 고객의 유연성을 고려하여 시행하여야 한다. 긴장 이완, 혈액순환촉진, 근육의 경련 감소 등의 효과가 있다.

5. 메뉴얼 테크닉의 주의사항

(1) 메뉴얼 테크닉 시 고객의 신체 상태를 정확하게 파악하여 방법과 강도 등을 변화를 주어야 한다.

(2) 주위 환경을 고객이 심신의 긴장을 이완시키고 안정감을 줄 수 있는 편안하게 조성하여 최대한 편안하게 하여야 한다.

(3) 다양한 자세의 변화에서도 메뉴얼 테크닉을 체중을 실어 올바른 자세를 유지한 상태에서 관리한다.

(4) 관리사의 양호한 손톱의 상태, 소독, 고객의 체온에 맞춘 손의 적당한 온도를 항상 유지한다.

(5) 관리사의 손의 온도는 고객의 체온에 항상 맞추어야 하고 고객의 체온을 유지하기 위해 시술하지 않는 부위에 항상 여분의 타월을 준비한다.

(6) 고객에게 메뉴얼 테크닉 전 시행하려는 메뉴얼 테크닉의 강약, 적용범위, 메뉴얼 테크닉 후의 상태 등을 자세히 설명을 하여야 한다.

(7) 정확한 메뉴얼 테크닉의 방향, 적당한 강도, 속도를 유지하여야 한다.

6. 메뉴얼 테크닉의 금기사항

피부질환자, 악성종양, 전염성질환자, 수술 전·후 환자, 심장질환자, 혈우병, 당뇨병 환자 등에는 메뉴얼 테크닉을 금한다.

7. 전신피부관리사가 갖추어야 할 사항

1) 전문가로서의 자질

(1) 메뉴얼 테크닉의 효과를 극대화시키기 위해 항상 연구와 학습을 해야 한다.
(2) 인체, 건강, 식이요법, 피부미용, 화장품학 등에 대한 전문지식의 실력을 갖추고 피부미용에 대한 정확한 용어를 사용한다.
(3) 고객에게 신뢰감을 줄 수 있는 올바른 태도로 최선을 다하는 자세를 보여 주어야 한다.
(4) 고객의 입장을 충분히 이해하고 고객의 불편함이나 문제에 신속하고 적절한 대응을 하는 태도와 자질을 갖도록 한다.
(5) 성실함, 긍정적인 사고, 고객에 대한 배려 등의 인품을 지녀야 한다.
(6) 고객을 맞이할 때나 관리 시 항상 친절하며 밝은 자세로 대한다.
(7) 고객에 대한 배려와 이해, 존중을 기본자세로 임한다.

그림 9-2. Balinese Massage, Mandara Spa

2) 자세와 환경

(1) 피부관리사로서 올바른 자세 습관을 갖는다(체중을 중심에 싣기, 등과 허리펴기, 복부 안으로 집어넣기, 균형 잡힌 자세 등).

(2) 복장은 청결하고 편안한 복장으로 한다.

(3) 손·발톱, 향수, 입 냄새, 체취 등 고객에게 불쾌감을 주지 않도록 항상 철저히 위생상태를 유지한다.

(4) 모든 관리 전·후 관리도구 및 기구, 관리사의 손 등을 철저히 소독하여 위생적인 환경을 조성한다.

(5) 적절하고 부드러운 음악으로 고객의 긴장완화와 시술의 효과를 증대시킬 수 있다.

(6) 간접조명의 활용, 적당한 관리실의 밝기의 조절로 편안하고 따뜻한 환경을 유지한다.

(7) 주변 환경은 항상 청결하고 정돈된 분위기를 유지한다.

(8) 정신적, 육체적으로 편안함과 따뜻한 환경을 유지한다.

(9) 관리실의 내부는 적당한 온도, 습도를 조절하여 항상 쾌적함을 느낄 수 있도록 한다.

8. 전신피부관리 실기

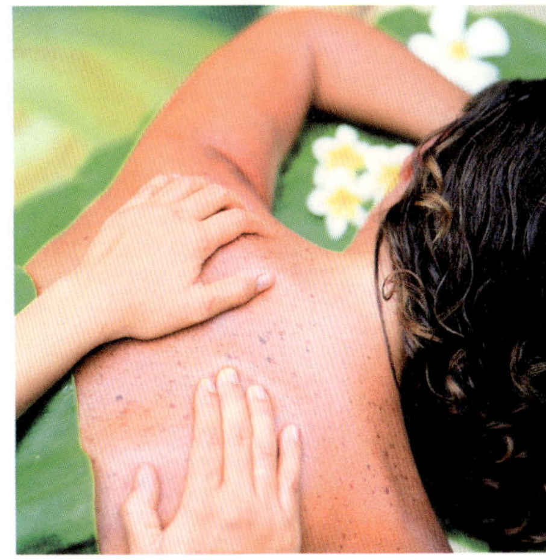

1) 등 메뉴얼 테크닉의 동작(모든 동작 3번 반복)

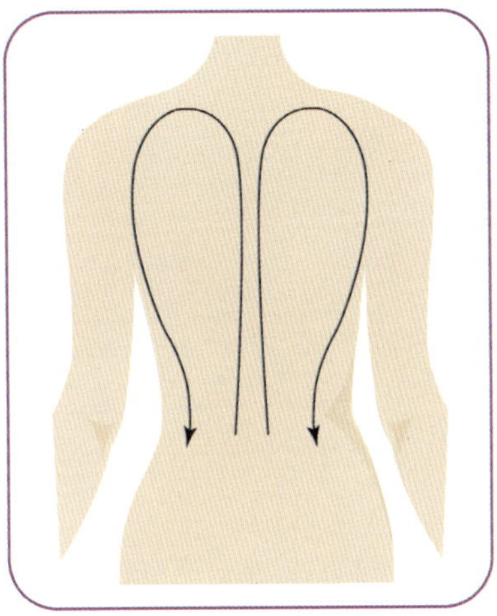

① 양손바닥으로 허리에서부터 위로 쓰다듬기 한다.

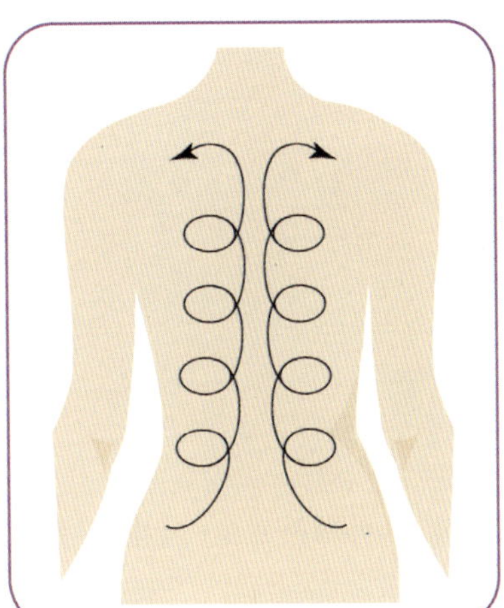

② 양손 큰 원을 그리며 등 전체를 위로 쓸어 준다.

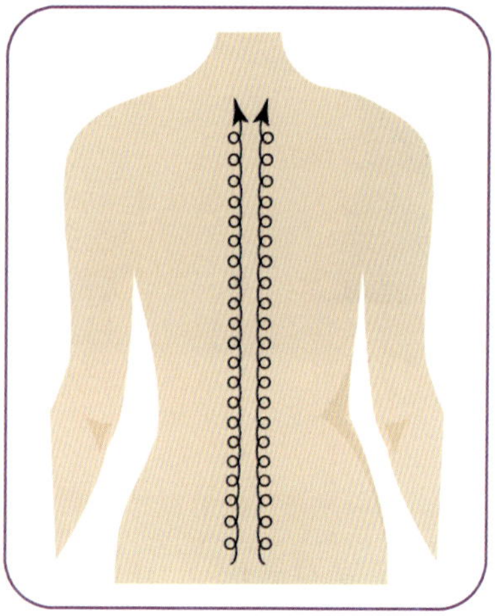

③ 기립근을 엄지로 원 그리며 압주며 올라간다.

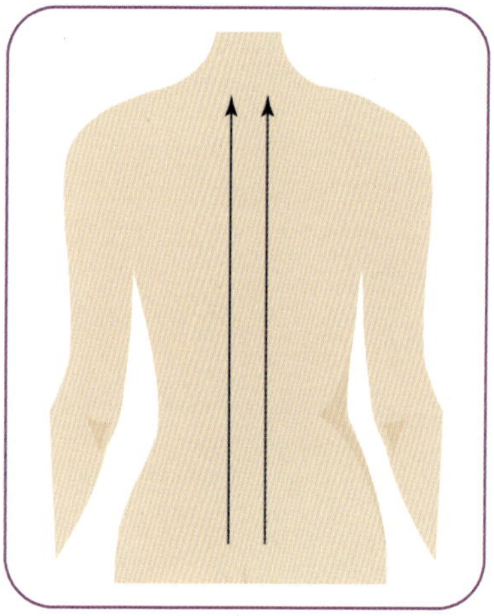

④ 기립근을 한손의 검지와 중지를 대고 다른 한 손은 손등을 받친 상태로 압주며 올라간다.

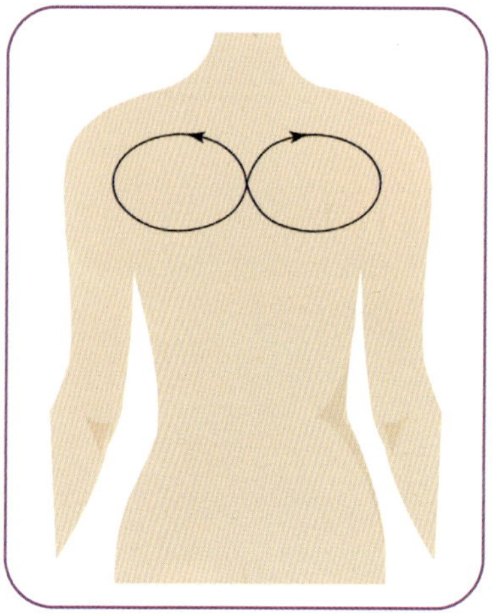

⑤ 양손을 포개어 손바닥전체로 어깨 부위에 8자 그리기 한다.

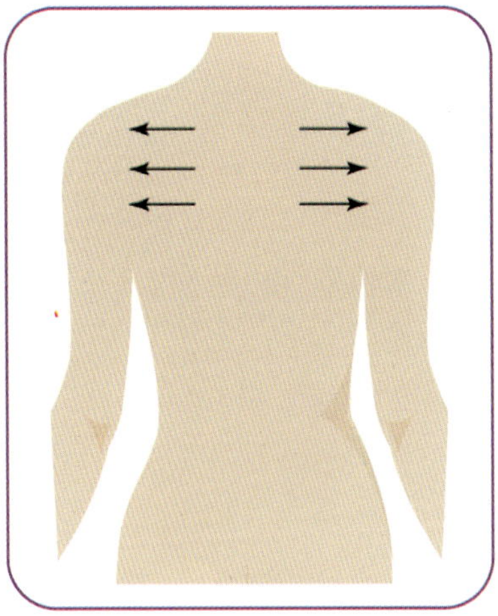

⑥ 양손 수근부위 전체로 견갑부위 3등분하여 동시에 쓸어준다.

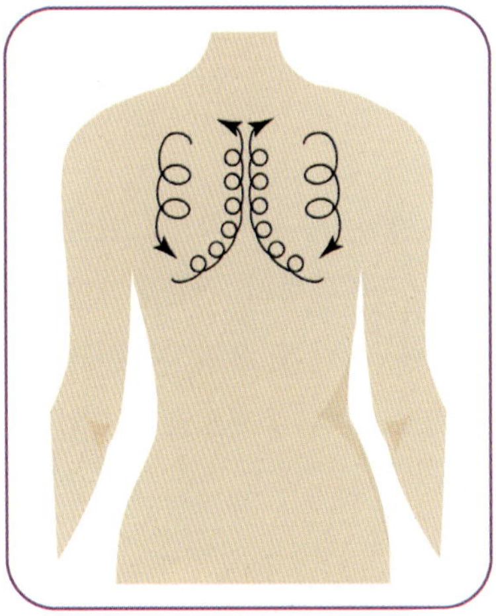

⑦ 견갑의 경계부위를 네 손가락 전체로 나선을 그리며 올라가서 견갑골 중앙부위로 큰 나선을 그리며 내려온다.

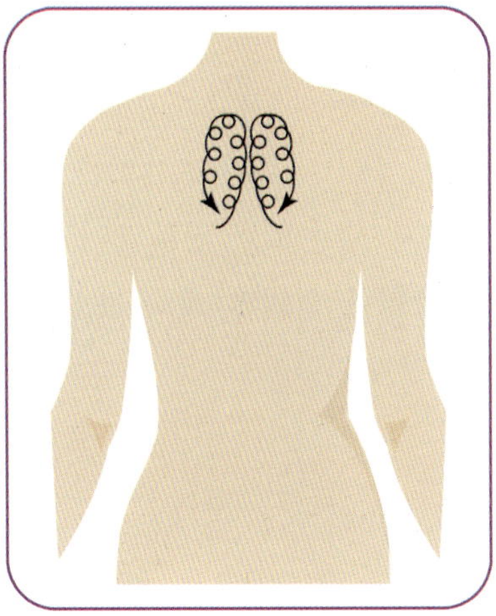

⑧ 능형근 부위 촘촘한 나선 그리기를 한다.

⑨ 승모근 상부를 엄지와 네 손가락으로 반죽하며 올라간다.

⑩ 승모근 상부를 양손의 엄지와 네 손가락을 번갈아가며 약간 비틀면서 반죽한다. 고객이 양 손등 위에 이마를 올린 자세에서 시행한다. 반대쪽도 같은 동작으로 반복한다.

⑪ 경부의 측면에서 양손으로 경부의 근육을 살며시 잡아 올리며 엄지와 네 손가락으로 미세하게 반죽한다.

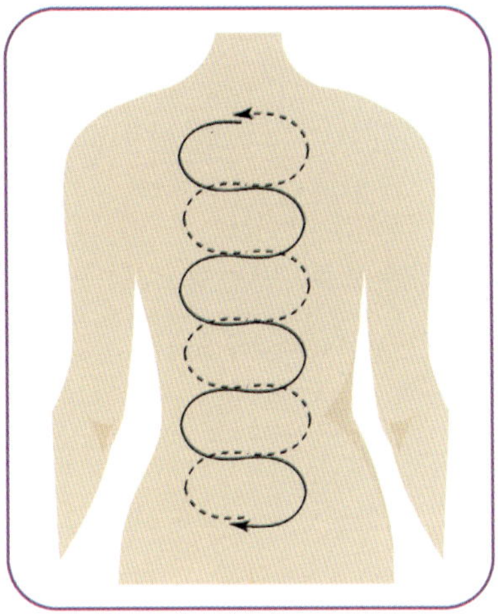

⑫ 손 등위에 다른 손을 일자로 포개어 등 윗 부분부터 위에서 아래방향으로 내려주고 다시 위 방향으로 큰 S자를 그리며 올라 간다.

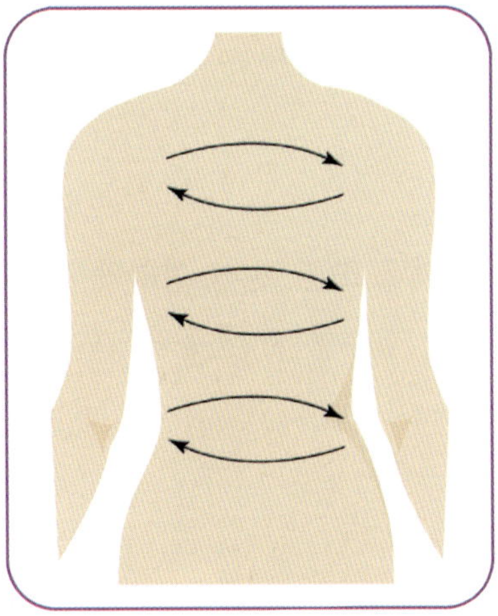

⑬ 양손바닥을 교차하며 등 전체를 따뜻하게 마찰한다.

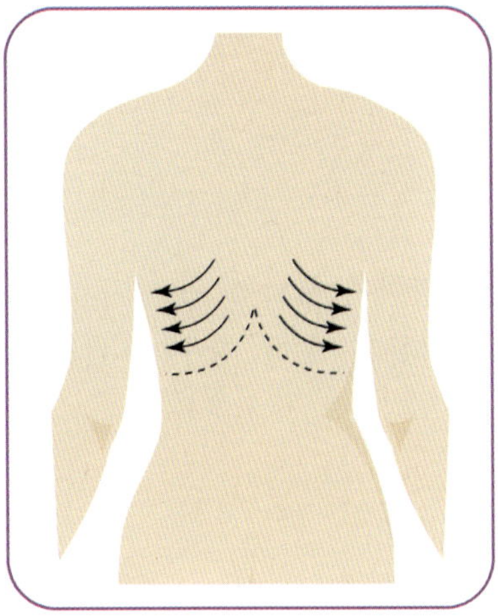

⑭ 늑골 사이를 양손의 네 손가락으로 번갈아 가며 쓸어준다.

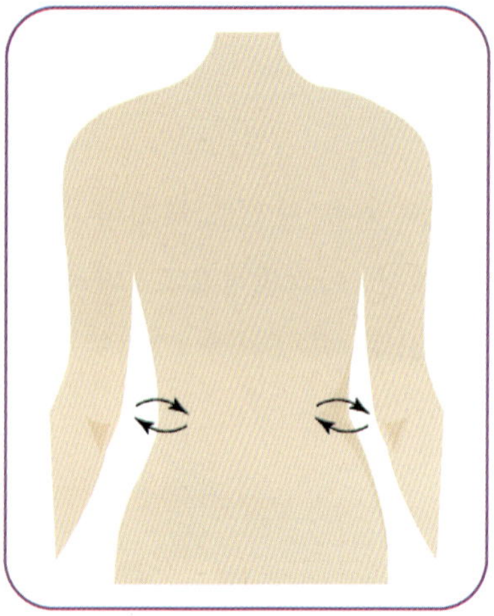

⑮ 허리부위를 양손으로 반원형으로 반죽한다.

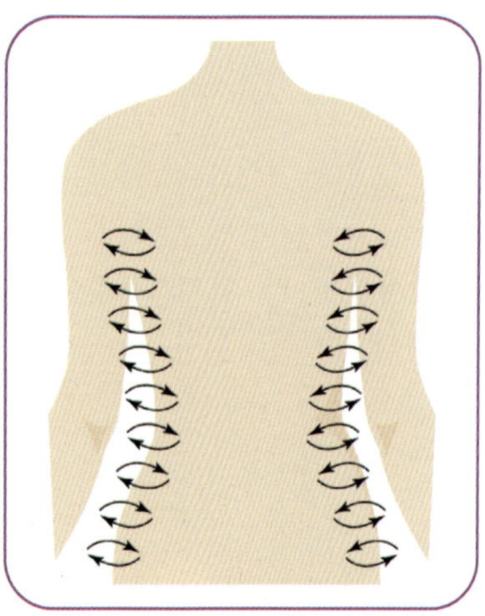

⑯ 등의 측면 전체를 모두 손의 엄지와 네 손가락으로 약간 힘주어 넓은 동작으로 반죽한다.

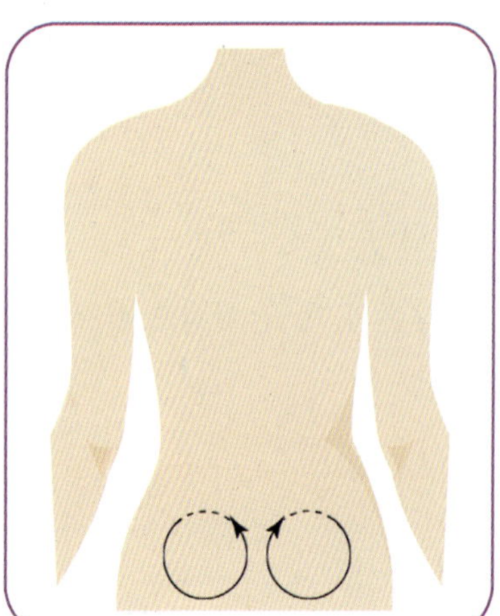

⑰ 힙 위를 양손바닥의 수근에 힘주어 수영방향으로 올라가는 방향에 힘주어 원을 그린다.

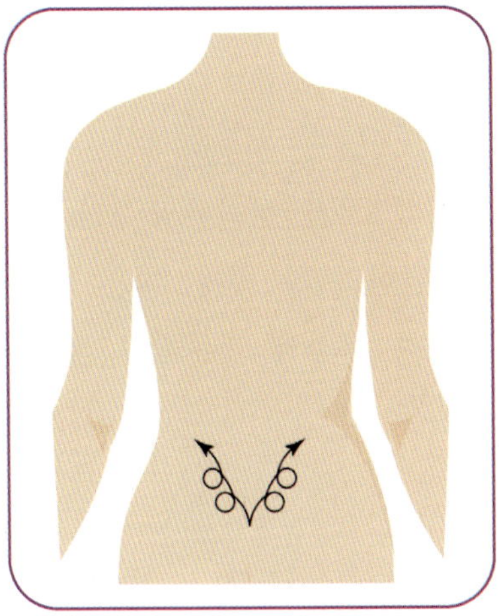

⑱ 천장관절 부분을 손가락의 지과면을 움직여 문지르기 한다.

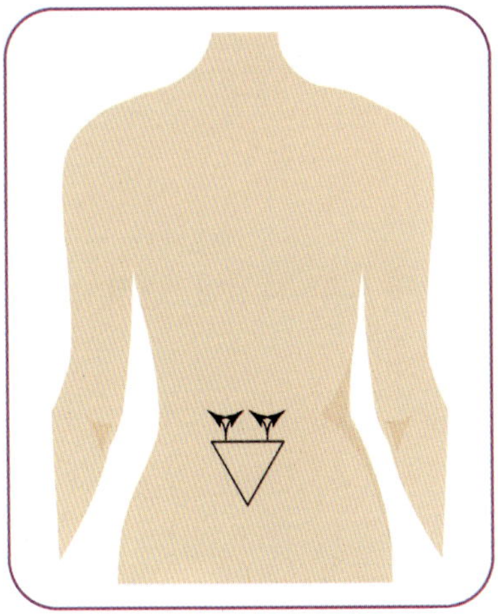

⑲ 천골 위 경계부위를 엄지를 교차하여 부채꼴 모양으로 빠짐없이 문지르기 한다.

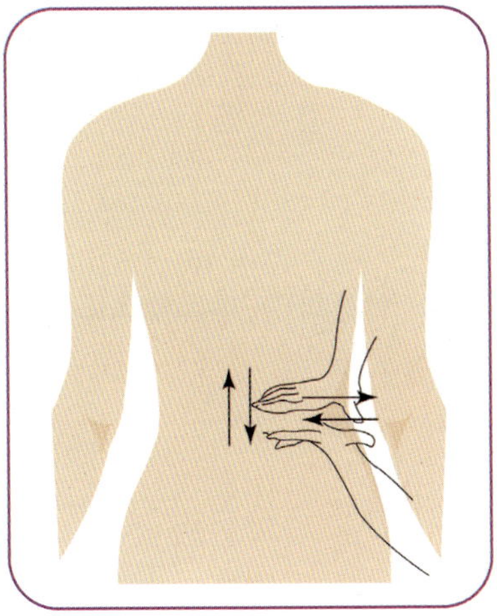

⑳ 허리부위에 plät-säge한다. 양손을 포개어 세워서 교차 문지르기 한 후 번갈아가며 양면 손등부위로 쓸어주기 한다.

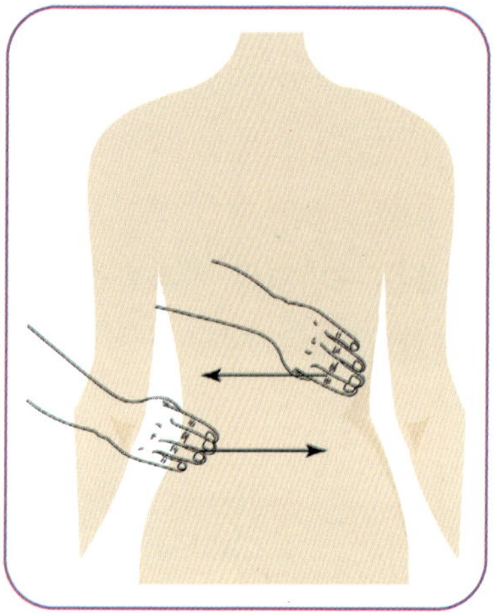

㉑ 허리 전 측면에 서서 허리부위 Abheben 한다. 한 손은 허리 한 쪽에, 다른 한 손은 반대쪽 허리 부분에 마주잡고 당기듯이 교차 압한다.

㉒ 허리 부위에 양손을 완전히 겹쳐서 8자 그리기 한다.

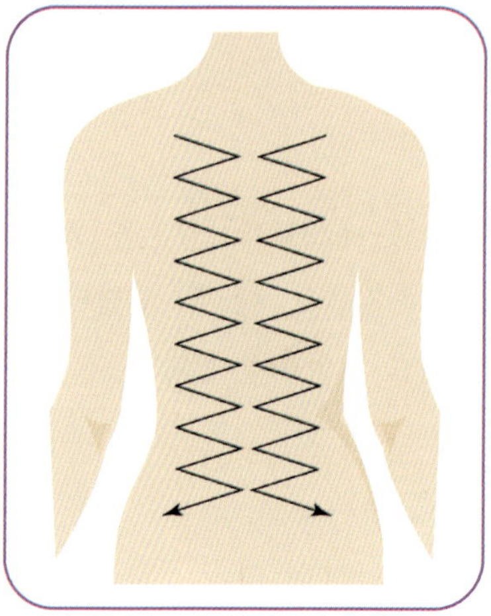

㉓ 손바닥 전체를 이용하여 지그재그로 압력을 가하여 내려온다.

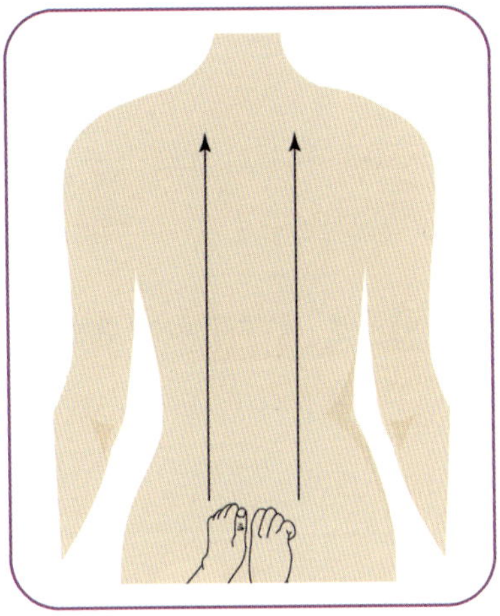

㉔ 지과부위로 기립근 부위를 따라 힘주어 한 방향으로 문지르며 올라간다.

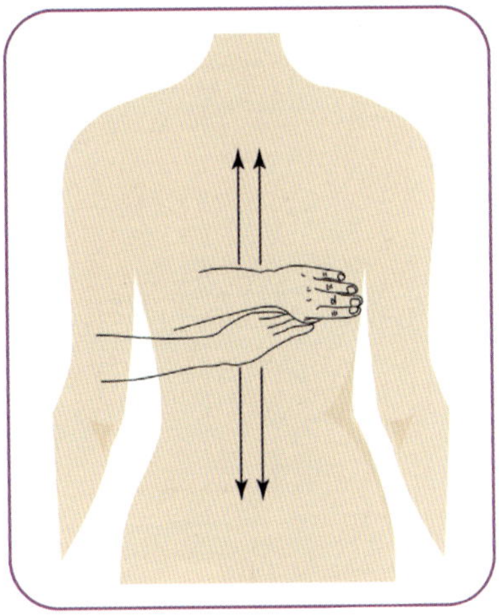

㉕ 전완의 근육을 이용하여 등 전체를 양쪽 반대 방향을 향하여 이완시킨다.

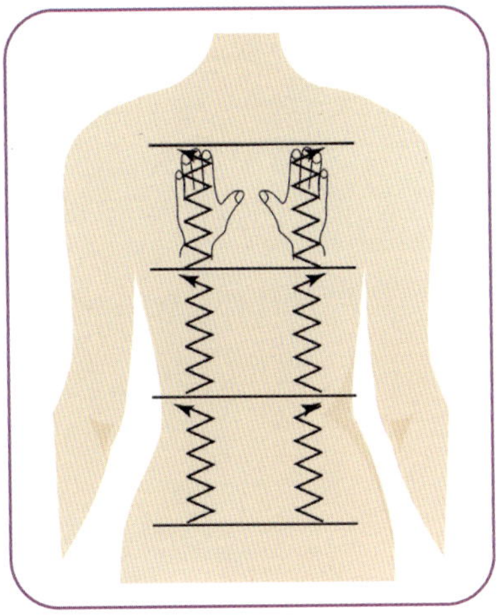

㉖ 등을 3등분하여 떨어주기 한다.

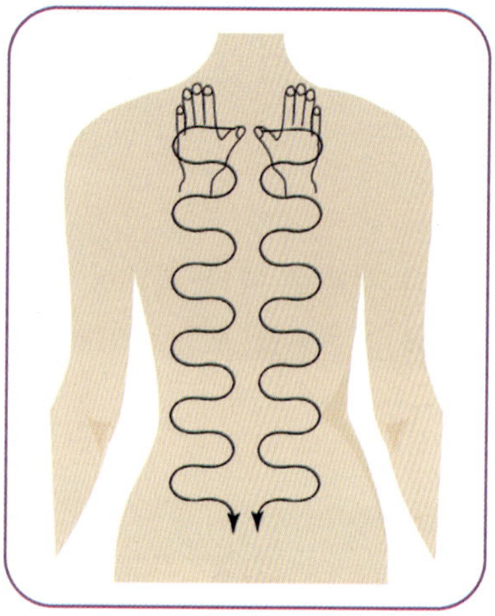

㉗ 손바닥을 위에서 아래로 떨기하며 내려준다.

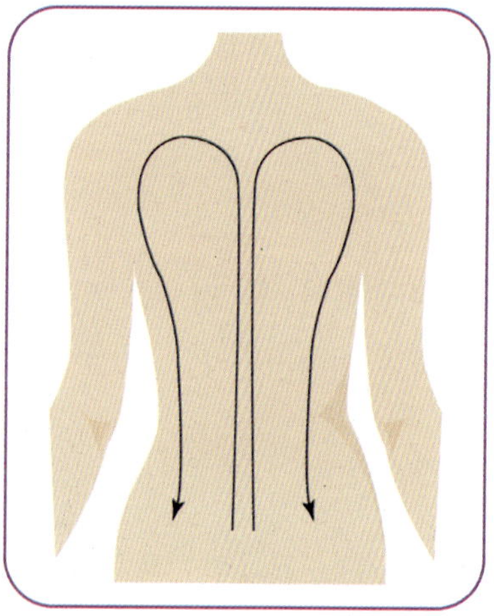

㉘ 손바닥을 이용하여 전체 쓸어주기 한다.

2) 복부 메뉴얼 테크닉의 동작

(모든 동작은 5번 반복하고 모델의 다리를 접어 세워두고 시술한다).

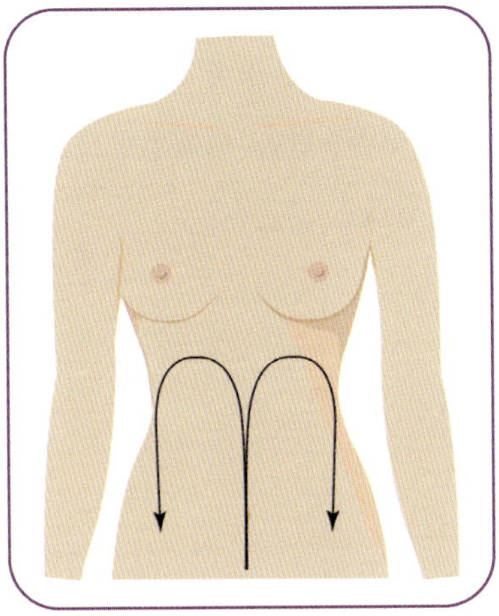

① 양손바닥을 이용하여 늑골쪽으로 올라가서 옆구리 쪽으로 부드럽게 내려오며 오일을 전체 도포한다.

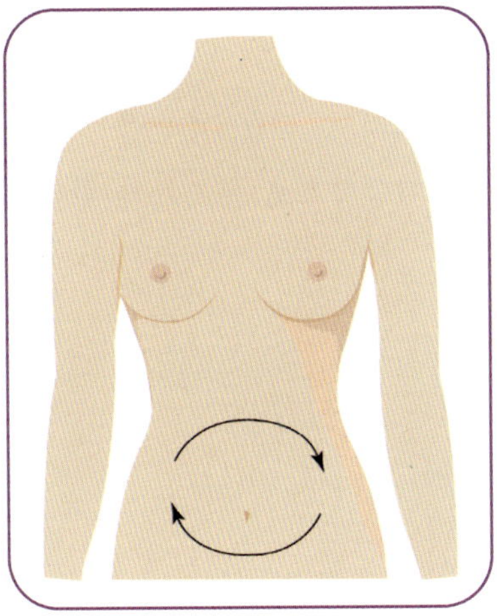

② 양손바닥으로 복부를 시계방향으로 쓰다듬기 한다.

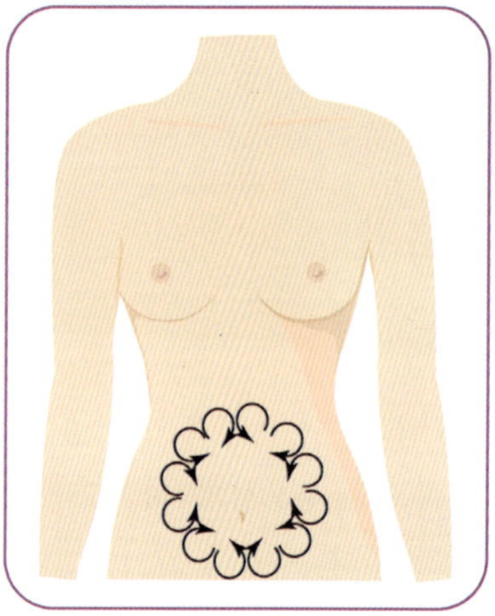

③ 양손의 네 손가락으로 수영 반대방향으로 원을 그리며 복부주변을 시계방향으로 넓게 문지르기 한다.

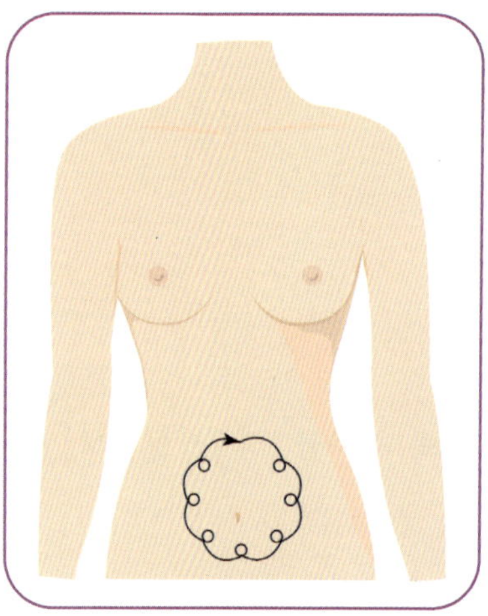

④ 양손바닥을 겹쳐서 배꼽 주변을 제자리 원 그리며 시계방향으로 문지르기 한다.

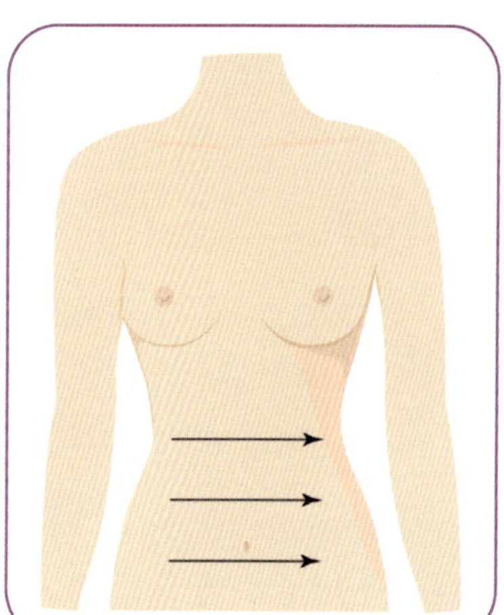

⑤ 고객의 정측면에 서서 양손바닥을 나란히 하여 복부를 가로로 밀어준다.

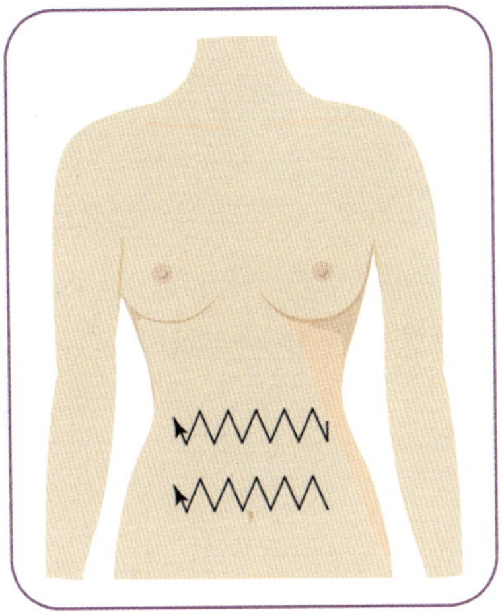

⑥ 고객의 정측면에 서서 양손바닥으로 떨기 하며 되돌아온다.

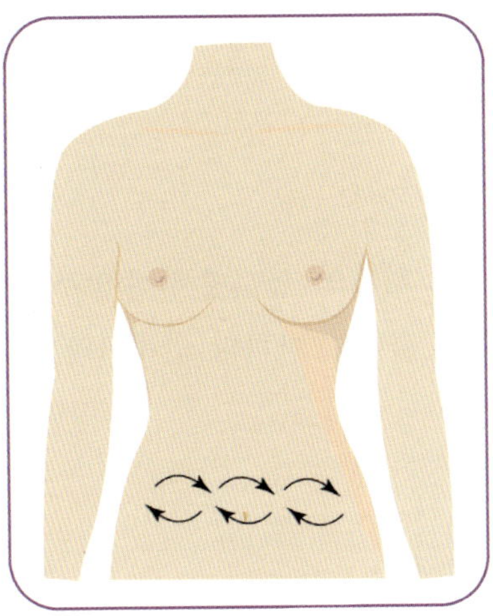

⑦ 복부의 복직근 부위를 양손의 엄지와 네 손가락을 이용하여 반죽한다.

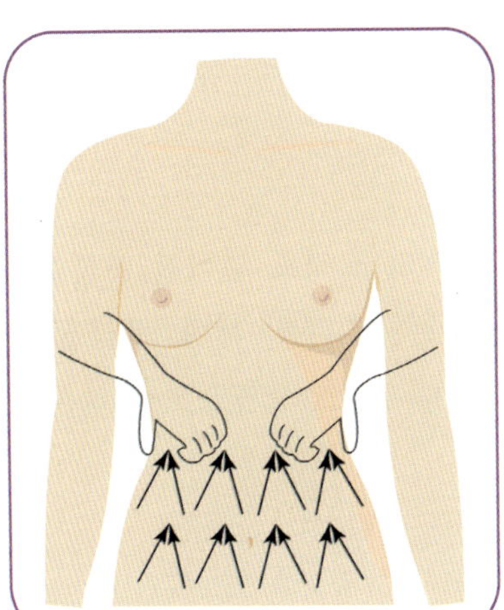

⑧ 양손 엄지와 네 손가락을 마주 잡아 부드럽게 복부의 세 부위를 나누어 집어주기 한다.

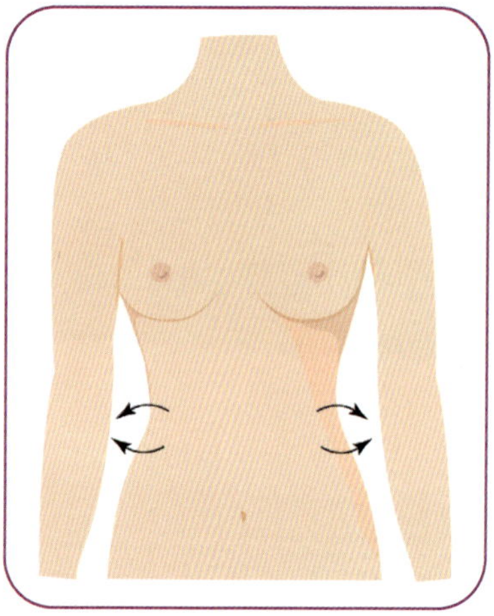

⑨ 양쪽 허리부위를 양손 엄지와 네 손가락으로 넓은 원형의 교차 반죽한다.

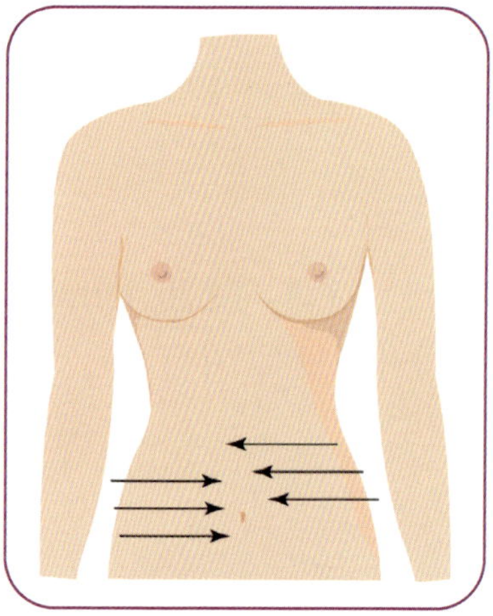

⑩ 양손을 각각 허리의 옆선에서 중앙부분을 향해 힘주어 밀어 교차하며 반죽한다.

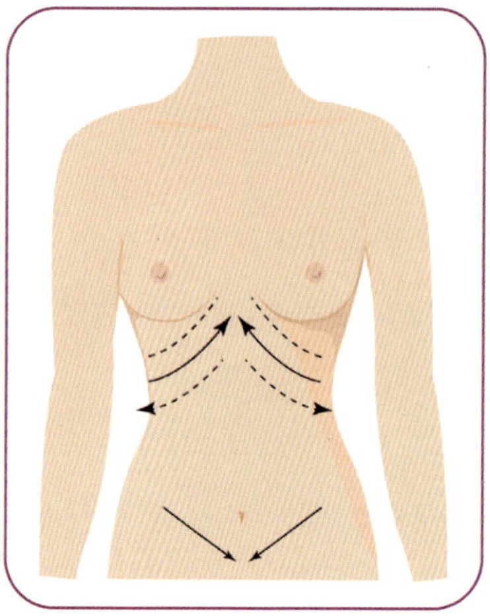

⑪ 늑골하단에서 3cm 정도 떨어진 부분을 한 손의 척측 손날부위를 세워 올라갔다가 손바닥으로 다이몬드 모양으로 내려온다.

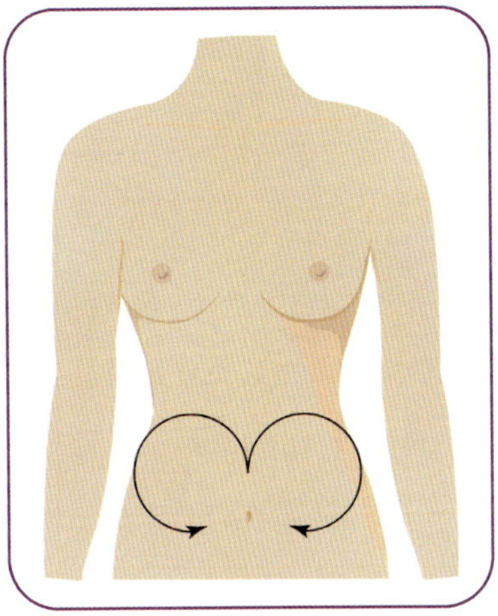

⑫ 손바닥을 이용하여 하복부에서 상복부까지 올라갔다가 허리 뒤로 감싸서 치골 위쪽의 하복부까지 쓰다듬기 한다.

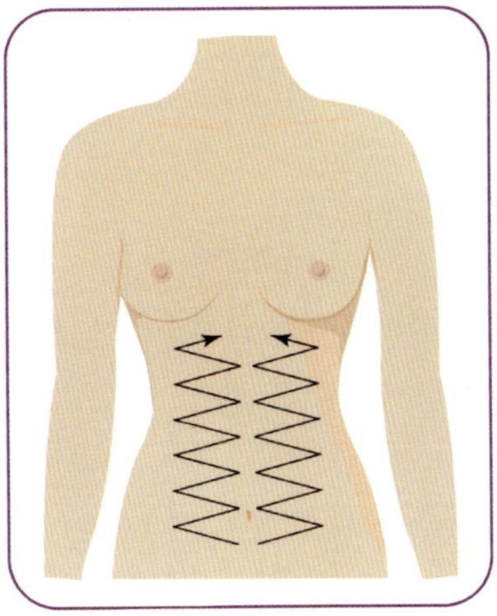

⑬ 손바닥을 복부 중앙에 밀착하여 떨기 한다.

3) 가슴 메뉴얼 테크닉의 동작

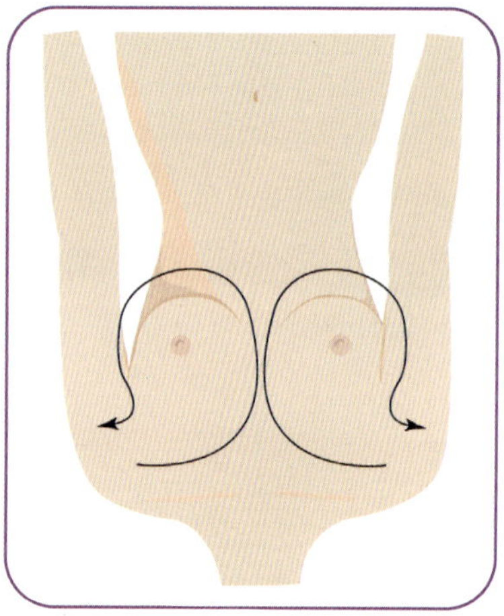

① 상완의 윗 부위에서 손바닥을 이용하여 가슴 중앙으로 천천히 내려와서 가슴아래부위의 안쪽에서 바깥방향으로 쓰다듬기하여 가슴외곽부위를 올리며 상완 윗 부위까지 쓰다듬기 한다.

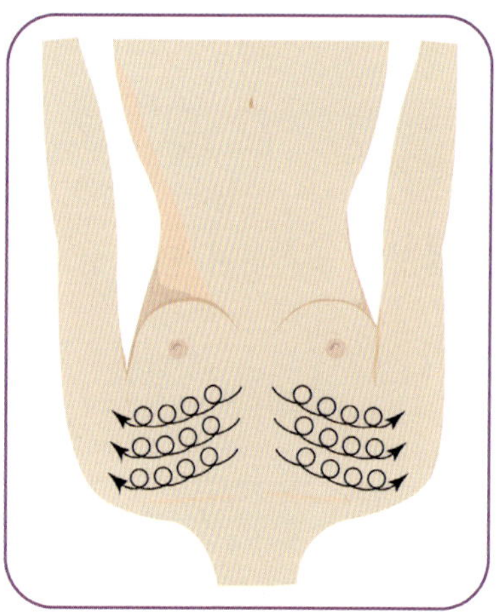

② 네 손가락을 이용하여 쇄골아래부위의 늑골을 나선 그리며 문지르기 한다.

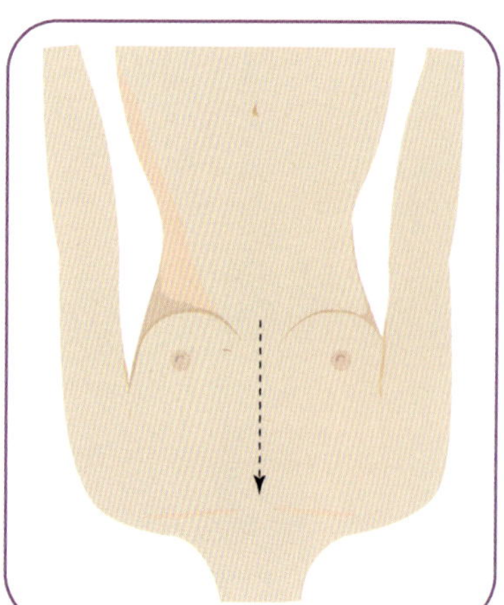

③ 한손의 네 손가락을 이용하여 흉골 부위를 쓸어 올리고 다른 한손바닥으로는 쓰다듬어 올려 준다.

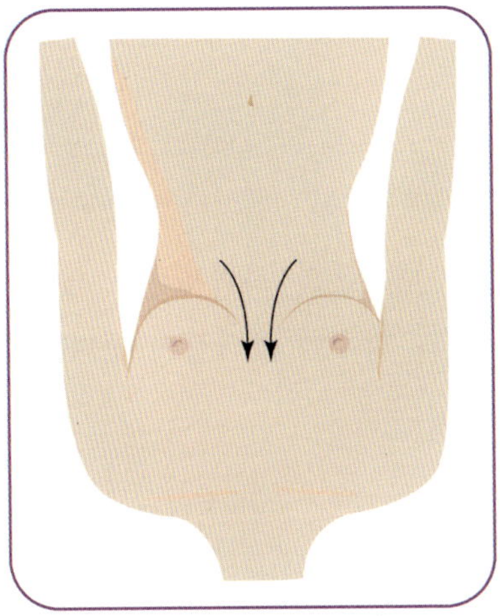

④ 검상돌기 아래쪽에서 검상돌기를 향하여 양엄지를 번갈아 이용하여 부드럽게 문지르기 한다.

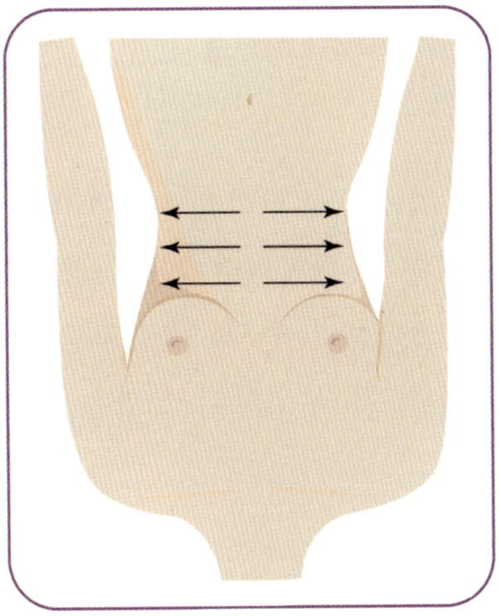

⑤ 양손바닥 전체를 이용하여 느리게 바깥쪽으로 쓰다듬기 한다.

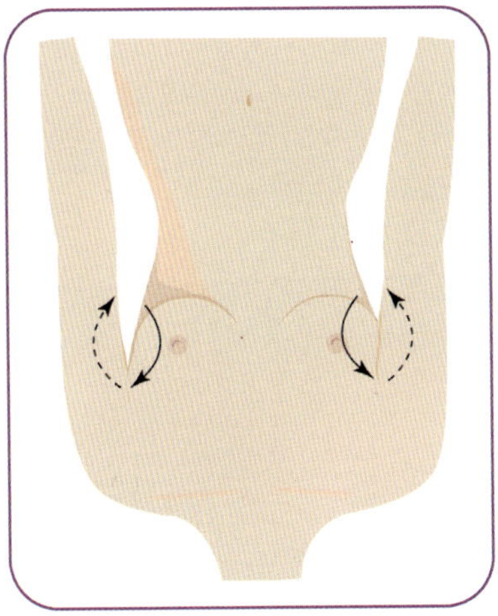

⑥ 대흉근과 소흉근을 양손 교대로 반죽하여 주무르기 한다.

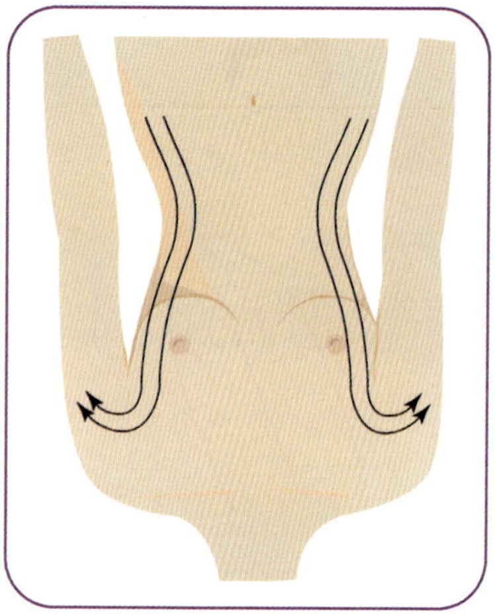

⑦ 늑골부위부터 대흉근의 외곽부위를 쇄골아래 경계를 따라 힘주어 쓰다듬기 한다.

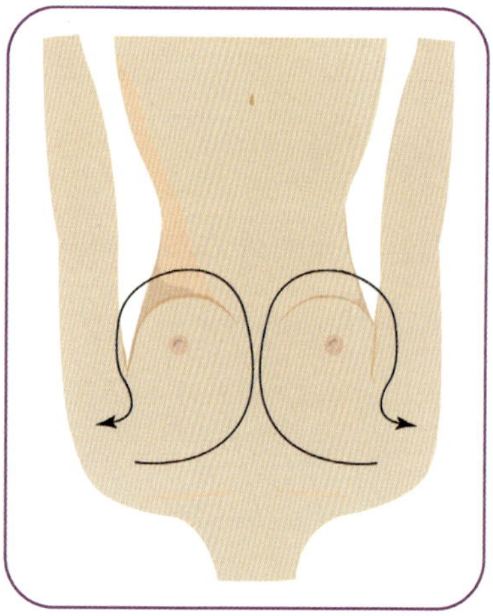

⑧ 상완의 윗 부위에서 손바닥을 이용하여 가슴 중앙을 천천히 내려와서 가슴아래부위의 안쪽에서 쓰다듬기 한 후 가슴외곽부위를 올리며 상완 윗 부위까지 쓰다듬기 한다.

4) 다리(앞면) 메뉴얼 테크닉의 동작

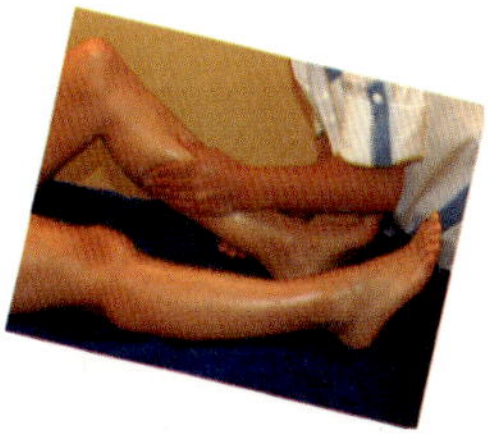

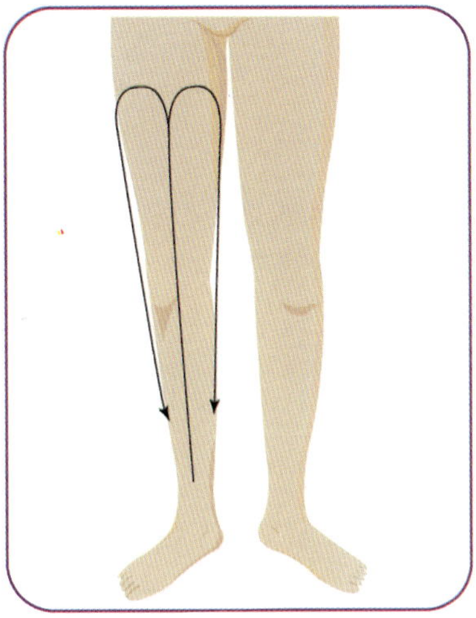

① 양손을 다리에 직각방향으로 나란히 하여 발등 끝에서 대퇴 끝까지 쓸어 올린 후 측면으로 가볍게 내려온다.

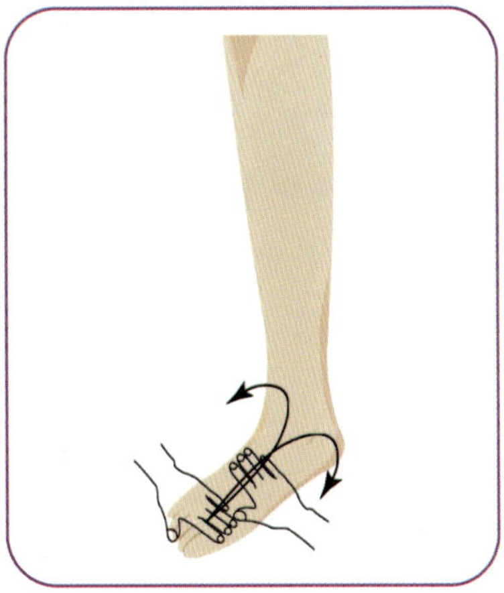

② 양손을 X자 형태로 교차하여 다리에 수직방향으로 발들 끝부터 대퇴까지 올라간 후 양측면으로 가볍게 내려온다.

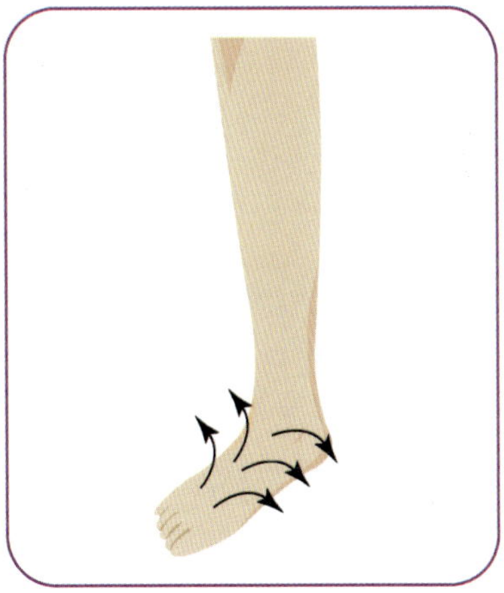

③ 양손바닥을 발의 직각 방향으로 내 외과까지 올라가서 양 측면을 쓸어 발가락까지 온다.

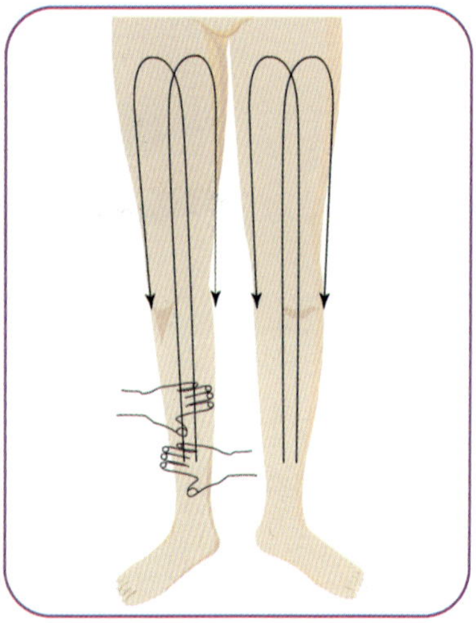

④ 양손 엄지의 수근으로 내과와 외과를 원을 그리며 쓰다듬기 한다.

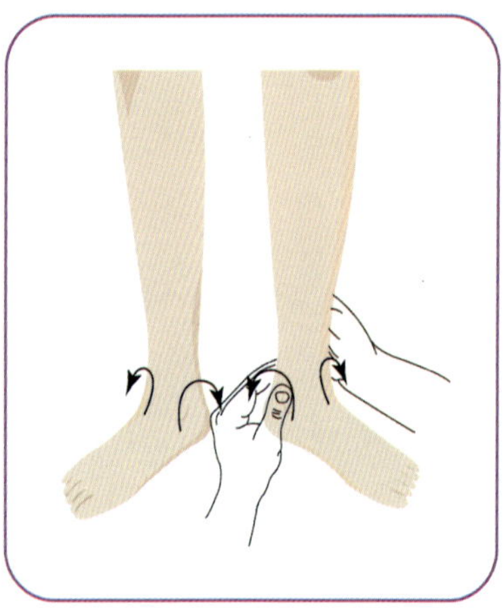

⑤ 엄지는 발등에 네 손가락은 발바닥을 향하고 엄지를 교차하여 발목까지 부채모양을 그리며 쓰다듬기 한다.

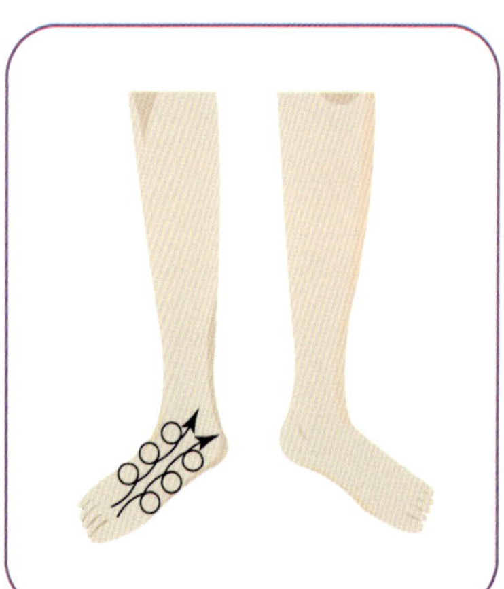

⑥ 양손의 네 손가락을 이용하여 발등을 나선 그리며 문지르기 한다.

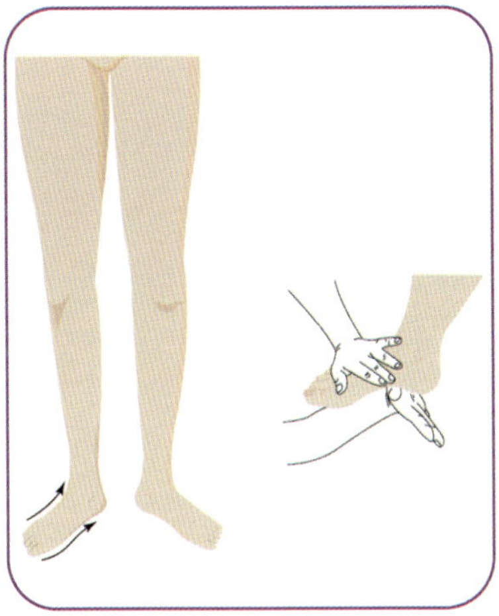

⑦ 한 손바닥은 손등에 다른 한 손바닥은 발바닥에 위치하고 발목방향으로 쓰다듬기 한다.

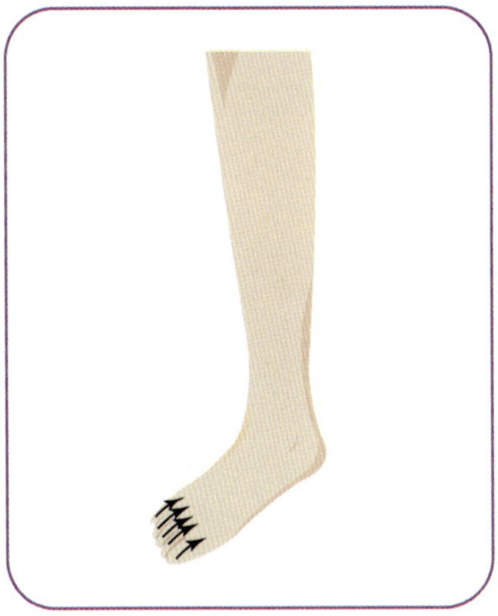

⑧ 엄지로 발가락 끝에서 위쪽으로 쓰다듬기 한다.

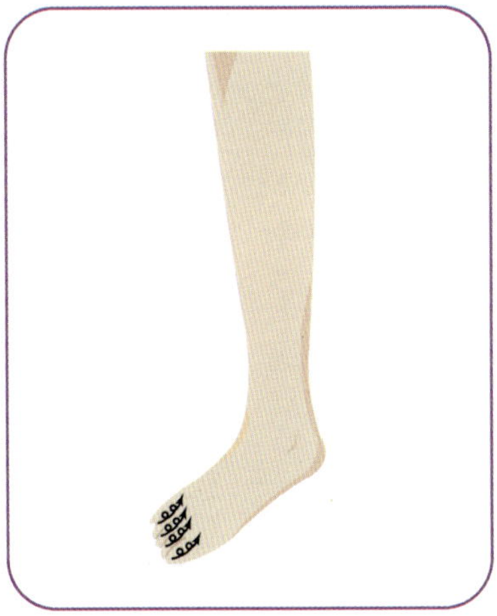

⑨ 엄지로 발가락 끝에서부터 나선 그리며 문지르기 한다.

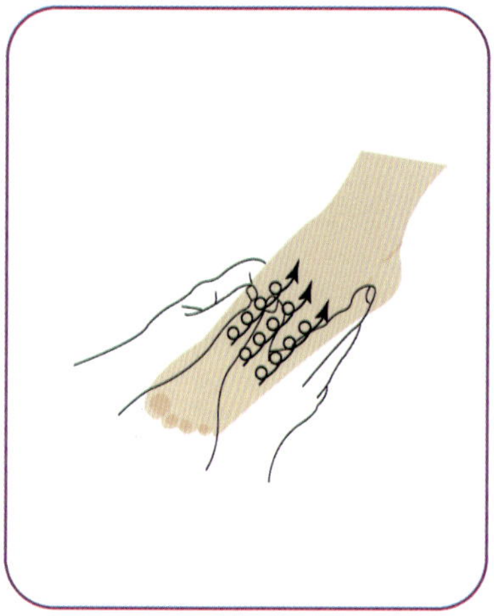

⑩ 중족골 사이를 엄지로 나선 그리며 문지르기하며 올라간다.

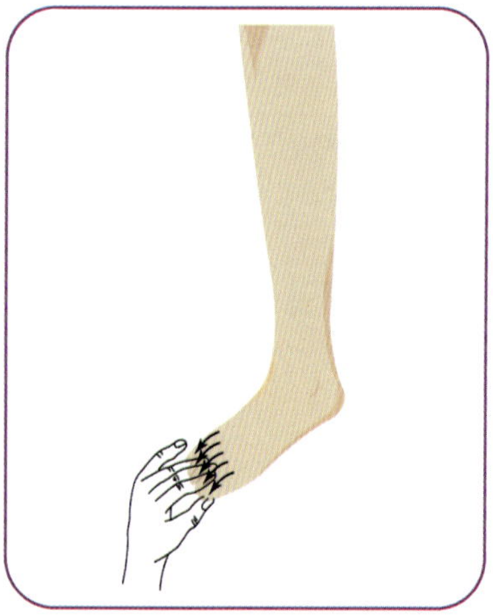

⑪ 엄지와 검지로 발가락을 잡고 발가락을 밖으로 향하여 늘려준다(스트레칭).

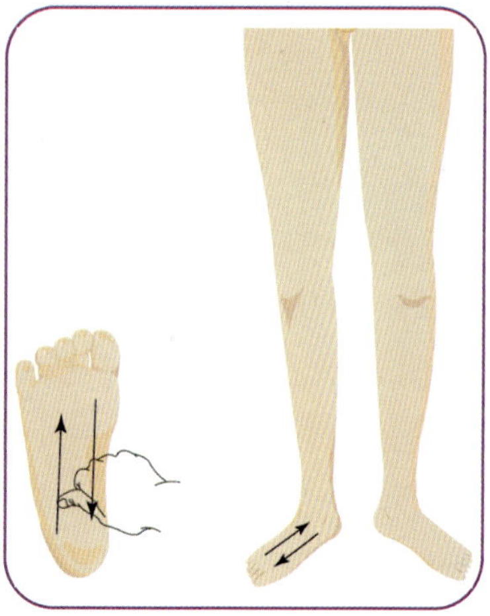

⑫ 손등의 두 번째 마디를 세워 발가락 부위에서 발뒤꿈치 쪽으로 쓸어주고 다시 손바닥으로 쓸어 올려준다.

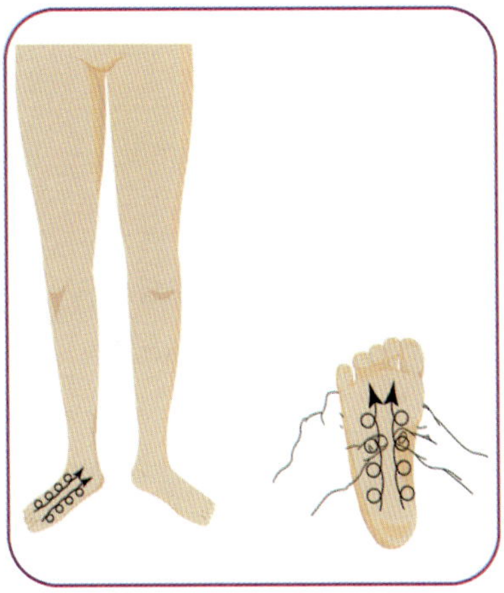

⑬ 양손의 네 손가락을 발등 위에 받치고 엄지로 발뒤꿈치에서 발가락 쪽으로 나선 그리며 문지르기 한다.

⑭ 한손으로 발을 살짝 들고 한손으로 뒤꿈치를 원 그리며 쓰다듬기 한다.

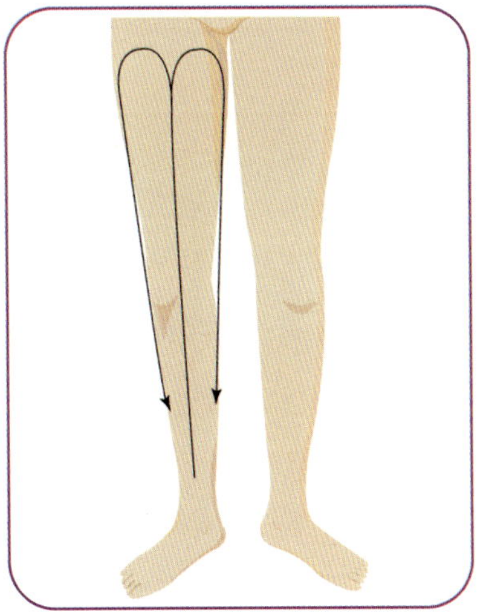

⑮ 양손을 다리에 직각방향으로 나란히 하여 발등 끝에서 대퇴 끝까지 쓸어 올린 후 측면으로 가볍게 내려온다.

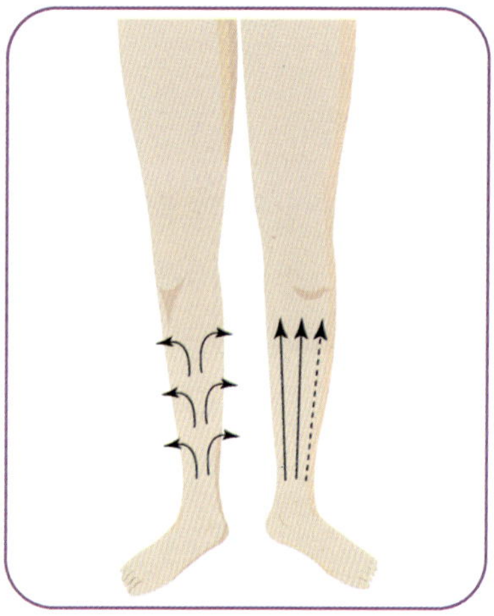

⑯ 양손 엄지로 하퇴 3부위를 부채꼴을 그리며 문지르며 올라간다.

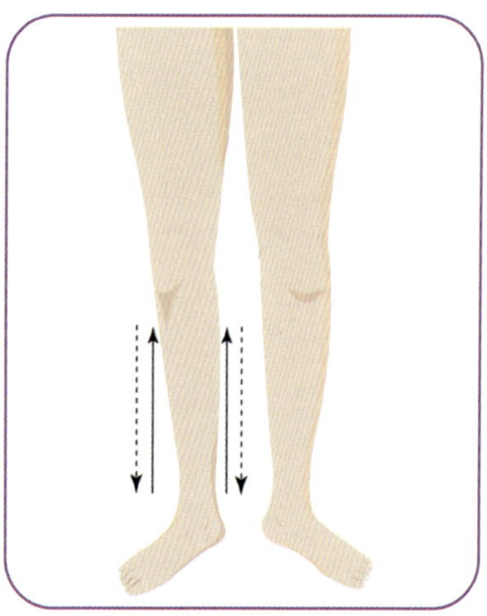

⑰ 양손의 주먹을 쥐고 평면으로 비복근의 측면을 무릎까지 힘주어 쓸어 올려주고 손바닥을 펴서 가볍게 내려온다.
이때 시작부위는 발목이지만 내과、외과를 제외하고 진행한다.

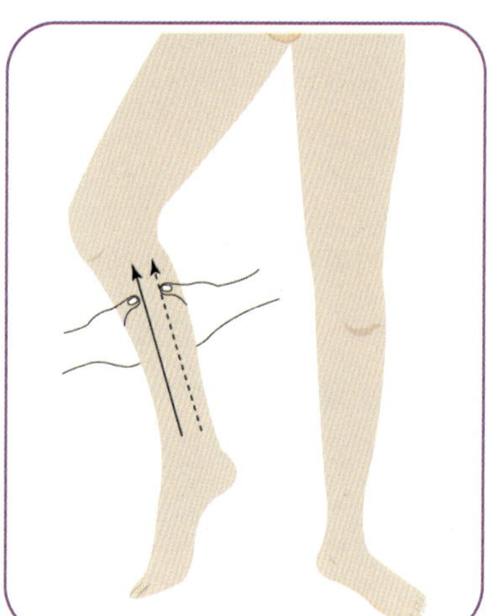

⑱ 고객의 다리를 세워 발등을 고정시킨다. 양손 바닥으로 아킬레스건에서 하퇴 끝까지 번갈아가며 쓸어 올려준다.

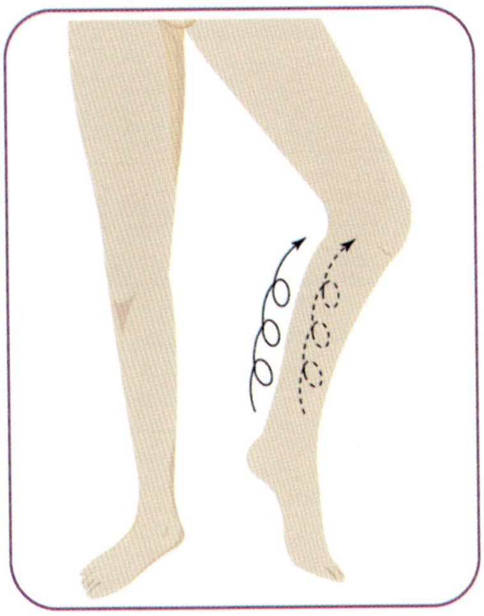

⑲ 고객의 다리를 세워 발등을 고정시키고, 양손의 네 손가락을 구부려 비복근을 긴장을 풀어(5등분하여 올라갈 때 힘주고 내려올 때 힘을 뺀다) 쓸어주기 한다.

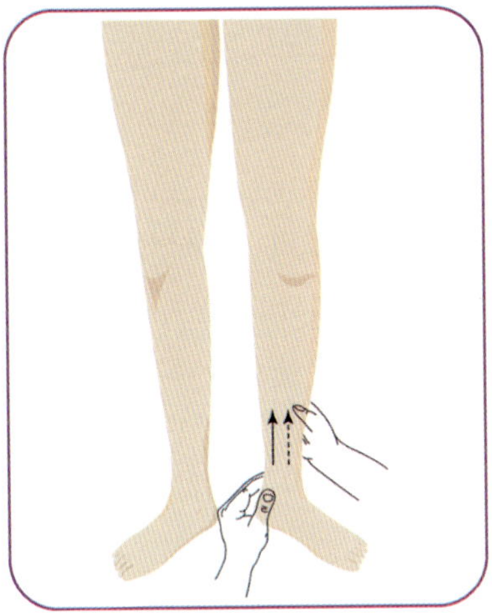

⑳ 고객의 다리를 펴고 한손으로 발을 들은 자세에서 다른 한손의 엄지와 네 손가락을 이용하여 하퇴후면 아킬레스건을 쓰다듬어 올린다.

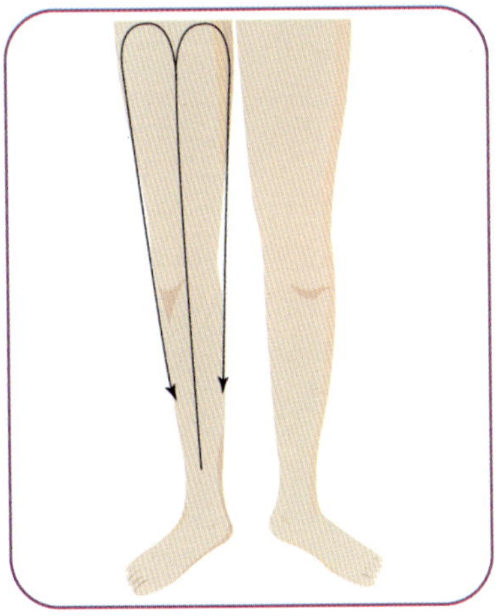

㉑ 양손을 다리에 직각방향으로 나란히 하여 발등 끝에서 대퇴 끝까지 쓸어 올린 후 측면으로 가볍게 내려온다.

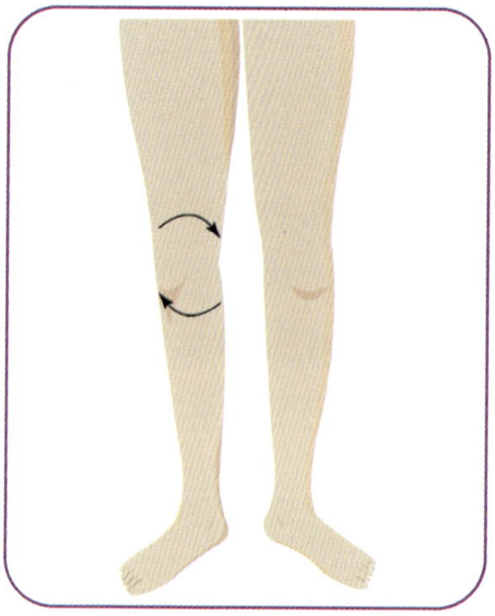

㉒ 슬개골 주위를 양 엄지로 위아래 부드럽게 쓸어준다.

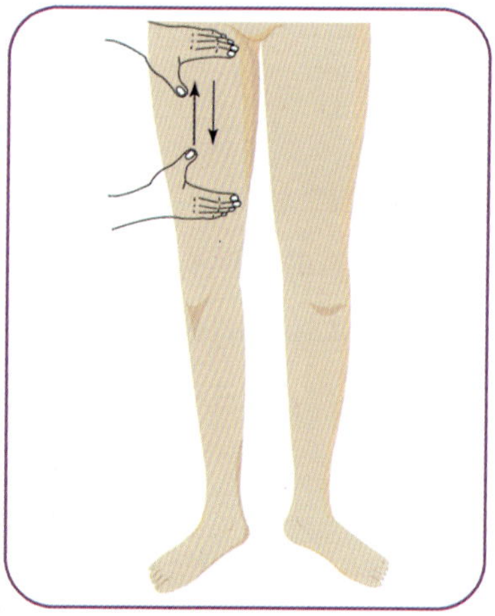

㉓ 대퇴부위를 3등분하여 양손바닥에 서로 압력을 가하여 밀었다가 압력을 빼고 제자리로 오는 동작을 반복한다.

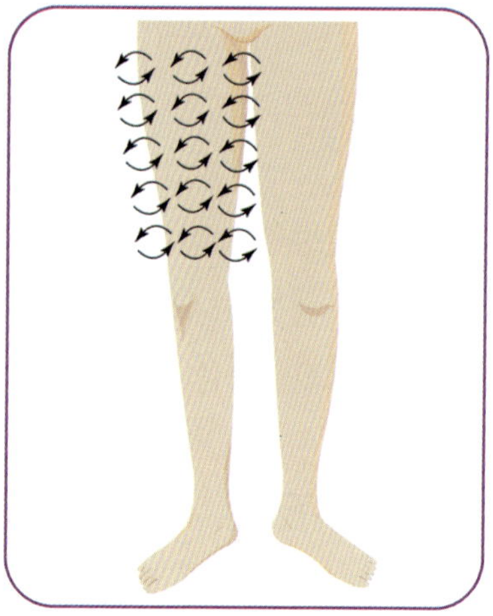

㉔ 대퇴를 나누어 양손바닥을 이용하여 반죽한다.

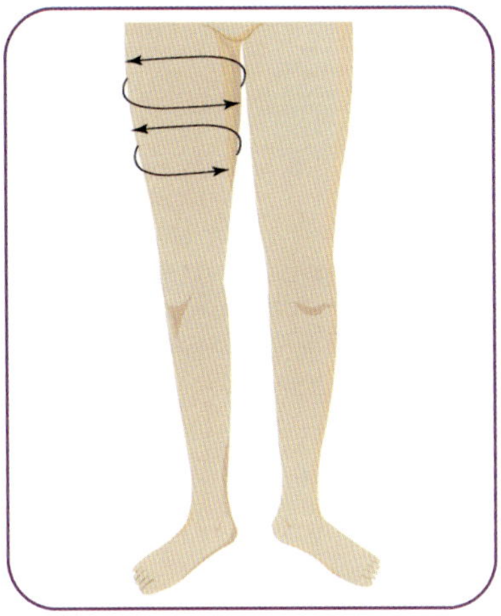

㉕ 대퇴 양옆부위에서 양 손바닥을 교차하며 압력을 주어 반죽한다(Abheben).

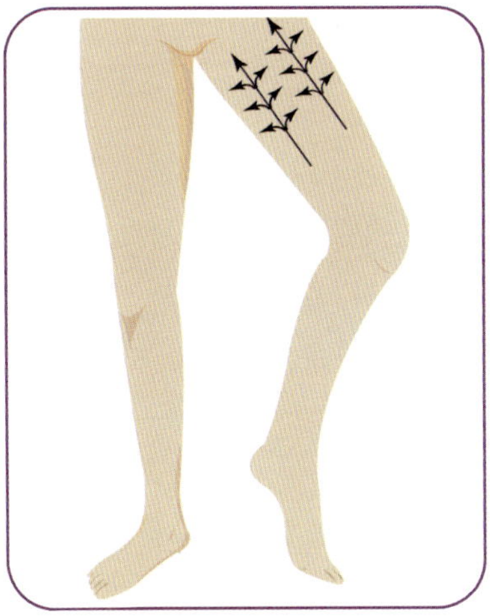

㉖ 대퇴 안쪽 내전근과 박근의 양옆부위를 양 엄지로 부채꼴을 그리며 문지르기 한다.

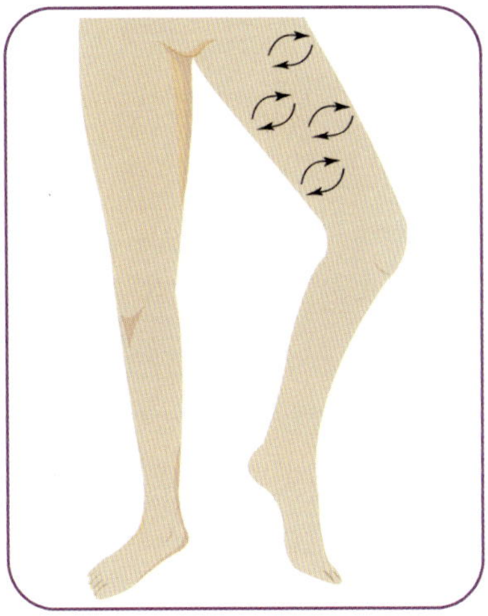

㉗ 대퇴안쪽 부위 양손의 엄지와 네 손가락으로 반원형으로 반죽한다.

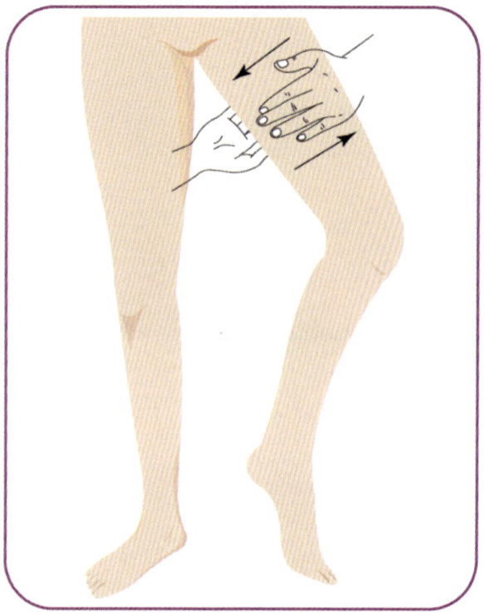

㉘ 대퇴안쪽 부위 한손바닥을 밀착시키고 대퇴 위쪽면에 손바닥을 밀착시킨 뒤 밀어 흔들어준다.

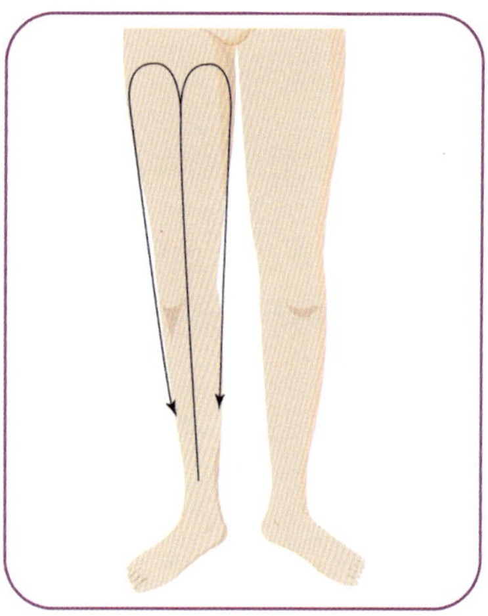

㉙ 양손을 다리에 직각방향으로 나란히 하여 발등 끝에서 대퇴 끝까지 쓸어 올린 후 측면으로 가볍게 내려온다.

5) 다리(뒷면) 메뉴얼 테크닉의 동작

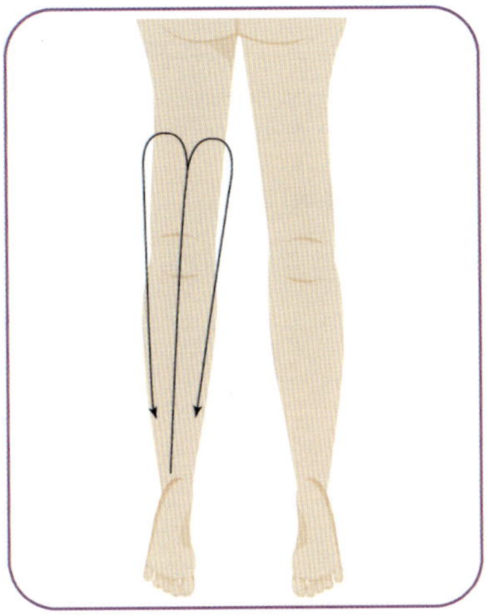

① 양손을 다리에 직각방향으로 나란히 하여 발등 끝에서 대퇴 끝까지 쓸어 올린 후 측면으로 가볍게 내려온다.

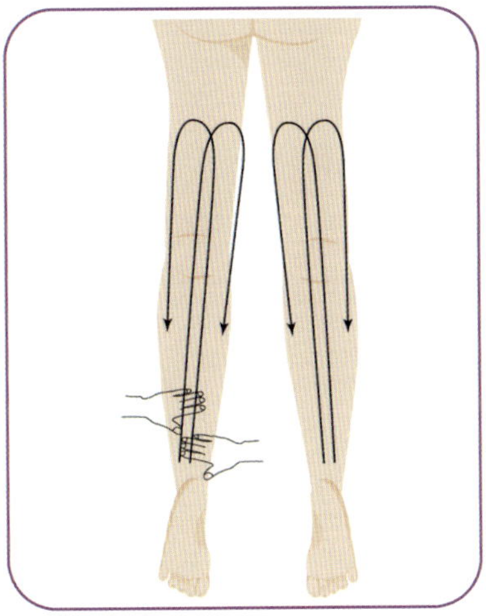

② 양손을 X자 형태로 교차하여 다리에 수직 방향으로 발등 끝부터 대퇴까지 올라간 후 양측면으로 가볍게 내려온다.

③ 양손을 번갈아가며 엄지와 검지의 수근으로 쓰다듬어 하퇴의 끝까지 올라간다.

④ 하퇴부위를 3등분하여 엄지로 부채꼴모양으로 쓸어 올려 문지르기 한다.

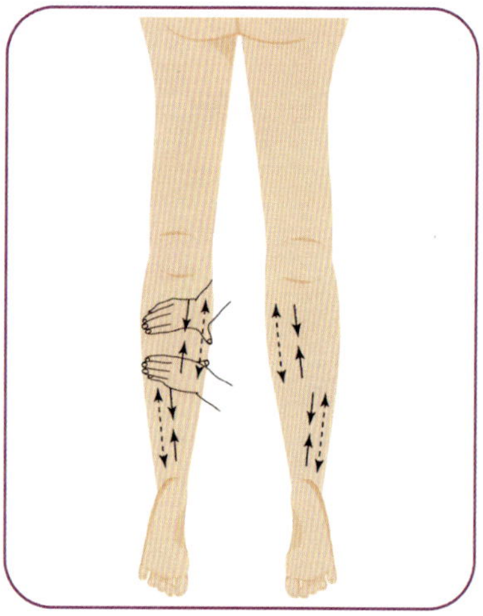

⑤ 양손바닥으로 엄지를 벌려서 양손 가운데 부위에 압력을 가해 가까이할 때 압력을 주고 벌어질 때 압력을 빼주며 반죽한다.

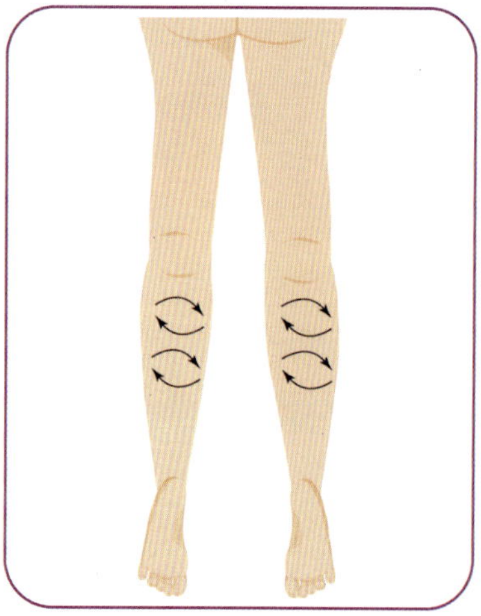

⑥ 하퇴의 양측면에 양손바닥을 밀착하여 서로 교차할 때 힘주어 반죽한다.

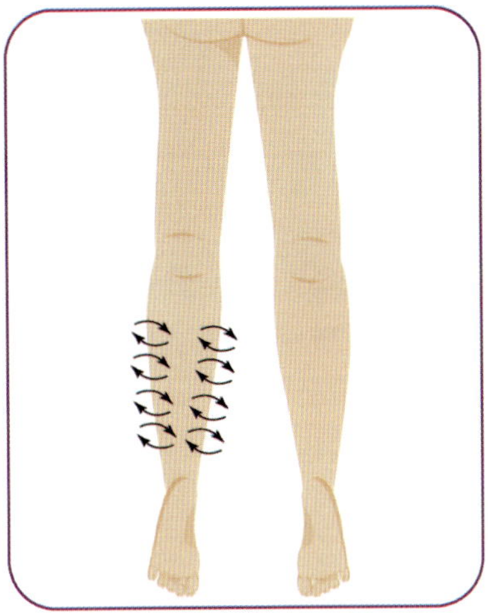

⑦ 하퇴부위에 양손의 엄지와 네 손가락으로 반원형으로 반죽한다.

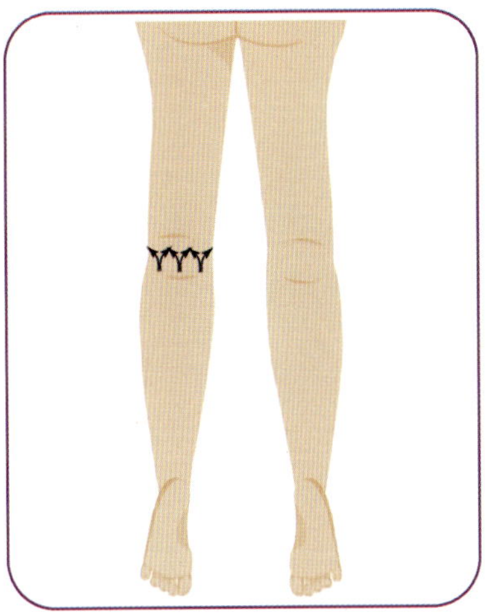

⑧ 슬관절 부위를 양 엄지를 이용하여 촘촘히 부채꼴모양으로 부드럽게 문지르기 한다.

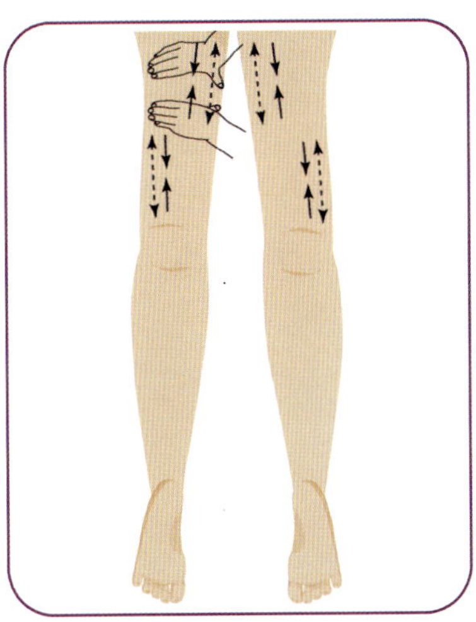

⑨ 대퇴부위를 양손바닥으로 엄지를 벌려서 양손 가운데 부위에 압력을 가해 가까이 할 때 압력을 주고 벌어질 때 압력을 빼주며 반죽한다.

⑩ 대퇴 양 측면에 양손바닥을 밀착하여 서로 교차할 때 힘주어 반죽한다(Abheben).

⑪ 대퇴부위에 양손의 엄지와 네 손가락으로 반원형으로 반죽한다(하퇴 7번 동작과 동일).

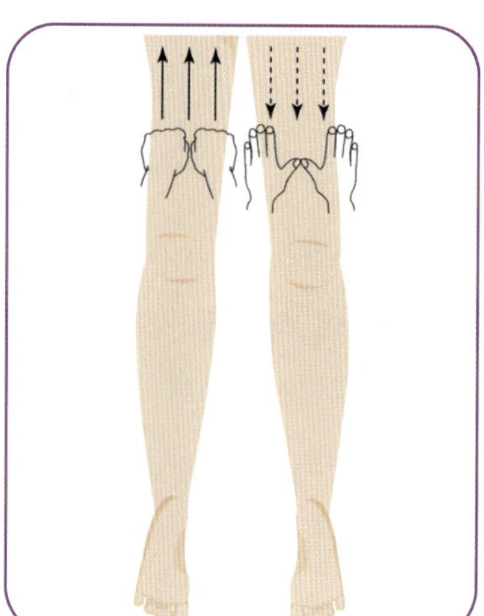

⑫ 대퇴를 3등분하여 주먹으로 힘주어 쓸어 올리고 손바닥으로 내려오며 연속 2번씩 반복한다(Plat-Griff).

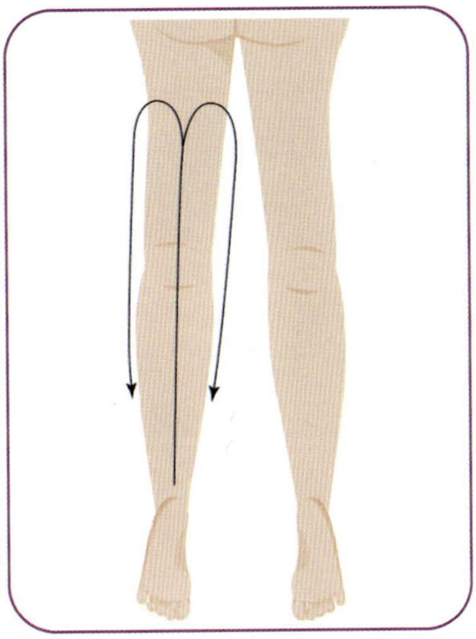

⑬ 양손을 다리에 직각방향으로 나란히 하여 발등 끝에서 대퇴 끝까지 쓸어 올린 후 측면으로 가볍게 내려온다.

6) 팔 메뉴얼 테크닉의 동작

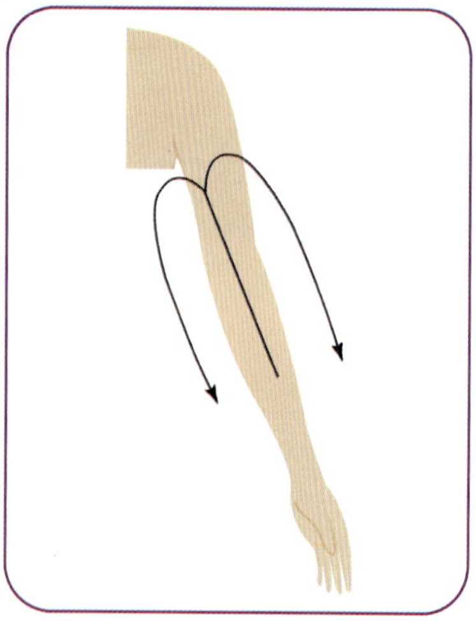

① 양손바닥을 이용하여 팔과 직각방향으로 나란히 힘주어 쓰다듬어 올라가서 측면으로 내려온다.

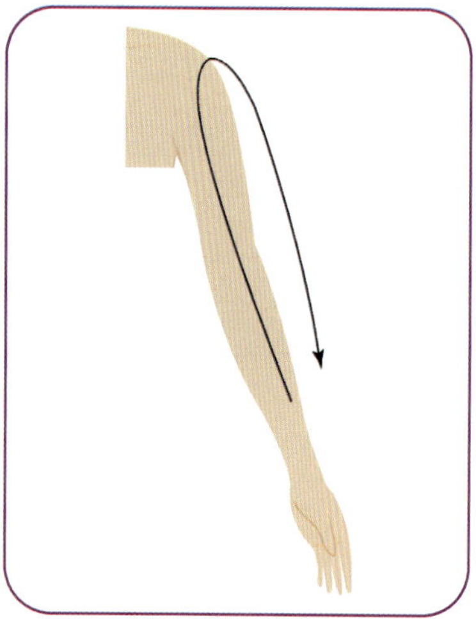

② 한쪽 손은 고객의 손바닥과 마주 악수 하듯이 가볍게 잡고 다른 한손으로 팔을 쓸어 올려 외측으로 가볍게 내려온다.

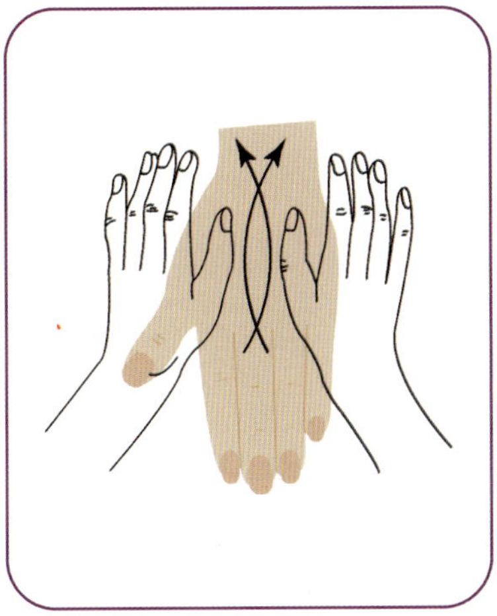

③ 양손바닥을 이용하여 쓰다듬기 한다.

④ 양손의 엄지와 수근부위를 이용하여 손등을 쓰다듬기 한다.

⑤ 엄지를 이용하여 각 손가락의 끝 쪽에서 상부를 향하여 쓰다듬고 원위치로 온다.

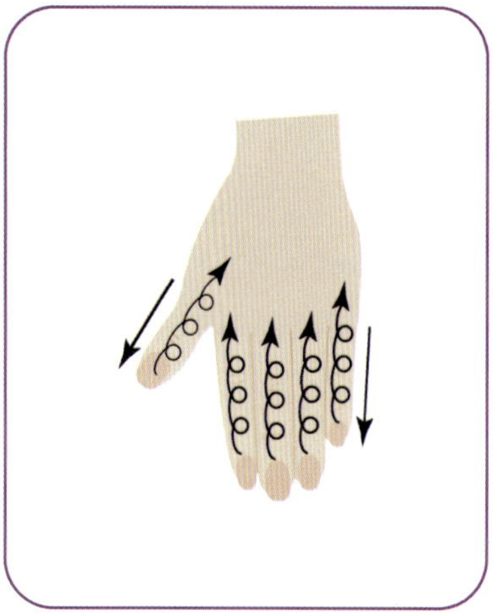

⑥ 엄지를 이용하여 각 손가락의 끝 쪽에서 상부를 향하여 나선 그리며 문지르고 원위치로 온다.

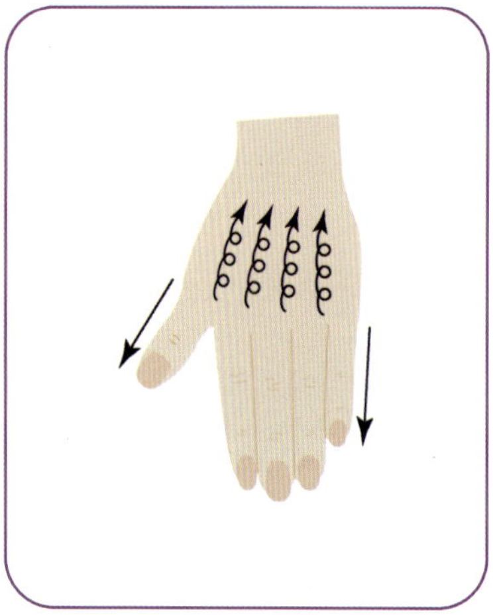

⑦ 엄지를 이용하여 손등의 중수골 사이를 나선 그리며 문지르고 되돌아온다.

⑧ 한손의 주먹 쥔 상태로 고객의 손바닥을 힘주어 쓸어 올라간 후 손바닥을 펴서 쓰다듬어 내려온다.

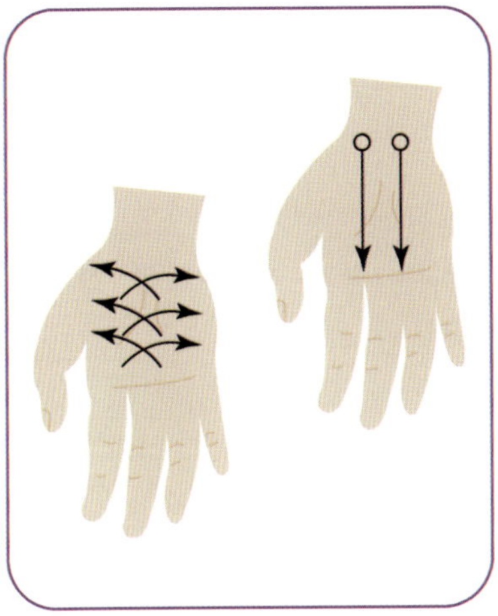

⑨ 양손의 새끼손가락을 고객의 엄지와 검지에 끼워서 손바닥을 고정시킨 후 양 엄지를 이용하여 반원형으로 반죽하여 손목까지 올라갔다가 엄지를 밀착하여 쓸어준다.

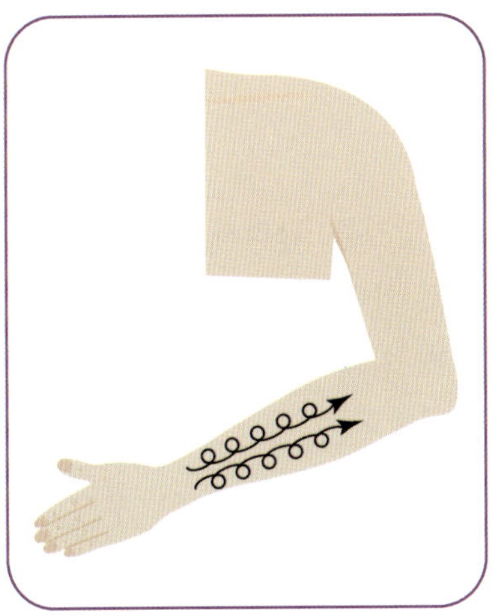

⑩ 한손으로 손을 들어 고정시키고 전완의 한 쪽면을 엄지와 네손가락을 이용하여 손목부터 주관절을 향하여 나선 그리며 문지르기 한다. 손을 바꾸어 반대편도 같은 방법으로 시행한다.

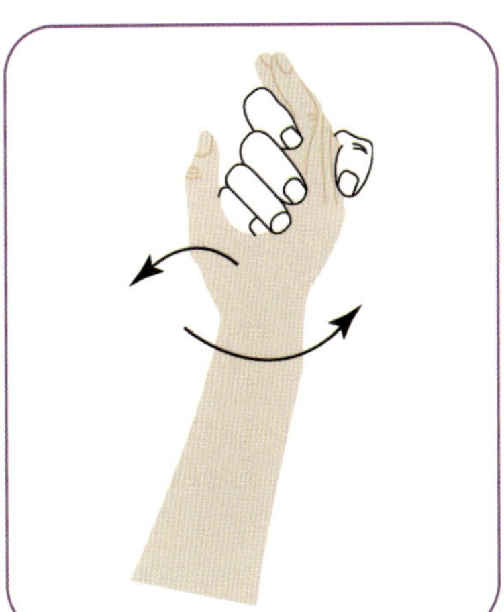

⑪ 고객의 전완을 세우고 시술자의 양손의 엄지를 엄지와 새끼손가락 사이에 끼우고 손을 양방향으로 회전하며 흔들어 준다.

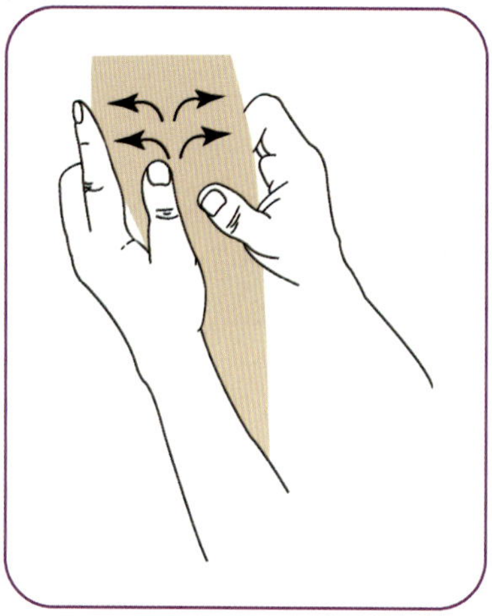

⑫ 엄지를 이용하여 팔의 두 부위를 부채골 모양으로 문지르기 한다.

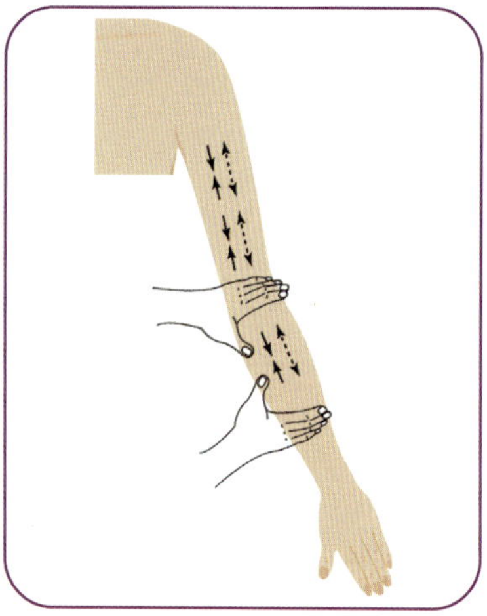

⑬ 양손바닥으로 엄지를 벌려서 양손 가운데 부위에 압력을 가해 가까이할 때 압력을 주고 벌어질 때 압력을 빼주며 반죽한다.

⑭ 양손바닥에 서로 압력을 가하여 밀었다가 압력을 빼고 제자리로 오는 동작을 반복한다.

⑮ 양손의 엄지와 네 손가락을 이용하여 팔전체를 반원형으로 반죽한다.

⑯ 상완의 뒷면에 고객 쪽의 손을 돌려서 손바닥이 위를 향하게 밀착하고 다른 손으로 팔의 윗부분에 손바닥이 밀착되도록 하여 양방향으로 밀어준다(rollen).

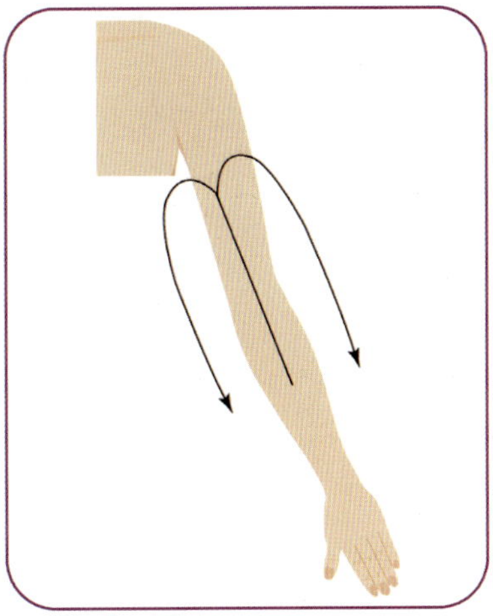

⑰ 양손바닥을 이용하여 팔과 직각방향으로 나란히 힘주어 쓰다듬어 올라가서 측면으로 내려온다.

제10장 부분 관리

1. 가슴 관리

여성이라면 누구나 가슴의 탄력과 사이즈 등에 관심이 없는 사람은 없을 것이다. 아름다운 가슴은 얼굴과 함께 마주하는 부분이고 여성스러움을 한껏 나타내는 중요한 부위이기 때문이다.

젖(유방, breast)은 가슴을 둘러 싼 피부와 피하지방, 그리고 샘조직으로 구성되어 있으며, 젖샘(유선, mammary gland)은 피하조직 내에 있는 변형된 한선으로써 남녀 모두에게 있다. 유방은 큰가슴근(대흉근) 표면을 덮는 복장막(흉근막) 위에 있는 지방이 주체를 이루고 있는 반상구의 봉우리이다. 유방의 위치는 제2번째 갈비뼈(늑골)과 제6~8번째 갈비뼈사이 및 복장뼈(흉골)의 외측에서 겨드랑이 전반에 걸쳐 위치하고 있다.

우리나라 여성의 유방크기는 150~200cc 정도이며 영양섭취의 발달로 인해 점점 커지고 있다. 유방 내의 지방조직은 부드러운 촉감과 탄력 그리고 형태를 유지하는데 중요한 역할을 한다. 겨드랑이에는 유방으로부터 40~50개의 임파선이 모여 있다. 임파선은 유방의 염증 및 외상 그리고 암세포로부터 커질 수 있는데 이는 유방의 진찰에 중요한 척도가 된다.

젖샘조직은 유방 내에 있으며 지방조직 속에 들어 있는 15~20여개의 불규칙한 젖샘엽(유선엽)으로 이루어진다. 여성이 임신을 하게 되면 젖샘조직이 급격히 발달하여 분만 후에는 유즙(milk)을 분비하게 된다.

젖샘엽에서는 유즙을 운반하기위한 젖샘관(유관)이 나와서 젖꼭지에 모이는데 이것은 각각 따로 개구하고 있다. 젖샘관은 젖꼭지에 개구하기 전에 젖샘관팽대(유관동)을 만들어 유즙이 고이도록 되어 있다.

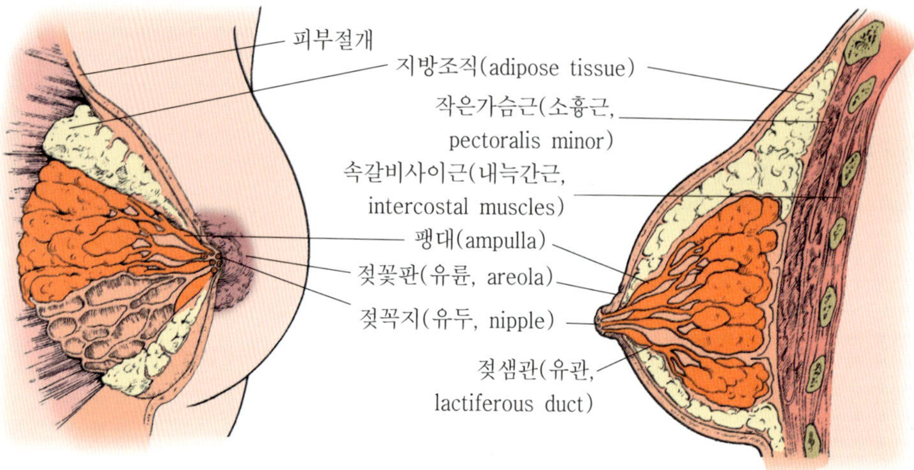

그림 10-1. 여성의 유방과 젖샘(유선)

유방의 중심부에 돌출되어 있는 젖꼭지(유두, nipple)는 주름이 많고 그 사이에 12~15개의 유공이 개구하고 있다. 젖꼭지를 둘러싸고 있는 부분을 젖꽃판(유륜, areolar of nipple)이라 하며 몽고메리선이라는 피부융기가 있다. 젖꽃판에는 멜라닌 색소가 많아서 담갈색을 띠며 임신 때에는 더욱 진해진다. 그리고 젖꼭지의 중앙에는 피지와 아포크린선이 발달해 있다.

1) 젖샘(유선)의 발달

젖샘(유선)의 발달은 크게 5단계로 나눌 수 있다.

1단계는 어린이의 가슴, 젖꼭지는 튀어나오지만 유륜부의 색소는 없다.

2단계는 8~12세가 되면 에스트로겐의 영향을 받아 유방과 젖샘관이 같이 돌출된다.

3단계는 12~15세를 앞·뒤하여 유방의 직경과 젖샘관이 커지고 젖꽃판에 엷은 색소침착이 된다.

4단계는 젖꽃판과 젖꼭지가 더욱 커지는 시기로 멜라닌색소 침착이 증가한다.

5단계는 더욱 성숙하고 매력적인 모습을 가지며 부드러운 외형을 갖게 된다.

2) 가슴의 형태 및 원인

가슴의 형태	원 인
작은 유방	성장기 발육부진 임신, 수유 및 폐경 등으로 인한 젖샘발육부진 다이어트와 편식으로 인한 지방량의 감소
처진 유방	에스트로겐의 부족 피하 지방량의 감소와 중력으로 인한 경우 젖샘(유선)의 함몰 큰가슴근(대흉근)의 발달 저하 등
탄력이 없는 유방	스트레스로 인한 여성호르몬의 불균형상태 운동부족으로 인한 큰가슴근의 발달이 미비할 때 큰가슴근 주위에 피부가 탄력을 잃어 피하지방이 흐트러졌을 때
불균형한 유방	피하지방이 치우친 경우 한쪽으로 젖을 먹이거나 한쪽으로 자는 등의 생활습관 젖샘(유선)의 발육부진 잘못된 브래지어의 착용 등

3) 가슴의 형태에 따른 관리방법

탄력 있고 아름다운 가슴을 유지하게 하기 위한 방법은 다음과 같다.

가슴의 형태	관 리 방 법
작은 유방	적당한 자극으로 젖샘(유선)의 발달을 촉진시킨다. 균형 잡힌 생활습관과 식이로 피하지방의 발달을 촉진시킨다.
처진 유방	운동으로 피부와 근육에 탄력을 주어 유방을 위로 재정비한다. 규칙적인 메뉴얼 테크닉으로 젖샘의 발달을 촉진시킨다.
탄력이 없는 유방	적당한 운동과 젖샘의 활성화를 촉진시킨다. 적당한 가슴 메뉴얼 테크닉으로 여성호르몬의 분비를 촉진시킨다. 큰가슴근의 발달을 촉진시키는 메뉴얼 테크닉을 주기적으로 실시한다. 피하지방을 유방중심으로 정돈한다.
불균형한 유방	피하지방의 치우침을 조절하기위해 생활습관을 개선한다. 적당한 운동과 젖샘의 활성화를 촉진시킨다. 유방크기에 맞는 사이즈의 브래지어를 알맞게 착용한다.

4) 유방암 자가진단 체크

유방암을 예방하기 위해서 2001년 7월 24일 국립암센터 및 한국유방암학회가 전문가 모임을 통하여 국내 조기검진 권고안지침을 마련하였다.

30세 이후 여성은 매월 유방자가검진을 실시하고, 35세 이후에는 2년 간격으로 의사에 의한 임상진찰을, 그리고 40세 이후의 여성은 1~2년 간격으로 의사에 의한 임상진찰과 더불어 1~2년 간격의 유방촬영검사를 받도록 권장한다.

유방암 자가 검진의 적절한 시기는 폐경 전 여성의 경우에는 매월 월경이 끝난 직후이다.

배란기나 월경 중에는 일시적으로 유방이 커지거나 통증이 발생할 수 있으며, 멍울이 만져질 수 있기 때문이다. 폐경기 후에는 매월 일정한 날을 정하여 정기적으로 자가 검진을 하도록 한다.

젖가슴에 멍울이 있는 경우 10개 중 9개는 양성(良性)으로 암과 관계가 없다. 따라서 멍울이 만져진다고 겁을 낼 필요는 없다.

양성인 멍울 중 대부분은 첫째, 유방의 일부에 변화가 생겨 멍울이 생기는데 이는 멘스가 시작하기 직전에 눈에 더 잘 뜨이고 이는 특히 35세가 넘은 여성들에게 그러하다. 둘째, 유방조직에 있는 액체의 낭종으로 아주 흔하다. 셋째, 섬유선종으로 이는 섬유선 조직의 집합체로 젊은 여성에게 더 흔하다.

[예방방법]

① 깨끗한 물을 마신다. 약수도 한 가지만 마시지 말고 수시로 바꿔가면서 마신다.

② 변비는 만병의 근원으로 초기에 신속하게 제거해야 한다.

③ 매일 30분씩 햇빛을 쬔다. 특히 유방암과 폐암, 전립선암을 예방하고 심지어 치료에도 도움이 된다는 연구 결과들이 있다.

④ 규칙적으로 적절한 운동을 한다. 팔과 가슴을 많이 움직이는 수영 같은 운동은 유방암을 예방하고 치료하는 데도 도움이 된다.

⑤ 인스턴트식품, 정크 푸드, 가공식품의 섭취를 줄이고 신선한 야채와 과일의 섭취를 늘린다.

⑥ 좀 더 적극적인 사람은 건강을 지키기 위해 제독요법을 실시한다(제독요법이란 체내에 싸여 있는 독소를 수시로 제거하여 신체의 기능을 최적의 상태로 유지하는 방법이다. 제독요법은 서양에서 고도로 발달되어 사용되고 있으며, 암을 예방하는 데 유용하고, 암을 치료하는 데 필수적인 일부분이다).

⑦ 더욱 더 적극적인 사람은 피마자기름 찜질을 수시로 실시한다(미국에서 발달한 방법으로 유방암을 포함한 모든 암을 치료하고 예방하는 데 효과가 있다).

⑧ 만약의 경우 암으로 판별이 나면 신속하게 전이를 방지하는 조치를 취해야 한다. 또 신속하게 포괄적인 식이요법을 실시해야 한다.

[유방암 자가진단의 예]

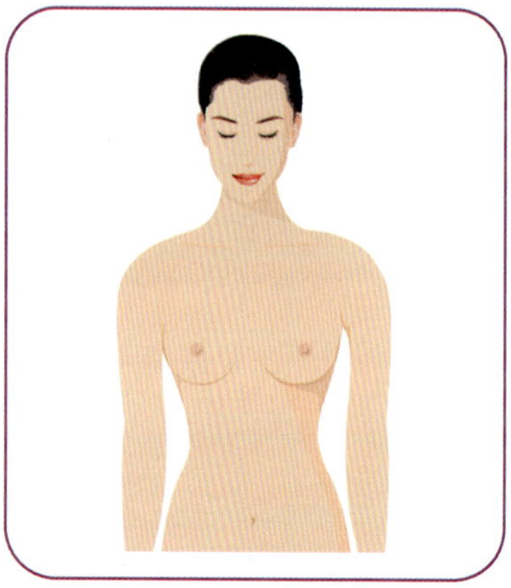

〈거울 앞에 서서 살펴본다〉

① 유두에 분비물이 있는지 양쪽 유방이 비대칭인지 살펴본다.

② 선 채로 손을 머리 뒤로 얹고 앞쪽으로 기울여 유방을 살펴본다.

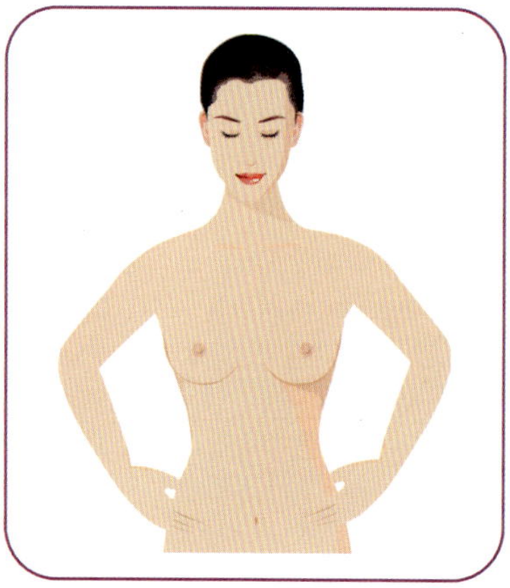

③ 허리에 손을 얹고 몸을 앞으로 기울여 유방을 자세히 살펴본다.

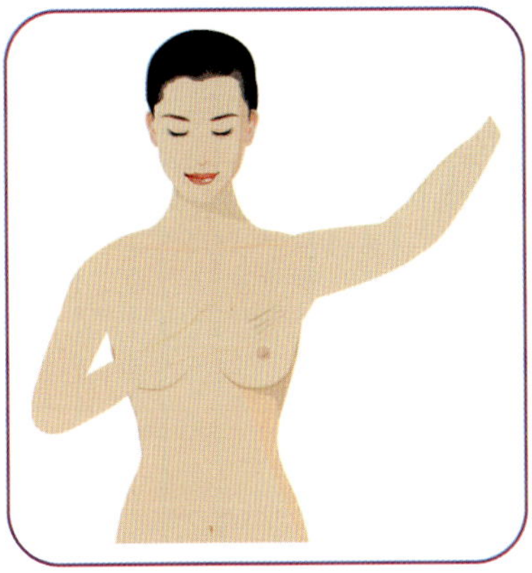

④ 왼팔을 올리고 오른손 끝으로 동심원을 그리며 시계방향으로 겨드랑이(액와)로 부터 천천히 유방을 만져 간다. 원을 좁혀 젖꼭지까지 충분히 만져본다.

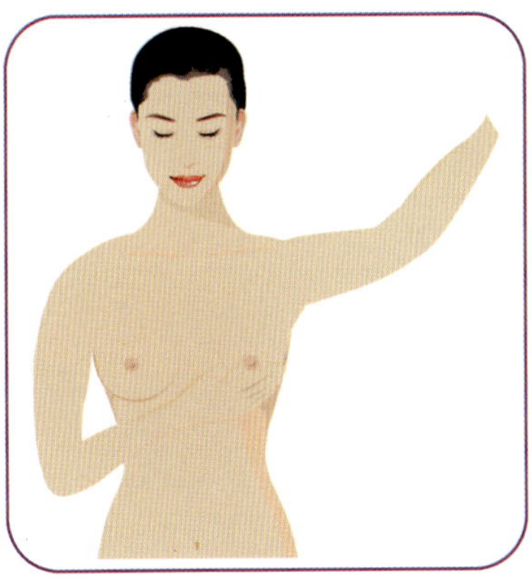

⑤ 유두를 가볍게 짜내 분비물이 있나 살펴본다.
오른팔을 올리고 왼손으로 오른쪽 유방을 같은 방법으로 진찰한다.

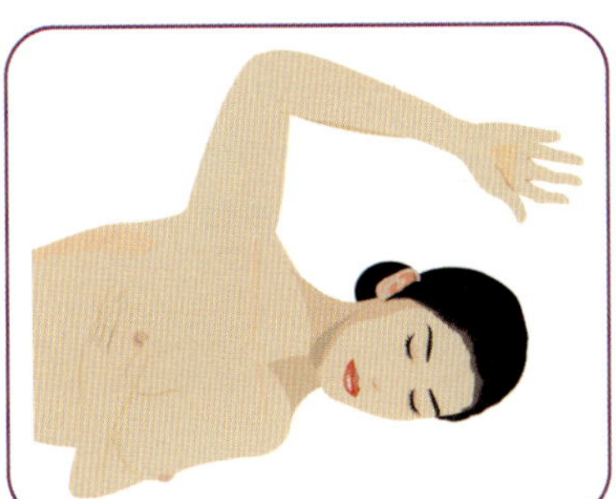

⑥ 타월이나 베개를 어깨에 받치고 누워서 4, 5번의 동작을 반복한다.

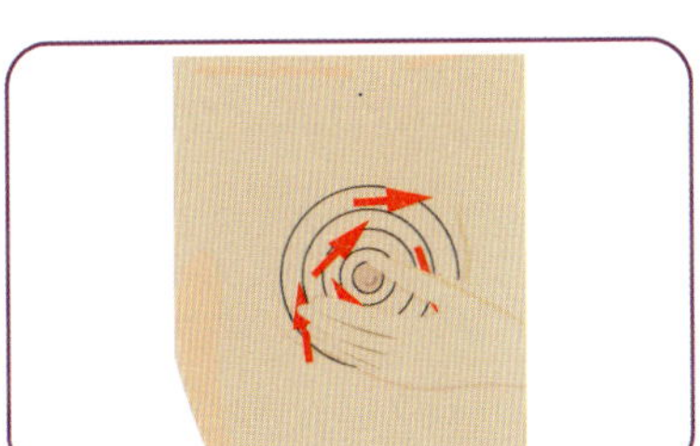

⑦ 가운데로 손가락을 모아서 동심원으로 유방을 골고루 만져 본다.

5) 탄력 주는 메뉴얼 테크닉

안면 가슴 관리 효과는 가슴 관리를 통하여 증가된다.

손으로 가볍게 가슴을 들어 올리듯이 메뉴얼 테크닉한다. 가슴을 잘 받쳐줄 수 있는 가슴근육(흉근)을 부드럽게 메뉴얼 테크닉한다.

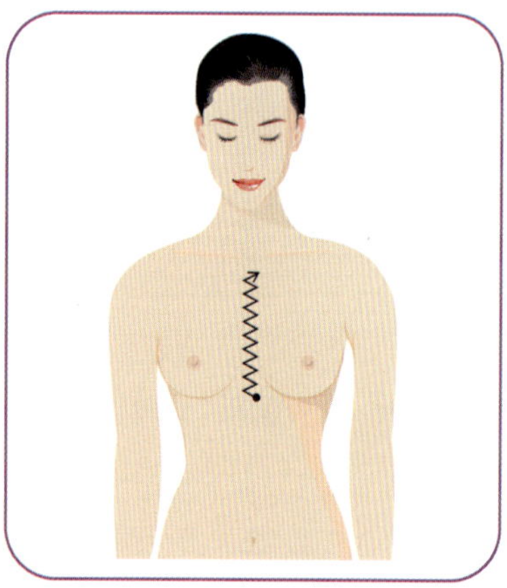

① 복장뼈(흉골)부위
위 · 아래 지그재그 모양으로 훑어준다.

② 겨드랑이(액와)풀기
팔꿈치~겨드랑이쪽으로 훑어준다.
겨드랑이부위를 굴려준다.

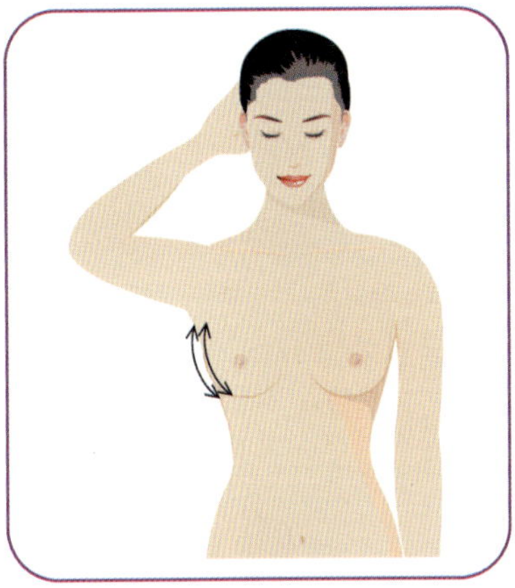

③ 가슴바깥쪽 부위를 상하로 훑어준다.

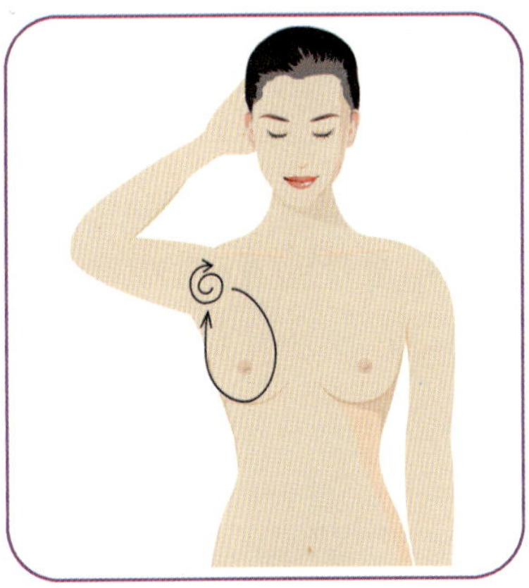

④ 가슴풀기

큰가슴근·작은가슴근(대·소흉근)을 돌아 겨드랑이(액와)로 마무리한다.

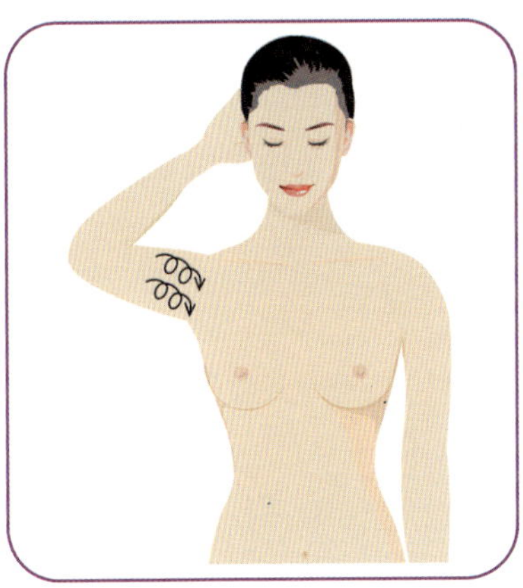

⑤ 팔안쪽

팔꿈치~겨드랑이까지 굴려준다.

⑥ 갈비뼈(늑골)풀기
가슴 안쪽으로 굴린다.

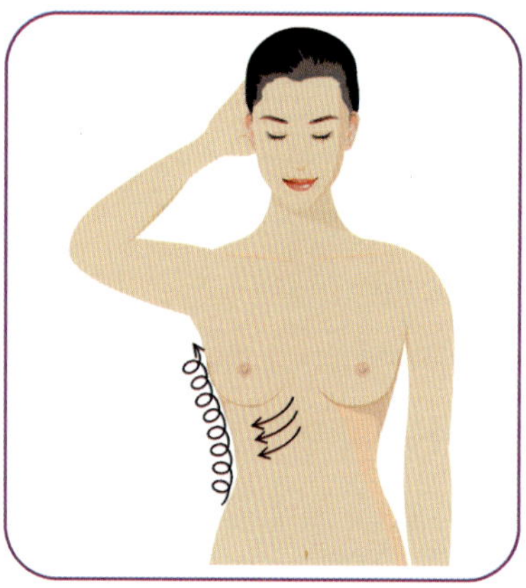

⑦ 갈비뼈사이사이를 훑어준 후 큰가슴근(대흉근)에서 가슴 안쪽 밑에서 겨드랑이(액와)까지 굴려준다.

[가슴 축소 메뉴얼 테크닉]

① 가슴 메뉴얼 테크닉 기본 후 가슴 중앙에서 밖으로 나선형을 그린다.

② 가슴 밖에서 안으로 굴려준다.

③ 유두를 중심으로(젖꼭지를 건들이면 안된다) 안에서 밖으로 겨드랑이(액와)부위로 쓸어 올린다.

6) 마스크와 팩

(1) 석고마스크(Thermo mask)

석고마스크의 열작용과 적당한 무게의 압력에 의해 각종 영양분을 흡수하고 노폐물배설을 용이하게 하여 피부를 깨끗하게 하며 피부에 탄력을 준다. 미네랄 성분이 함유된 석고분말을 화장품 회사에 따라 다양한 색상의 분말형태로 실온의 증류수나 석고용 특수용액을 섞어서 사용한다. 석고마스크는 석고 분말(500mg)이 적당량의 물(300ml)과 만나 교반작용을 함으로써 열을 발생시킨다. 크리스털이라는 성분이 열을 발산하면서 굳어지게 하는 작용을 한다. 석고마스크의 열작용시간은 온도상승시간은 약 10분이며 가장 높은 온도는 40~42℃이며 지속시간은 3~5분 정도가 좋다. 5분 이상 고열이 지속되면 모공수축과 방어막의 작용을 약화시켜 오히려 역효과를 낸다.

[효 과]

- 석고가 굳을 때 발생되는 열이 피부를 외부공기와 차단시키면서 피부 깊숙한 곳까지 화장품의 주요성분을 흡수시켜 영양과 보습을 준다.
- 혈액순환을 촉진시켜 준다.
- 피부의 피지와 노폐물을 제거해 준다.
- 피부재생의 효과가 있으며, 노화피부 및 늘어진 피부에 좋다.
- 냉각과정에서 모공수축작용으로 피부에 탄력을 준다.
- 피부에 미네랄성분을 공급하며 염증완화작용을 한다.

[사용법]

- 클린징이나 필링 후에 사용한다.
- 석고마스크 전용크림이나 활성 시키고자 하는 성분의 크림 등을 바른다.
- 거즈를 구겨지거나 겹쳐지지 않도록 바르게 편다.
- 석고분말을 적당량 고무 볼에 붓는다.
- 실온의 증류수나 특수용액을 붓고 스파츌라로 신속하게 섞는다(석고의 묽기에 주의한다).
- 섞은 석고를 신속히 일정한 두께로 도포한다.
- 석고의 열이 40℃ 이상 올라간 뒤 열이 식을 때까지 20~30분 기다린다.

· 해면으로 가슴주변에 남아있는 잔여물을 가볍게 제거하고 화장수나 바디로션으로 마무리한다.

(2) 왁스 또는 파라핀마스크

밀랍, 파라핀, 바셀린, 미네랄오일과 왁스를 혼합한 고체상태의 왁스를 열 조절기 가열기에서 약 55℃의 상태에서 가열하여 사용하는 열 마스크로 뛰어난 수분보유능력이 있으며 파라핀 내의 열과 오일이 모공을 열어주고 독소를 제거해주며 영양성분을 피부 깊이 침투시켜준다.

[효 과]

· 뛰어난 보습효과가 있다.
· 파라핀의 발열작용으로 혈액순환이 원활하다.
· 모공을 확장시켜 각종 영양분을 침투시키기 용이하다.
· 피부를 코팅하는 과정에서 발한작용이 발생하고 슬리밍 효과도 기대할 수 있다.

[사용법]

· 메뉴얼 테크닉 후에 사용한다.
· 석고마스크 전용크림이나 활성 시키고자 하는 성분의 크림 등을 바른다.
· 거즈를 구겨지거나 겹쳐지지 않도록 바르게 편다.
· 가열된 왁스를 시술자와 고객의 손목안쪽에 테스트한다.
· 물기가 없는 넓은 붓으로 가능한 빠른 시간에 바른다.
· 약 4~5회 정도 덧바른다.
· 왁스가 완전히 굳은 상태에서 마스크의 형태가 보서지지 않도록 떼어낸다.
· 해면으로 가슴주변에 남아있는 잔여물을 가볍게 제거하고 화장수나 바디로션으로 마무리한다.

(3) 머드마스크

벤토나이트나 미네랄 등으로 구성된 점토성분이 주성분이다. 머드팩은 일반적으로 피지를 흡수한다는 성질과 살균, 소독 및 항염작용이 뛰어나 지성, 여드름 피부에 많이 사용된다. 특히 피지와 여드름이 많은 등 관리 시 효과가 뛰어나다.

머드마스크는 일반적으로 파우더타입과 진흙타입으로 나뉜다. 파우더타입은 사용시에 물 또는 화장수 등에 섞어 사용하고, 진흙타입은 용기 속에 이미 준비되어 있어서 필요할 때 즉시 사용할 수 있다.

[사용법]

- 머드마스크는 붓이나 스파츌라를 이용하여 얼굴이나 신체의 모든 부위에 사용할 수 있다.
- 약 20분 후 진흙이 굳어지고 마르면 젖은 해면으로 닦아낸다. 완전히 마른부위는 잘 닦아지지 않기 때문에 물 스프레이를 이용한 후 사용하면 제거가 용이하다.

(4) 기타 마스크류

분말 팩 마스크는 미네랄성분, 식물성분, 해조류성분 등으로 분류되며 용도에 따라 증류수 또는 각종 특수용액을 섞어서 사용한다.

- 미네랄성분 : 카올린, 벤토나이트, 고령토 등의 성분은 피부의 피지와 노폐물 등을 흡수하는 성질이 강하여 주로 청정용 팩이나 마스크의 재료로 많이 사용된다.
- 식물성분 : 여러 가지 식물들의 특성에 따라 사용되며 가장 많이 보편화되어 있다. 각종 아로마 에센스를 이용한 다양한 종류의 팩들이 있다.
- 조류성분 : 해초를 냉동 분말시켜 분말상태로 만든 팩이나 마스크로 사용되며 노폐물제거에 탁월한 효과가 있다.

7) 붕대(Wraping) 요법

붕대요법은 클린징, 토닝, 타이트닝과 부드러운 피부로 만드는 방법이며 몸안의 독소와 노폐물을 배출시킨다. 삼투압의 원리로 각종 성분을 흡수한 랩이 적당한 압력으로 피부를 조여 줌으로써 피부 깊숙이 쌓인 노폐물과 지방세포사이에 축적된 독소와 셀룰라이트를 자극하여 체외로 배출해내는 원리이다.

전신관리의 경우 대략 2시간이 소요되며 2시간 후에는 확실한 사이즈 감소를 느낀다. 관리사는 20분 정도 붕대를 감아주며, 고객은 땀복을 입고 1시간 정도 편안하게 휴식을 취한다. 나머지 40분은 랩을 풀고 상담과 치수를 측정하는 등의 기타소요시간으로 보면 된다. 이때 고객은 붕대를 감고 있는 도중 반드시 땀복을 입어야 하는데 그 이유는 몸에서 수분이 증발하는 것을 방지하고 체온을 유지해야 하기 때문이다.

붕대요법은 피하지방층에 축적된 노폐물과 독소가 배출되어 피부가 매끄럽고 부드러워지며 탄력이 생기고 사이즈 감소뿐만 아니라 쳐진 엉덩이와 가슴을 올려주고 나온 배는 들어가며 허리라인을 살려 몸의 곡선을 만들어 주는 체형관리 방법이다.

[효 과]

- 체중변화로 피부가 늘어진 피부와 근육에 탄력증대 효과
- 튼살로 주름이 생겨 고민하는 경우
- 셀룰라이트 분해효과
- 체중감량을 하면서 원하는 부위의 사이즈를 감소
- 매끄럽고 부드러운 피부로 변화
- 전체적인 몸의 균형이 안 맞는 경우

[붕대(Wraping) 사용기술]

- 붕대를 정확히 잡는다.
- 심장 쪽으로 감는다.
- 붕대 겹쳐 감기(일정한 압력유지)
- 압력지점에서 붕대가 교차되어서는 안된다(특별히 주의를 요하는 지접 5곳 : 무릎 뒤쪽의 접히는 부분, 샅굴부위(서혜부) 안쪽, 허리 뒤 아래 부분, 팔꿈치 안쪽 부분, 겨드랑이).
- 불룩한 부분 없애기
- 붕대의 수량 : 전신관리 시 6inch/15㎝ 넓이의 붕대로 보토우 26~30개 사용

[붕대의 강도]

- 1단계 : 처음 시작하는 방법
  처음 붕대 감는 곳은 약한 강도로 하며 정확히 감아서 피부가 불거져 나오는 것을 막는다.
- 2단계 : 단단하게 감는 방법
  몸의 표면이 매끄러운 부분은 중상위강도로 단단하게 하여 견고한 표면을 만들 어 피부를 탄력있게 조여 준다.
- 3단계 : 압력 주는 방법
  몸매의 울퉁불퉁한 부위는 강한 압을 주어 울퉁불퉁한 부위를 정돈시킨다.

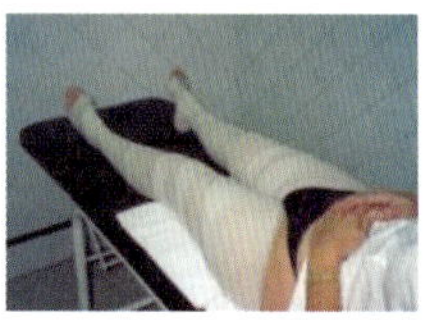

그림 10-2. 콜드밴디지

그림 10-3. 붕대요법

8) 기기 관리

(1) 고주파기기(High Frequency)를 이용한 가슴 관리

고주파는 초당 10만 ㎐이상의 높은 주파로 초당 진폭이 매우 빠르기 때문에 전류가 튀는 느낌 없이 온열을 느끼게 되므로 근 수축은 자극하지 않고 열칼로리를 체내에 발생시켜 피부의 활성화를 제공한다.

일반적으로 심부발열(가열)치료기라 불리는 고주파기기는 인체의 내부에서 스스로 열을 발생시켜 몸매관리를 하는 장치를 말한다. 인체에 높은 전류를 자극하면 극간의 효과에 의하여 같은 극성을 가진 분자는 서로 밀어내고 다른 극성을 가진 분자는 잡아당기는 원리에 의하여 양이온과 음이온의 이동에 의한 전환 열을 발생하며 이때 발생되는 열은 생체 열이라 한다.

고주파기기는 지방분해형 전신체형기와 유리막대의 다양한 액세서리를 이용한 고주파기기를 들 수 있다.

[효 과]

- 피부의 활성화로 노폐물 배출효과
- 조직온도 상승 및 세포기능 증진 : 피하지방 및 근육조직 4~5℃ 증가
- 혈류량 증가 : 모세혈관의 혈류량 4~5배 증가

- 섬유성 교원조직의 신장력 증가 : 힘줄(건), 인대, 관절주머니(관절낭), 반흔 조직의 신장력 5~10배 신장
- 관절강직의 및 불편감이 현저히 감소
- 진통작용 완화 : 허혈로 인한 통증에 효과
- 신경진정효과와 근 경축 완화 : α-운동신경섬유의 흥분반사를 감소시켜 근 경축 완화
- 만성염증 화해촉진 : 정맥순환 증진으로 염증성 삼출물의 흡수를 도와 화해과정 촉진
- 창상치유촉진 : 혈류량의 증가에 따라 치유촉진

(2) 엔더몰로지(Endermology)를 이용한 가슴 관리

엔더몰로지(endermology)는 1978년 프랑스학자 Louis Paul Guatay에 의해 셀룰라이트를 치료하고 국소지방을 분해하며 결합조직을 재배치함으로써 단단하고 탄력 있는 몸을 만들어 주는 전신체형관리기기이며 유럽과 미국, 동남아 등에서 현재 많이 사용되고 있다.

엔더몰로지란 진공음압에 의해 피부를 당겼다 놓았다를 반복하여 피부에 물리적인 자극을 주는 방법이다. 이는 지방세포를 둘러싸고 있는 이상섬유질의 고리와 엉김을 풀어주고 혈액과 림프순환을 촉진시킨다는 의미이다.

[효 과]

- 강력한 흡인력의 부황작용
- 부드럽고 리드미컬한 바이브레이션 메뉴얼 테크닉
- 다양한 롤 메뉴얼 테크닉 효과
- 림프드레나쥐 효과 : 부종에 탁월한 효과
- 셀룰라이트 분해효과
- 신진대사 촉진
- 피부탄력 증대효과 : 늘어진 뱃살, 팔, 다리 등의 피부탄력증가 및 안면윤곽교정
- 혈액순환과 노폐물배출 효과
- 가슴과 엉덩이의 탄력효과 등이 있다.

2. 복부(배) 관리

복부는 갈비뼈(늑골)과 두덩뼈(치골) 사이에 있으며 배꼽을 중심으로 윗배와 아랫배로 나누어진다. 배 안쪽에는 각 장기들이 자리를 잡고 있으며 이들의 건강은 다른 조직에도 영향을 미쳐 건강상태를 체크하는 중요한 지표가 된다.

에너지 대사과정에서 소모되지 못한 지방과 노폐물은 혈관이나 림프관을 압박하여 순환 저하를 가져오고, 조직액의 흐름이 원활하지 못해 갇히게 된다. 이것은 피하지방층에 쌓이게 되는데 주로 배, 허벅지, 엉덩이 등에 집중되는 것으로 알려져 있다. 이렇듯 배는 매우 비만해지기 쉬우며 체형에도 변화를 가져와 관리의 중요성이 절실히 요구된다.

1998년과 2000년 국민건강조사에 따르면 남자의 허리둘레는 40대까지 증가하다가 50대부터 감소하며 여성의 경우 60대까지 증가하다가 70대 이후부터 감소하는 것으로 나타났다. 복부 비만으로 인한 체형의 변화도 문제이지만 더욱 심각한 것은 복부비만은 당뇨, 고지혈증, 고혈압 등 각종 성인병을 일으키는 위험요인이라는 점이다.

1) 복부(배)의 구조

복부는 내장을 보호하고 지지하는 중요한 역할을 한다. 즉 인체가 바르게 설 수 있도록 도와주고 몸통이 앞과 뒤로 그리고 옆으로 구부리고 움직이는 동작들을 관여한다.

배의 주요 근육은 배곧은근(복직근), 배속빗근 · 배바깥빗근(내 · 외복사근), 배가로근(복횡근), 배세모근(추제근)이 있다. 흔히 말하는 배근육(복근)이 바로 배곧은근이며 배 중앙에 길게 자리 잡고 있다.

배속빗근 · 배바깥빗근은 복부벽을 형성하는데 중앙의 배곧은근 양 옆으로 배바깥빗근이 있는데 양쪽 배바깥빗근의 약화는 척추의 굴곡 능력과 골반을 후방경사 능력을 감소시키는 것으로 알려져 있다. 또한 한쪽 배바깥빗근과 다른 쪽 배속빗근이 약하면 척추의 회전과 측면 변위를 초래해 이상적인 만곡을 가질 수 없다. 배바깥빗근 안쪽에는 배속빗근이 있는데 육안으로는 보이질 않는다. 배가로근은 배 가장 심부에 자리 잡고 있으며 배세모근은 치골능 부위의 피라미드 모양의 근육이다.

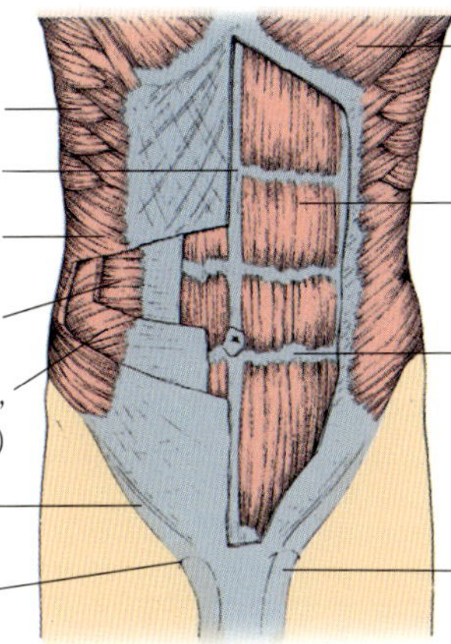

그림 10-4. 배(복부)의 근육

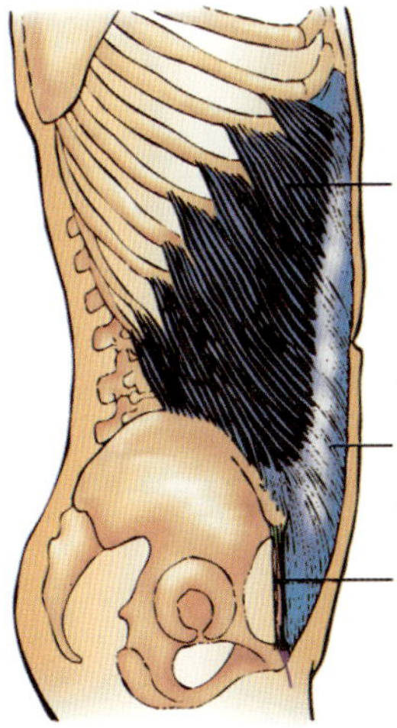

그림 10-5. 배바깥빗근(외복사근)

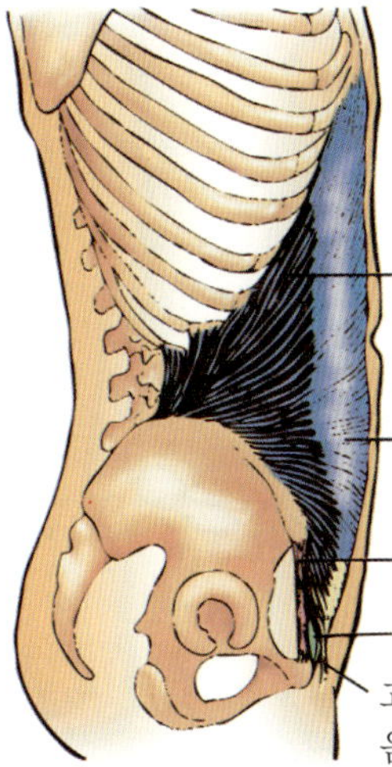

그림 10-6. 배속빗근(내복사근)

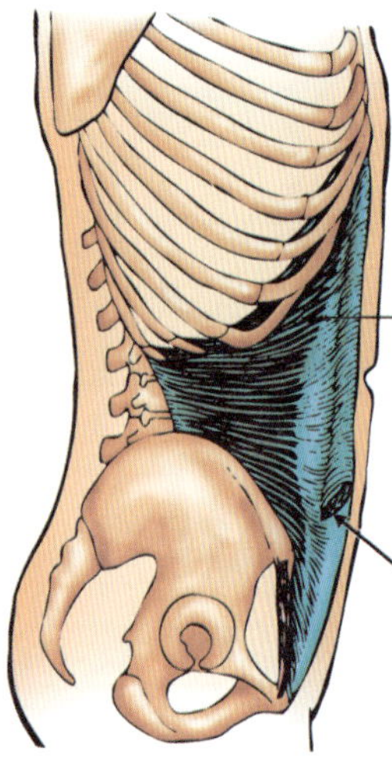

그림 10-7. 배가로근(복횡근)

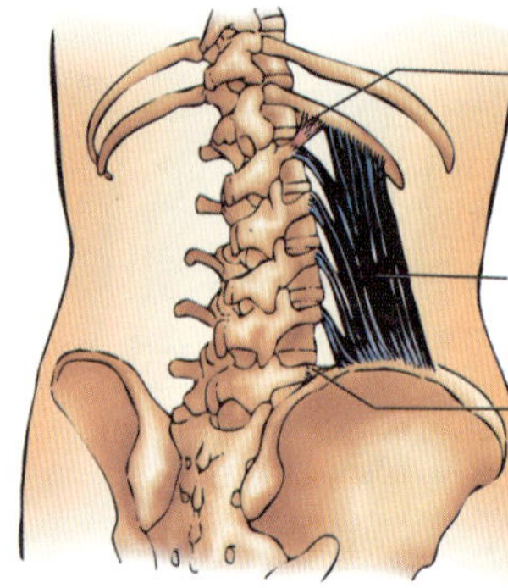

그림 10-8. 허리네모근(요방형근)

2) 복부 지방률(WHR : Waist-Hip Ratio)

1940년대 프랑스의 Vague가 체내 지방의 분포와 질환의 관련성을 처음 보고한 뒤 1980년대 미국의 Kissehah 등이 처음으로 허리와 엉덩이 둘레비를 이용하여 비만을 분류하게 되었다. 이 방법을 이용하면 비교적 복부 비만 정도를 쉽고 간편하게 알 수 있다.

(1) 측정방법

- 허리 둘레는 배꼽의 위치에서 수평으로 둘레를 잰다.
- 엉덩이 둘레는 엉덩이의 가장 튀어나온 부분을 수평으로 잰다.

(2) 계산방법

- 복부 지방률 = 허리 둘레 / 엉덩이 둘레

  여성의 경우 0.85 이상, 남성의 경우 0.90 이상이면 복부 비만이라고 판정한다.

3) 지방 분포에 의한 복부 비만 형태

(1) 피하지방형

복부 피부층의 두께가 두꺼워지는 형태를 말한다. 주로 성장기 아동, 청소년, 임산부, 여성의 경우 대부분 피하지방형이 많다. 흔히 이러한 피하지방형 비만이 건강에는 별다른 영향을 미치지 않으며 크게 위험하지 않다고 하지만 피하지방형 복부 비만 또한 장기압박이나 다른 조직의 변위를 초래할 수 있어 예방 및 관리가 필요하다.

(2) 내장지방형

배안(복강)의 내부 장기 사이에 지방이 쌓여 축적된 것을 말한다. 30대 이후 성인들에게서 주로 나타나며 연령이 증가할수록 여성보다는 남성에게 많이 나타난다.

내장 주위의 지방세포는 피하지방에 비해 쉽게 쌓일 뿐 아니라 지방산(fatty acid)을 다량 분비하는 특징이 있어 장기 및 혈관에 지질(lipid)이 쉽게 유입되어 혈액을 통해 이동하면서 혈중 콜레스테롤과 중성지방 수치를 높이는 데 결정적인 역할을 하여 지방간 및 심혈관계 질환의 발병 요인이 된다. 또한 체내 인슐린(insulin) 활동을 방해하기 때문에 당대사 능력이 저하되어 당뇨병의 발병을 증가 시킨다.

이러한 내장지방은 단순히 복부 지방률(WHR : waist-hip ratio)로는 계측이 어려우므로 초음파나 배꼽 주변의 단층촬영(CT)을 통하여 진단이 가능하다. X선과 같은 방사선을 몸 안에 통과시켜 복부의 횡단면 영상을 얻어냄으로 정확도가 매우 높다.

4) 복부 비만의 원인

(1) 과 식

과도한 음식물의 섭취가 가장 큰 원인이다. 특히 지방의 과잉 섭취가 문제가 되는데 탄수화물의 과다한 섭취도 체내에서 지방으로 전환되기 때문에 적당하게 제한하는 것이 바람직하다. 밤에 야식 등으로 과잉열량을 섭취하면 소모되지 못한 열량은 대부분 지방으로 저장되어진다.

(2) 운동부족

섭식량과 소화·흡수율, 생활환경의 별다른 변화가 없는 상태에서 활동량과 운동량이 부족하거나 줄게 되면 근육의 약화와 함께 소비되지 못한 잉여 에너지는 주로 복부에 저장된다.

(3) 음 주

술은 열량이 있지만, 저장되지 않기 때문에 empty kcal라고도 한다. 그러나 술은 포만감을 마비시키기도 한며, 열량 자체가 매우 높고 같이 섭취한 음식을 대신한 열량이 되는 것이 문제이다. 즉 술과 함께 같이 먹는 음식은 높은 아세트알데히드(CH_3CHO)의 열량 때문에 과다 열량 섭취가 되어서 지방으로 전환되어 버리는 것이다. 그러므로 술과 함께 먹은 안주의 열량 대부분은 지방으로 전환되며 특히 복부에 많이 축적된다.

(4) 흡 연

흡연은 식욕을 억제하고 에너지 소비량을 다소 증가시키기 때문에 일시적으로 체중감소 효과가 있는 것으로 알려졌다. 그러나 최근에는 오랜 기간 담배를 피우면 오히려 복부 비만을 가져온다는 연구결과가 발표되었다. 이는 니코틴(nicotine)이 체내 호르몬 분비에 영향을 미치는데 특히 남성 호르몬인 테스토스테론(testosterone)을 감소시켜 복부비만이 유발되는 것으로 분석되었다.

하루에 담배를 1~1.5갑 이상 피우는 흡연자가 복부 비만이 될 확률은 비흡연자에 비해 1.54배에 달하며, 대한비만학회가 CT를 이용해 내장지방을 조사한 결과에서도 담배를 많이 피울수록 내장지방의 양이 많다고 보고하였다.

(5) 스트레스

스트레스, 불안, 우울증, 욕구불만과 같은 정신적 요인에 문제가 발생했을 경우 이를 해소하기 위해 과음이나 과식·폭식을 하기 쉽다. 이는 결국 비만을 불러오고 이로 인해 다시 스트레스를 받는 등 악순환이 되기 쉽다.

(6) 임신과 출산

여성들의 체형이 가장 많이 변하는 시기가 바로 임신과 출산 후이다. 이는 여성이 임신 · 출산 · 수유 때문에 자궁 주변인 배, 엉덩이, 허벅지에 체지방을 축적하기 때문이다. 그러므로 임신, 출산과 관련된 고단백 고칼로리 식이와 과다 영양공급, 운동부족은 복부 비만을 불러온다. 특히 출산 후 여성의 배는 튼살, 탄력저하 현상이 뚜렷함으로 적극적인 관리가 요구된다.

(7) 노 화

20세가 지나면서 근육, 골격 등 제지방량은 점차 감소하게 된다. 반면 체지방량은 점차적으로 증가해 60세 가량에 절정을 이루게 된다.

지방의 분해 및 저장에 관여하는 효소인 리포단백리파제(LPL-lipoprotein lipase)는 활성 부위가 연령에 따라 다르게 나타나는데 사춘기를 전후해서는 엉덩이와 허벅지 부위에서 활발하게 작용하다가 중년 이후 복부 쪽에서 활성화된다. 이 때문에 사춘기 때는 허벅지나 장딴지, 엉덩이 등 하체에 중년 이후에는 배에 지방이 집중적으로 축적된다.

소아의 경우 복부지방률(WHR)의 수치가 높아도 내장 지방의 단면적이 성인에 비해 낮은 반면 연령이 증가할수록 내장 지방은 증가하는데 이는 노화에 따른 신진대사의 둔화와 호르몬과 효소 작용의 변화로 볼 수 있다.

(8) 호르몬

호르몬은 지방의 체내 분포에 영향을 미치는데, 복부 비만에 영향을 미치는 호르몬으로 성장호르몬(growth hormone), 테스토스테론(testosterone), 에스트로겐(estrogen)을 들 수 있다.

먼저 성장호르몬은 뼈와 연골 등을 성장시키고 근육을 단단하게 하며 지방의 분해와 단백질 합성을 촉진시키는 작용을 한다. 성인이 되어서 성장호르몬의 분비가 중단되는 것은 아니지만 노화가 진행됨에 따라 성장호르몬의 수치는 서서히 감소하게 되고 이로 인해 복부지방은 분해되기 어렵게 된다.

테스토스테론은 성인남성에서 근육량과 골밀도를 유지하는 역할 등을 하는데 나이가 들면 호르몬의 분비가 감소되어 잉여 지방은 주로 복부에 자리 잡게 된다.

여성의 경우 폐경 이전에는 여성호르몬의 영향으로 잉여지방이 주로 가슴과 배, 그리고 볼기고랑(둔부)와 허벅지에 분포한다. 그러나 폐경기를 거치면서 에스트로겐의 분비가 줄어들어 남성과 마찬가지로 잉여지방이 복부에 축적되게 된다.

5) 복부 관리의 효과

- 피부의 표면을 부드럽게 만들어 주며 탄력을 증대시킨다.
- 장기 내 축적된 독소와 노폐물 배출을 도와 순환에 따른 문제점을 해소하며 기능 정상화를 돕는다.
- 과다한 지방이 축적되는 것을 방지한다.
- 장운동 효과를 얻을 수 있어 변비 및 숙변 제거에 도움이 된다.
- 내장형 복부비만을 방지하여 성인병을 예방한다.
- 복부 이완효과로 스트레스를 해소한다.

6) 복부 관리 시 주의 사항

- 최소 식후 2시간이 경과한 후 관리한다.
- 감기 등으로 인체에 열이 있는 경우 관리하지 않는다.
- 복부가 부어있거나 질환이 의심될 때 관리를 하지 않는다.
- 생리 중에는 관리를 피하며 필요시 고객의 반응을 충분히 관찰해가며 신중을 기한다.

7) 복부 관리의 실제

(1) 생리통 해소를 위한 복부 메뉴얼 테크닉

생리통의 원인은 호르몬이 자궁수축을 유도하기 때문인데 보통 생리 전에 시작되어 생리 1일 후 까지 나타나며 배나 허리의 통증을 느끼게 된다.

생리통 해소를 위한 복부 메뉴얼 테크닉은 아랫배에 중점을 두며 신체적 증상을 완화하는 방법과 심리적인 증상을 완화하는 방법을 함께 적용하는 것이 효과적이다. 최근 아로마 오일을 이용한 복부 메뉴얼 테크닉이 생리통을 완화시킨다는 많은 연구결과가 있으므로 아로마 오일을 이용하여 피부에 통증완화 효과가 있는 오일과 심리적으로 이완 진정 효과가 있는 오일을 함께 사용한다. 무엇보다 생리통이 있을 때는 스트레스를 조절하고 아랫배를 따뜻하게 해주는 것이 중요하며 지나치게 조이는 속옷은 입지 않도록 한다.

아래의 방법은 월경전 증후군(premenstrual syndrome : PMS)에도 적용할 수 있으며 모든 동작은 매우 부드럽게 하고 천천히 실행한다.

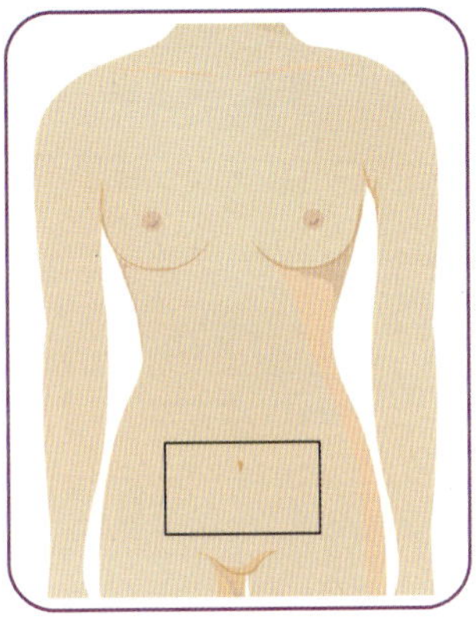

① 먼저 메뉴얼 테크닉을 시행하기 앞서 허리뼈(요추), 엉치뼈(천골) 부위 그리고 아랫배 부위를 습포법을 적용하여 준다. 라벤다 오일을 이용해 온습포를 하면 온열감으로 진통 완화와 이완효과를 볼 수 있다.

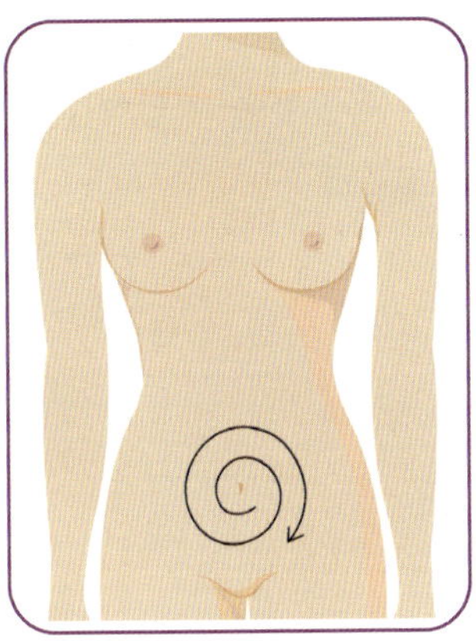

② 라벤더와 로만 카모마일, 클라리세이지, 로즈(또는 제라늄) 등 에센셜 오일을 베이스오일 10ml에 각 1방울씩 섞어 배꼽주변을 원을 그리듯 크게 아랫배를 메뉴얼 테크닉 해준다.

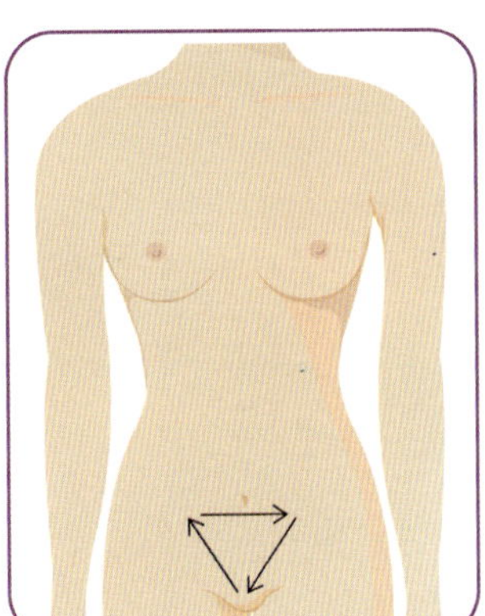

③ 배꼽 아래 아랫배 왼쪽에서 시작해 오른쪽 그리고 배세모근(추제근)쪽으로 삼각형을 그리듯 메뉴얼 테크닉 해준다.

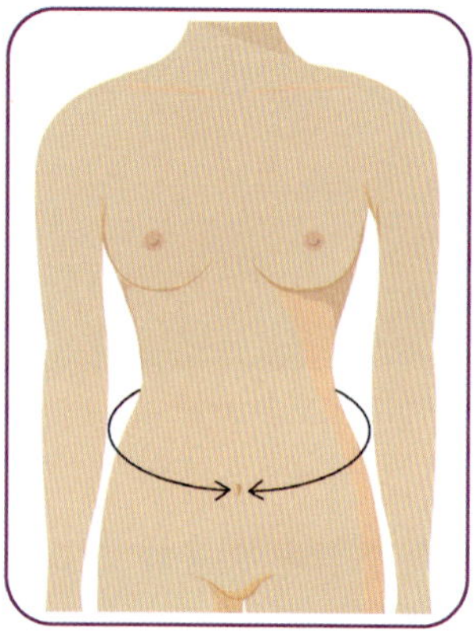

④ 허리뼈(요추) 아래쪽에 손을 넣은 후 손바닥을 이용해 넓은등근(광배근)에서 배꼽 쪽으로 부드럽게 쓸어 올려준다.

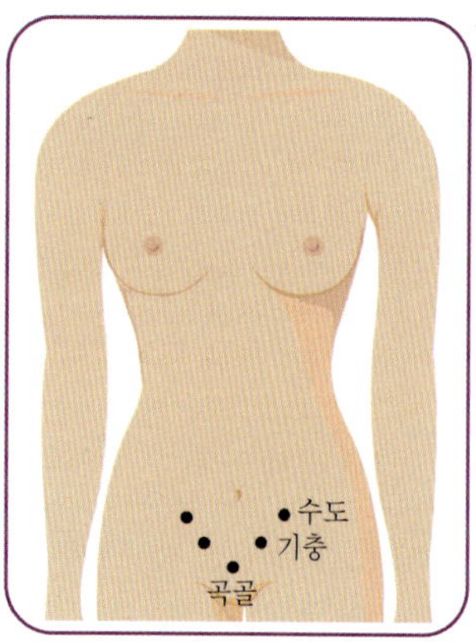

⑤ 아랫배 통증을 완화하는데 효과적인 수도혈, 기충형, 두덩뼈(치골) 바로 위의 곡골혈을 지압해준 뒤 크게 원을 그리며 마무리 해준다.

(2) 비만 해소를 위한 복부 메뉴얼 테크닉

비만 해소를 위한 복부 메뉴얼 테크닉은 순환을 촉진시키는 것에 초점을 맞추고 다소 강한 압력을 적절하게 활용한다. 지방 분해를 돕기 위해 저주파, 중주파, 고주파, 초음파 등의 기기를 다양하게 병행하여 사용하면 효과적이다. 특히 고주파의 경우 심부발열로 혈관을 확장시키고 혈류 산소량을 증가시키므로 배의 체지방 연소를 촉진 할 수 있다는 다수의 연구 결과가 있다.

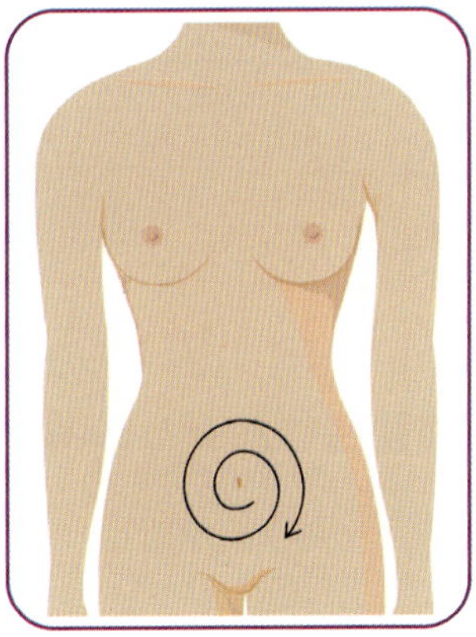

① 배꼽을 중심으로 시계방향으로 부드럽게 굴리듯 메뉴얼 테크닉을 한다.

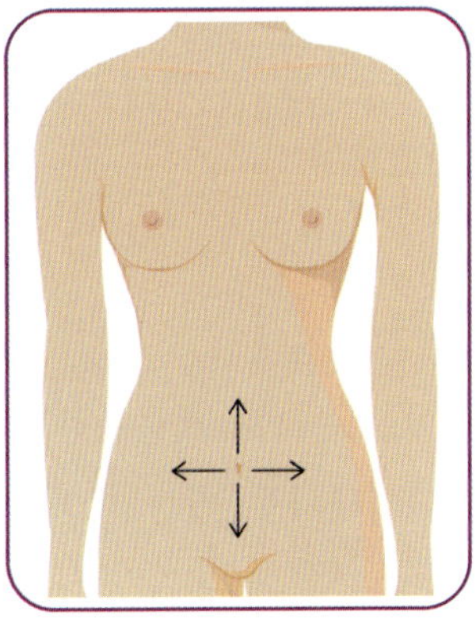

② 배꼽을 중심으로 왼·오른·위·아래를 양 손바닥으로 부드럽게 압박한 뒤 고객의 호흡에 맞춰 펌핑하듯 메뉴얼 테크닉을 한다.

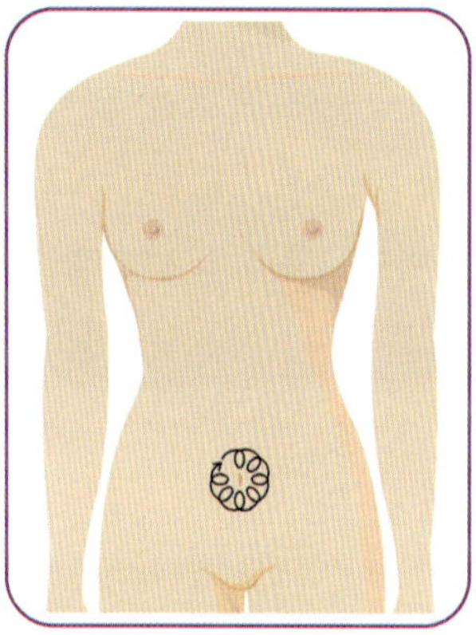

③ 배꼽 주변을 작게 시계방향으로 돌리듯 메뉴얼 테크닉해 주는데, 이때 뭉치고 단단한 곳은 세심하게 풀어준다.

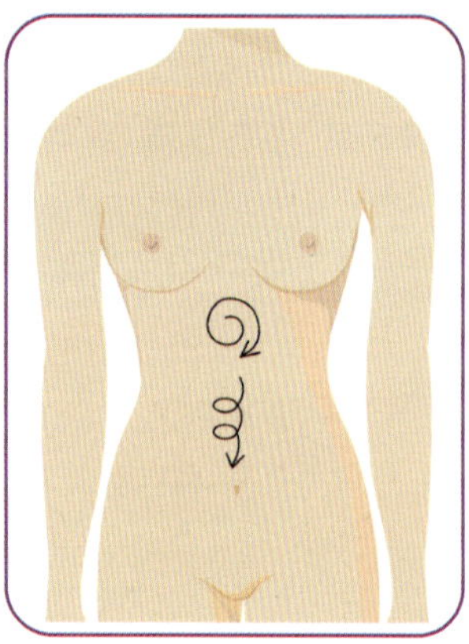

④ 윗배가 비만한 경우 칼돌기(검상돌기)를 부드럽게 굴려주고 배꼽 위 윗배 쪽을 둥글게 메뉴얼 테크닉 해준다.

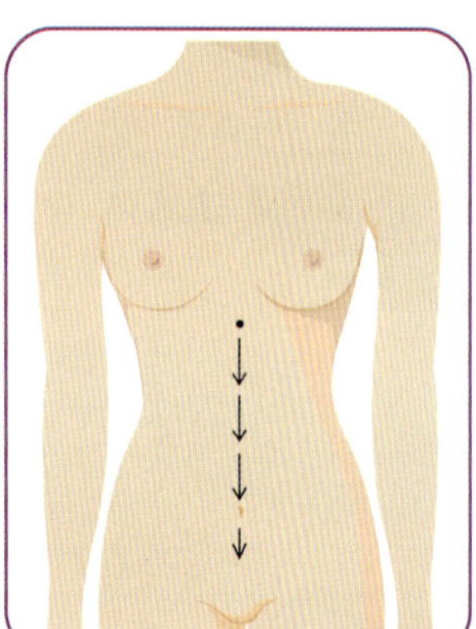

⑤ 칼돌기 아래에서 두덩뼈(치골)쪽으로 배곧은근(복직근)을 세로 방향으로 쓸어내리듯 메뉴얼 테크닉을 한다.

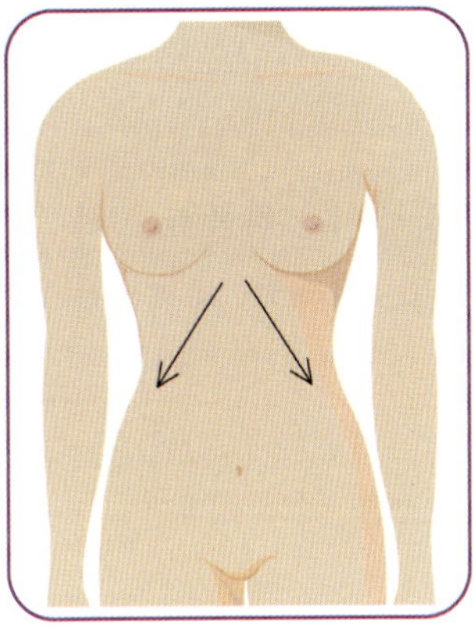

⑥ 갈비뼈(늑골) 아랫부분을 아랫배방향으로 쓸어내리듯 메뉴얼 테크닉을 해주고 다소 깊이 눌러 자극을 준다.

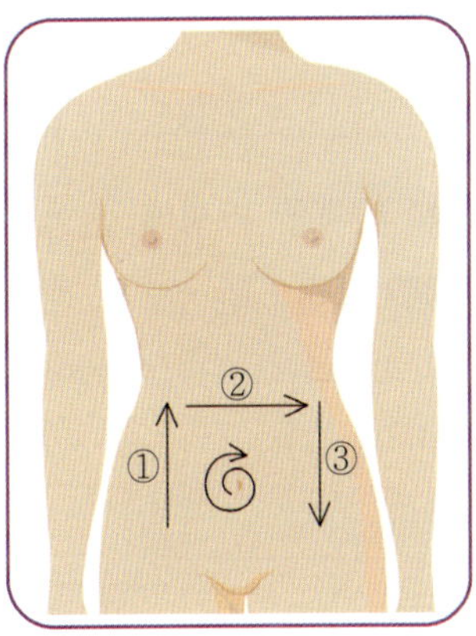

⑦ 내림, 가로, 오름 잘록창자(하행, 횡행, 상행 결장)를 차례로 쓰다듬기 해주고 소장 부위를 다소 깊게 눌러 자극을 주며 원형으로 메뉴얼 테크닉을 한다.

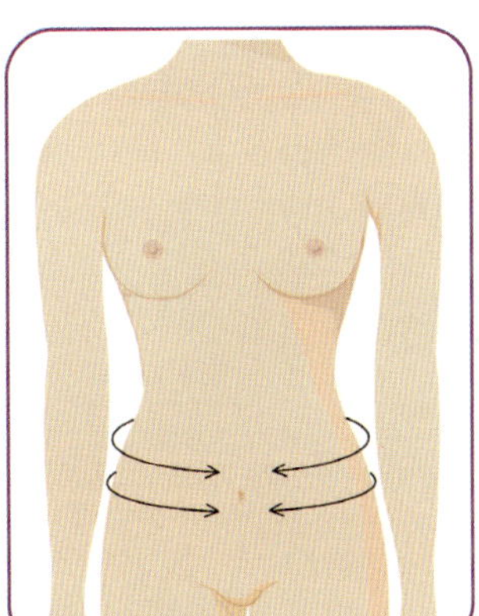

⑧ 한손을 허리 밑으로 넣어 넓은등근(광배근)에서 배속빗근、배바깥빗근(내、외복사근), 배가로근(복횡근)까지 배꼽방향으로 끌어올리듯 메뉴얼 테크닉을 한다. 이때 양손을 교대로 움직이며 수차례 반복한다.

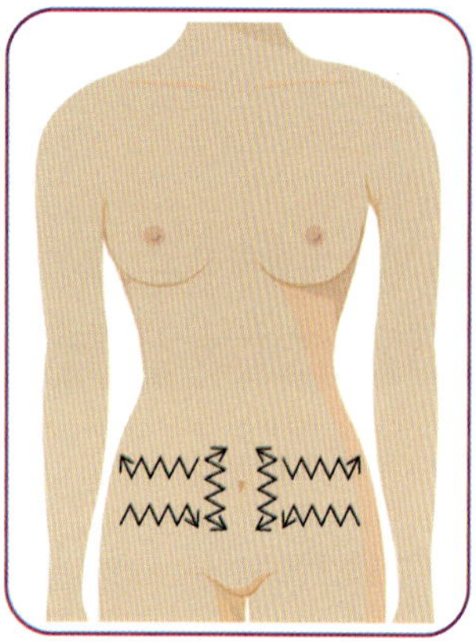

⑨ 양측 배속빗근·배바깥빗근(내·외복사근)과 배가로근(복횡근)을 꼬집듯이 메뉴얼 테크닉을 한다.

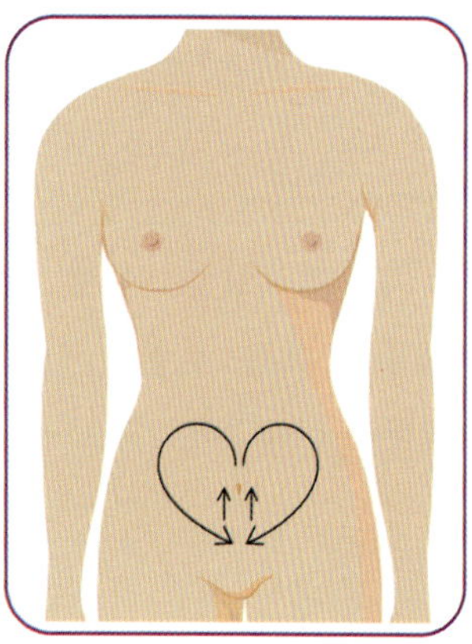

⑩ 양 손바닥으로 윗·아랫배 전체를 가볍게 흔들어 준 뒤 배꼽을 중심으로 윗·아래·왼·오른 배를 신전시키며 눌러주고 마무리한다.

(3) 스톤을 이용한 복부 관리

스톤을 모든 복부 관리에 적용하면 매우 효과적이다. 스톤은 주로 온열효과를 목적으로 하는데 배의 순환을 촉진하며 통증을 해소한다. 주로 메뉴얼 테크닉 전에 실행하나 메뉴얼 테크닉 앞·뒤 모두 응용이 가능하다. 배 냉증이 심할 경우 따뜻한 스톤을 올린 뒤 보온을 해주고 15~20분 정도 경과 뒤 메뉴얼 테크닉을 실행하면 메뉴얼 테크닉의 효과가 상승한다.

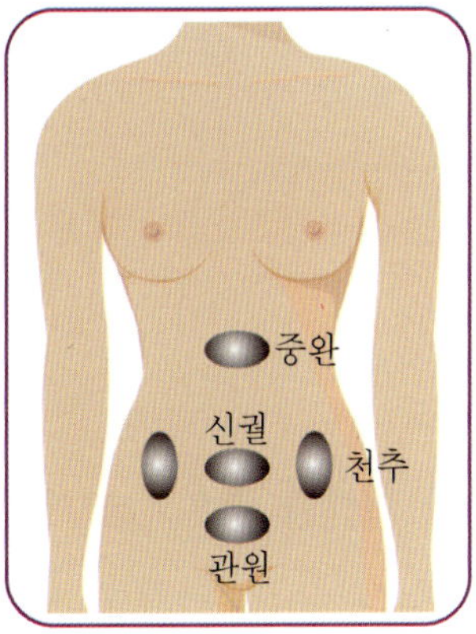

- 따뜻한 스톤을 배 경혈 자리인 중완, 신궐, 관원, 천추혈에 놓는다.

(4) 앤더몰로지를 이용한 복부 관리

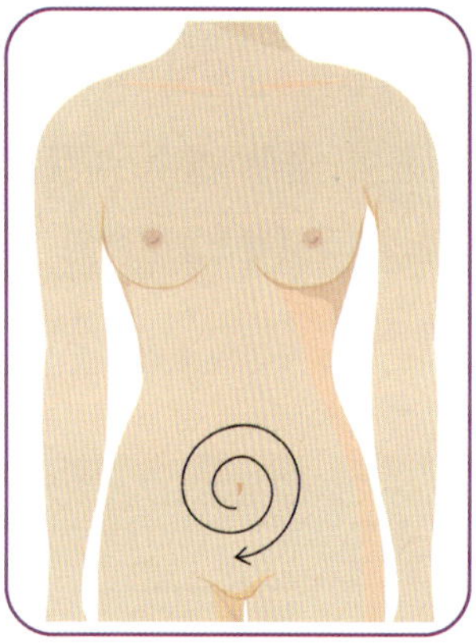

① 고객에게 적합한 베이스 오일을 도포한다. 배꼽을 중심으로 작게 또는 크게 원을 그려준다.

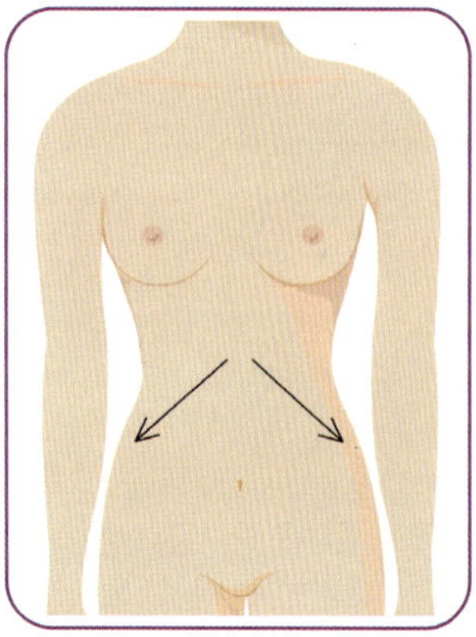

② 갈비뼈(늑골) 모양을 따라 아랫배 쪽으로 쓸어내려준다.

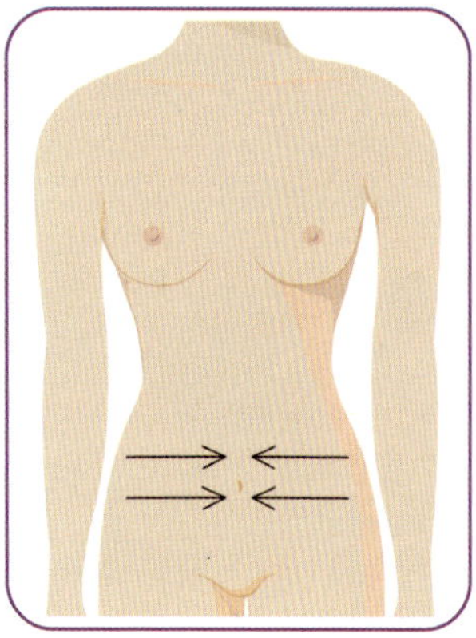

③ 허리 가장자리 라인을 허리 쪽에서 배 쪽으로 쓸어 올린다.

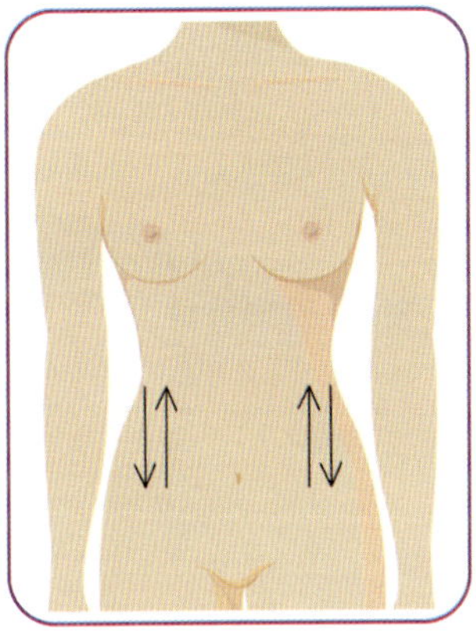

④ 허리 가장자리 라인을 위에서 아래로 수직으로 여러 차례 반복한다.

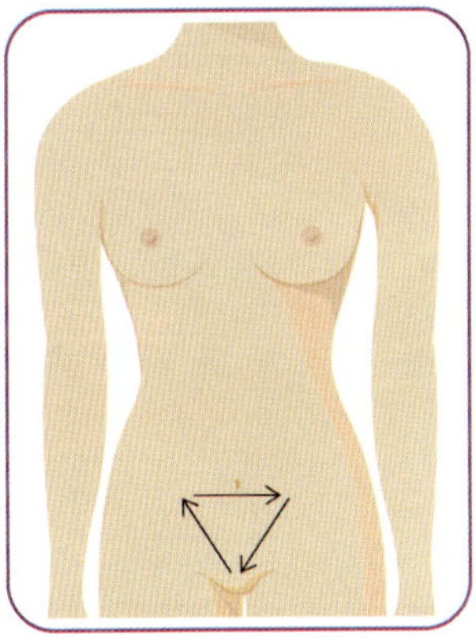

⑤ 배꼽 아래 아랫배를 오른쪽 방향으로 삼각형을 그려준다.

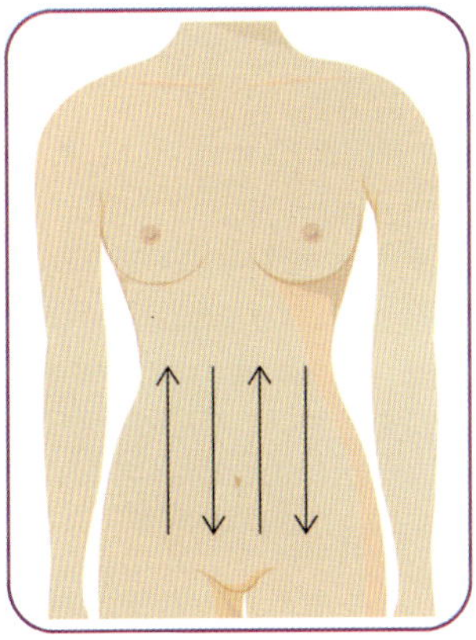

⑥ 배 전체를 세로 방향으로 왕복 진행한다.

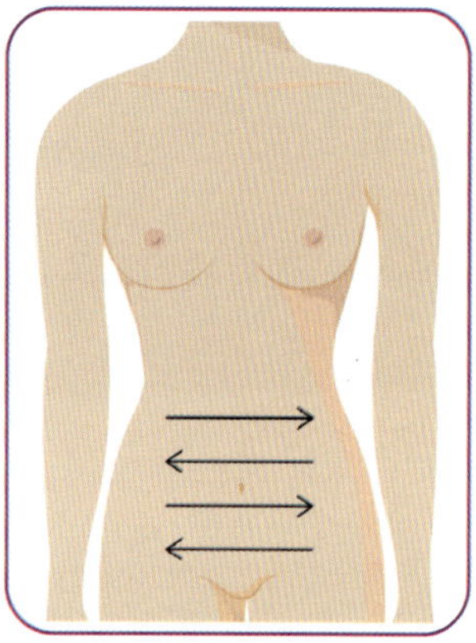

⑦ 배 전체를 가로 방향으로 왕복 진행한다.

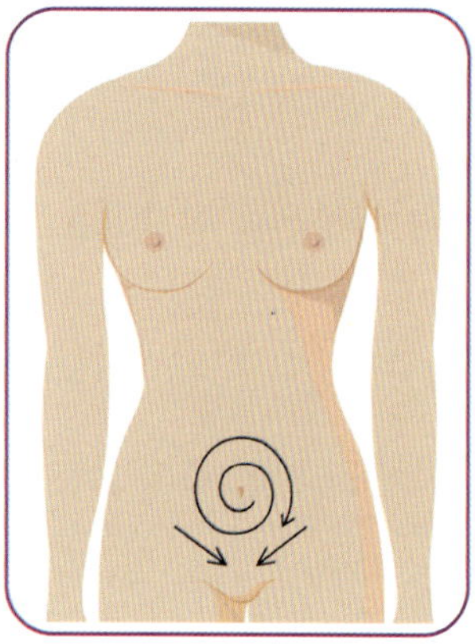

⑧ 배꼽을 중심으로 크게 원을 그려준 뒤 서혜 쪽으로 쓸어주며 마무리한다.

3. 등 관리

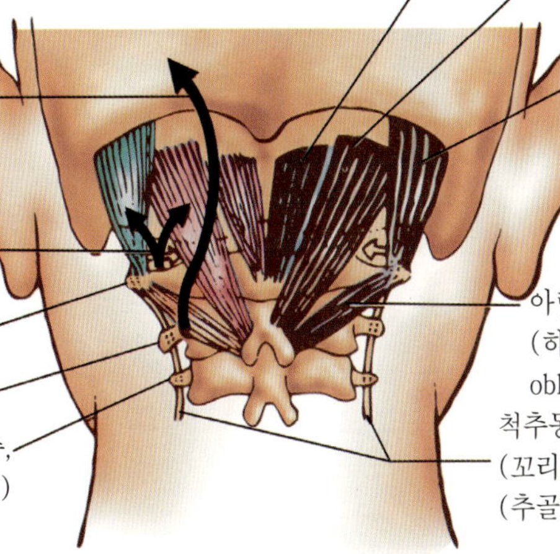

그림 10-9. 두부밑근육(후두하근 ; 깊은목덜미근)

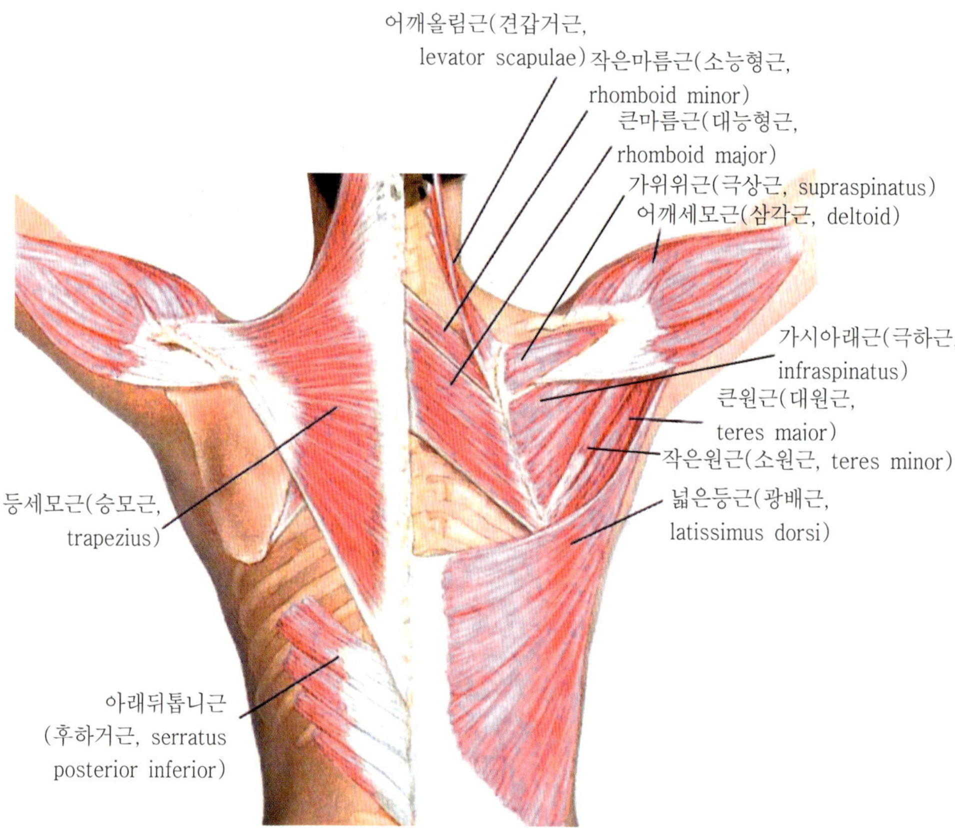

그림 10-10. 등근육(배부의 근)

1) 등의 이해

등 근육이란 신체의 등에 있는 근육으로 피부 표면에 있는 표면 척추 주위근과 척추와 머리뼈(두개골), 골반을 연결하는 척추심부근육으로 나뉘며 이 근육들은 등의 신전과 회전, 굴곡을 담당하며 잘못된 자세에 의하여 요통과 등의 결림이 나타난다.

(1) 표면 등근육

- 등세모근(승모근, trapezius) : 어깨뼈(견갑골)의 회전, 거상, 하제, 머리 회전에 관여하다.
- 넓은등근(광배근, latissimus dorsi) : 위팔(상완)의 내전과 내측회전에 관여하다.
- 마름근(능형근, rhomboideus muscle) : 큰마름근, 작은마름근(대, 소능형근)으로 구분되며 어깨뼈를 당겨준다.
- 어깨올림근(견갑거근, ievator scapulae) : 어깨뼈를 위로 당기는 것에 관여한다.

(2) 표면 척추 주위근

- 척주세움근(척추기립근, erector spinae) : 척추와 흉곽의 균형유지 및 신전에 관여한다.
- 허리엉덩갈비근(요장늑근, iiiocostalis lumborum) : 허리뼈(요추)의 신전, 외측굴곡 및 회선에 관여한다.
- 등엉덩갈비근(흉장늑근, iiiocostalis thoracis) : 등뼈(흉추)의 신전, 외측굴곡, 회선에 관여한다.
- 등가시근(흉극근, spinalis thoracis) : 척추를 지지하고 신전에 관여한다.
- 등반가시근(흉반극근, semispinalis thoracis) : 척추를 신전시킨다.

(3) 척추심부근육

- 뭇갈래근(다열근, multifidus) : 척추의 신전, 회전, 고정에 관여하는 몸의 가장 강한 근육 중 하나이다.
- 돌림근(회선근, rotatores) : 양쪽으로 척추신정, 한쪽으로 회선 등 척추의 큰 움직임보다 작은 움직임에 관여한다.

2) 척추 카이로프라틱

카이로프라틱은 잘못 자리 잡은 척추를 부드럽게 눌러주어 척추를 바로 잡아주면 눌렀던 신경들이 제자리를 찾게 되어 통증도 자연 감소되고 자세도 교정될 수 있어 몸의 움직임을 자유롭게 하는 것이다. 또한 약이나 수술에 의존하지 않고 척추 교정만으로 건강해질 수 있도록 하며 적당한 운동과 올바른 자세유지는 본인 스스로의 노력이 있어야 한다.

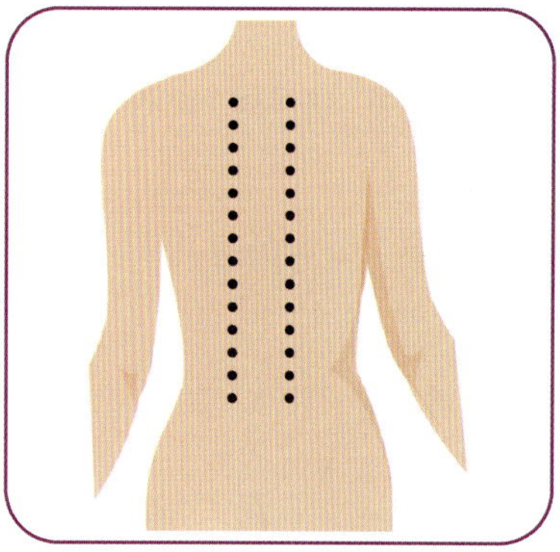

① 척추의 양옆을 엄지손가락으로 지긋이 눌러준다.

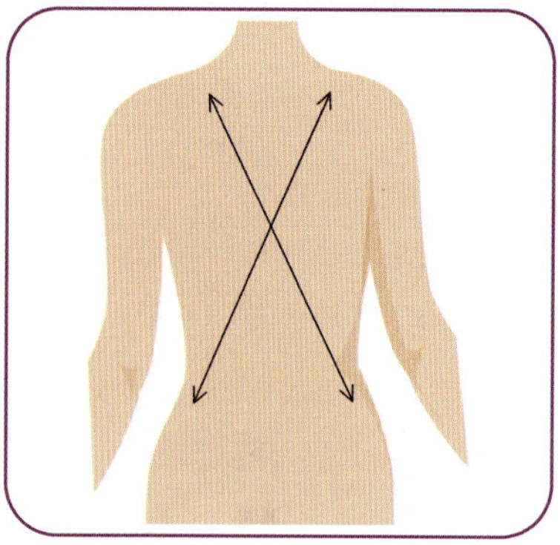

② 기립근과의 사이에 짧아진 부분을 양손으로 잡고 X자로 길게 신전시킨다.

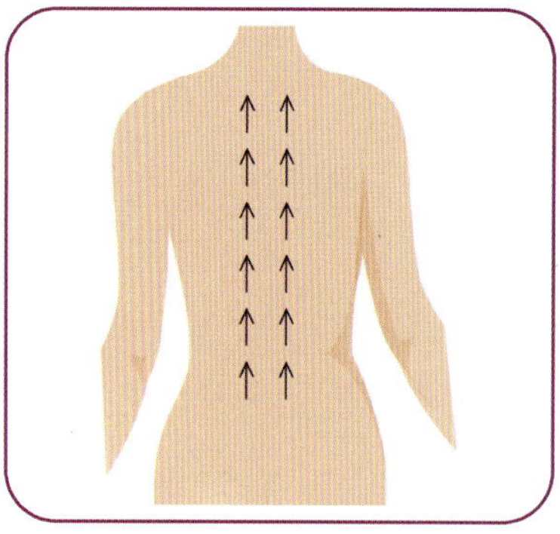

③ 척추를 밀듯이 양손으로 머리방향으로 밀어준다.

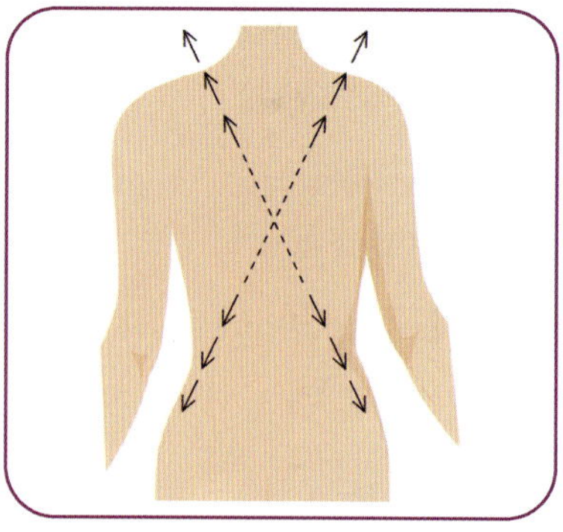

④ 한손은 왼쪽 등세모근(승모근)에 다른 한손은 반대편 엉덩이 부위를 잡고 3초 정도 신전시킨다. 반대편도 같은 방법으로 시술한다.

3) 등 경락 메뉴얼 테크닉

(1) 혈점 관리

등에는 무수히 많은 경락의 모수혈을 갖고 있다. 그러므로 혈점 관리를 효과적으로 한다면 통증을 완화시켜주고 계속적으로 반복 관리 시 치료의 효과까지 얻을 수 있다.

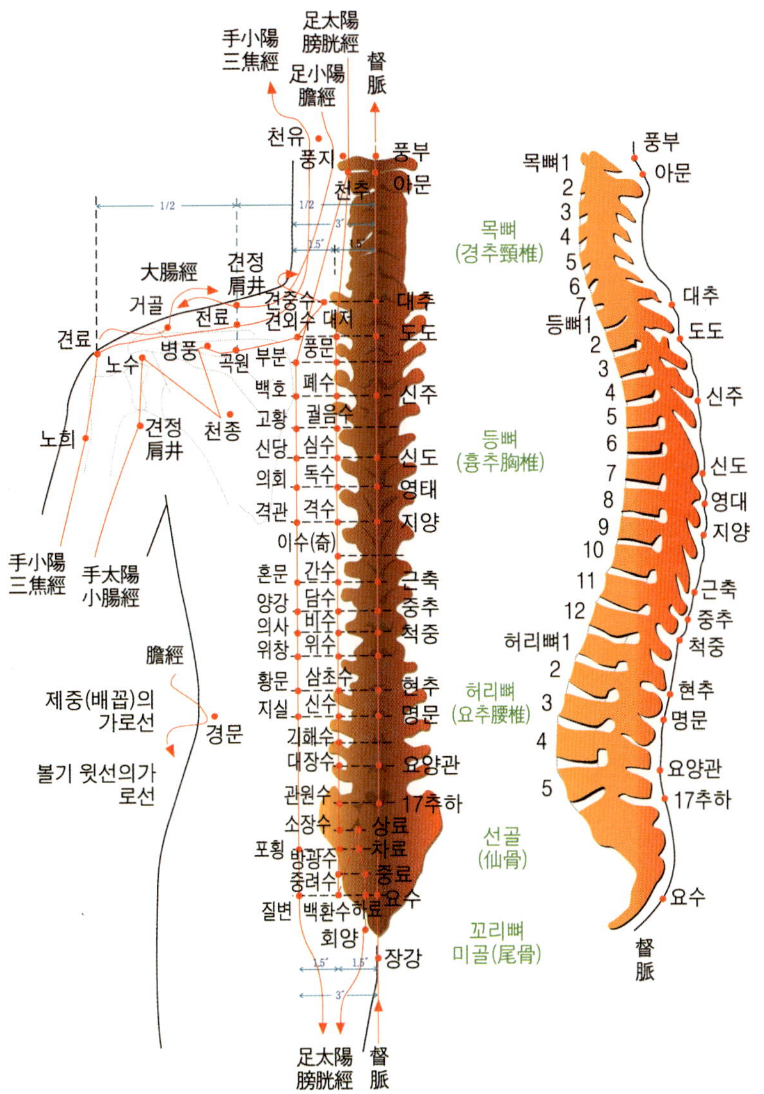

(2) 경락 메뉴얼 테크닉

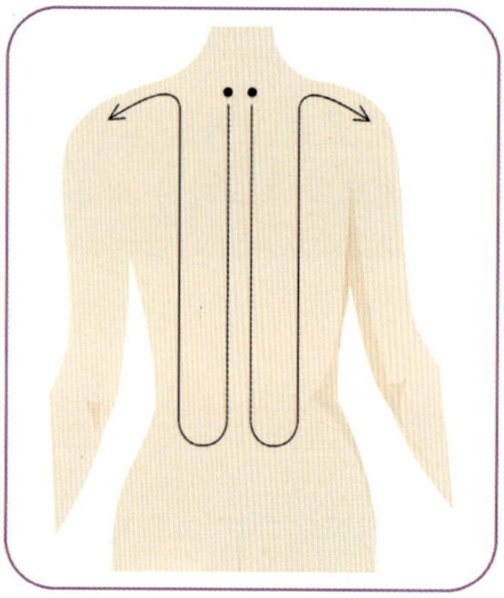

① 등 전체 쓸어주기

- 손바닥 전체를 이용하여 등세모근(승모근) 부위에서 볼기고랑(둔부)까지 가볍게 쓸어준 후 양어깨로 빼준다.
- 손바닥을 밀착하여 시술하며 3회 반복한다.

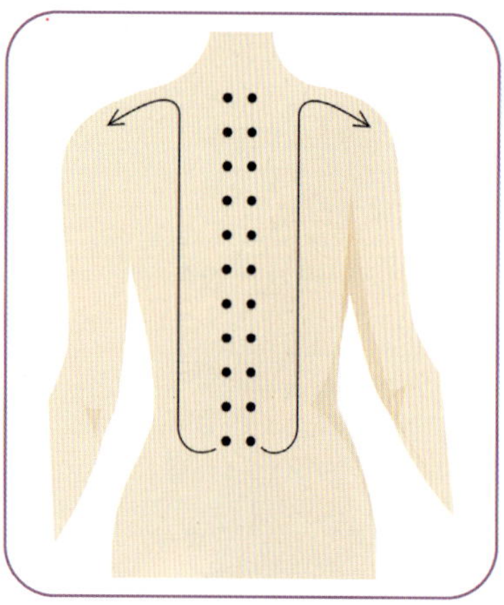

② 지과로 방광1선 굴려주기

- 방광1선을 지과면으로 볼기고랑(둔부)까지 굴려준 후 볼기고랑를 지나 손바닥으로 양어깨로 빼준다.
- 자극이 심하지 않도록 주의하며 3회 반복한다.

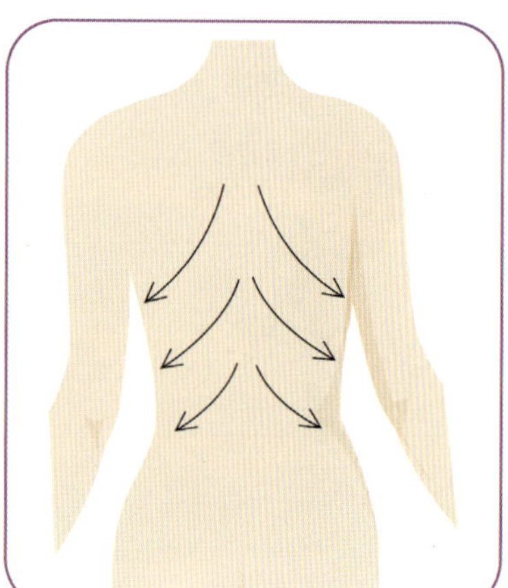

③ 갈비뼈(늑골) 훑어주기

- 양손가락을 벌린 후 방광 1선에서 갈비뼈를 따라 사이사이 가볍게 쓸어준다.
- 갈비뼈가 끝나는 부위까지 3회 반복한다.

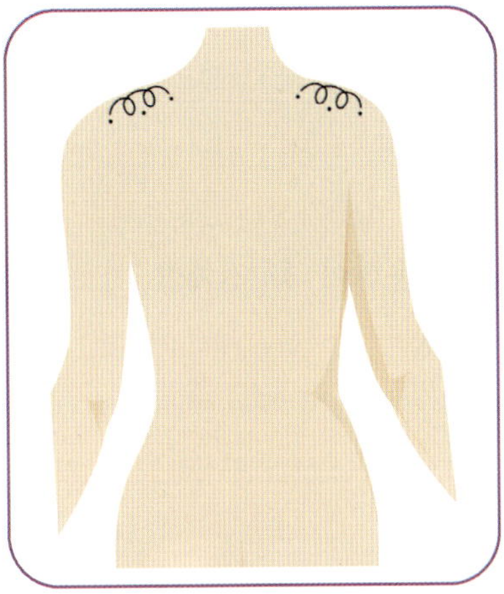

④ 등세모근(승모근) 지압 후 실기자 자리이동

- 등세모근을 모지부로 지긋이 지압 한 후 어깨를 주물러준다.
- 1번 등뼈(흉추)부위에 한손을 대고 자리를 이동한다.

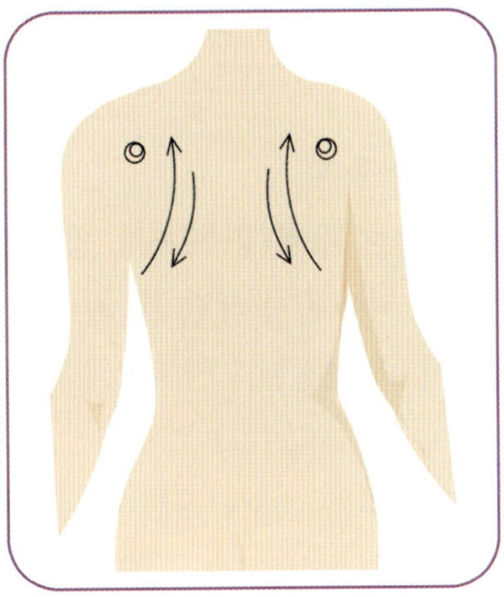

⑤ 어깨뼈(견갑골) 쓸어주기

- 양손을 번갈아가며 어깨뼈주위를 쓸어 올려준 후 손바닥까지 쓸어내린다.
- 한손은 어깨뼈, 다른 손은 고객 손을 잡고 어깨뼈를 장압한다.
- 3회 반복한다.

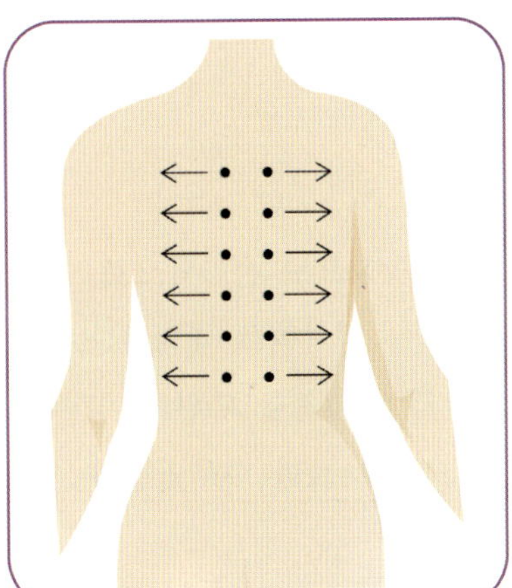

⑥ 수장사지로 옆구리 쓸어주기

- 손바닥 전체를 이용하여 한쪽 방광1선에서 옆구리로 쓸어내린 후 겨드랑이(액와)부위로 빼준다.
- 3회 반복한다.

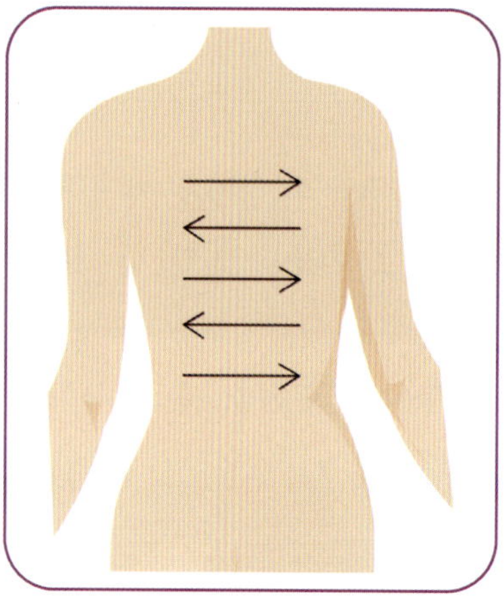

⑦ 척부로 등 전체 쓸어주기

- 양팔의 척부를 이용하여 등 전체를 서로 엇갈리 듯 쓸어준다.
- 3회 반복한다.

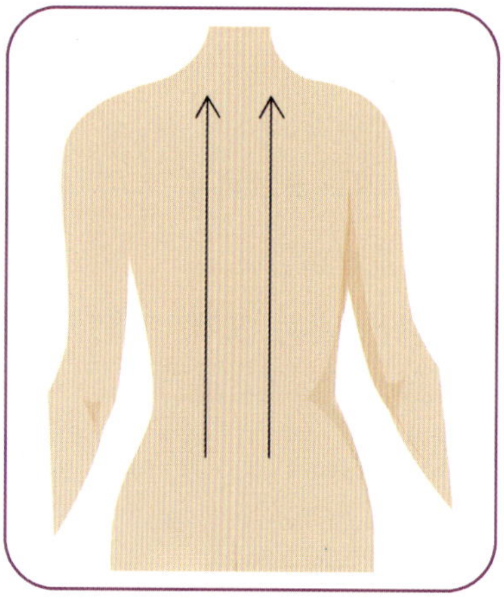

⑧ 장지의 지두로 쓸어주기

- 엉치뼈(천골)부위에서 등뼈(흉추)까지 방광1선을 따라 장지의 지두로 올라간 후 손바닥으로 진동을 주며 내린다.
- 3회 반복한다.

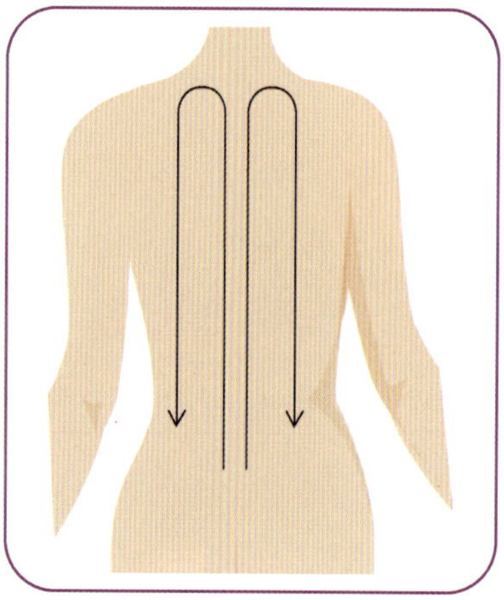

⑨ 등 전체 쓸어주기

- 엉치뼈에서 등뼈방향으로 손바닥으로 쓸어준 후 어깨를 지나 엉치뼈로 내려준다.
- 3회 반복 후 갈비뼈(늑골)부위에 양손바닥을 대고 지그시 누르며 마무리한다.

4) 등 메뉴얼 테크닉(증상별 관리)

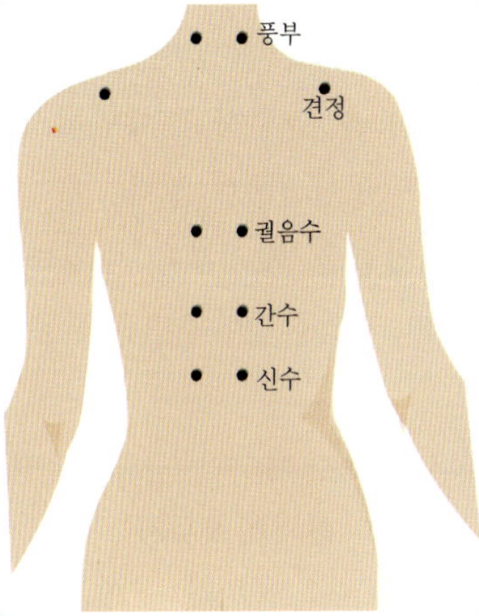

① 갱년기 장애

- 증상 : 주로 여성의 경우 폐경 후 나타나는 증상으로 일명 갱년기 장애라고 한다.
- 방법 : 각 기압점을 1~2분 정도 지속적으로 지압하고 그 부위를 5~10분 정도 주물러 근육의 뭉침을 풀어준다.
- 지압점 : 풍지-견정-궐음수-간수-신수

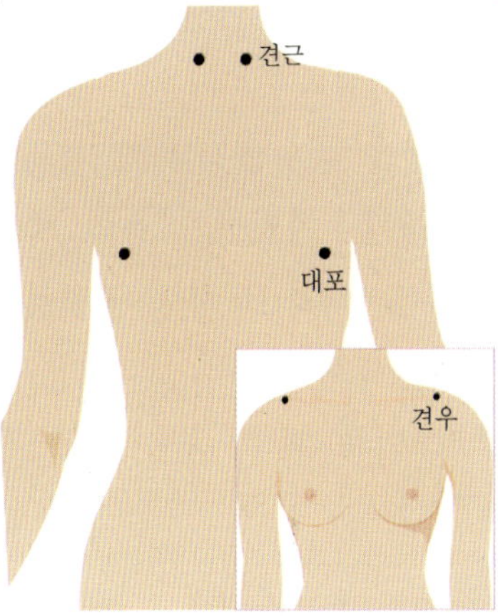

② 어깨 결림

- 증상 : 남녀 모두 중년에 많이 나타나는 증상으로 상태가 경직되고 통증을 유발하며 심하며 목과 머리주위도 뻣뻣해 진다.
- 방법 : 각 지압점을 7~10분 정도 지그시 누른 후 지압점 주위 사방을 압력을 가하여 누루고 뭉쳐진 근육을 풀어준다(압력은 근육크기와 고객에 맞추어).
- 지압점 : 풍부-견근-견정-대포-견우-수삼리

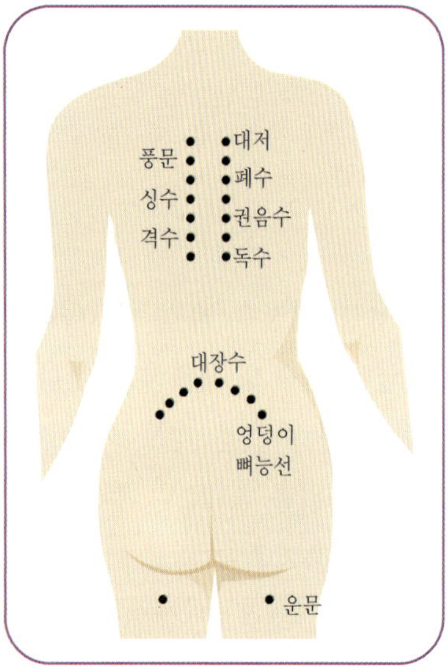

③ 신경통

- 증상 : 한쪽 근육만 오랫동안 사용하거나 바이러스전염, 알코올 등의 중독, 과로, 정신적 흥분, 한랭 같은 요인이 겹쳐 발생할 수 있다. 통증을 유발하고 예민해지며 치료가 늦으면 만성신경통이 된다.
- 방법 : 각 지압점을 모지부를 이용하여 30~40초씩 5회 지압한 후 주변근을 주물러 준다.
- 지압점 : 대저-풍문-폐수-궐음수-심수-독수-격수-대장수-엉덩이뼈능선

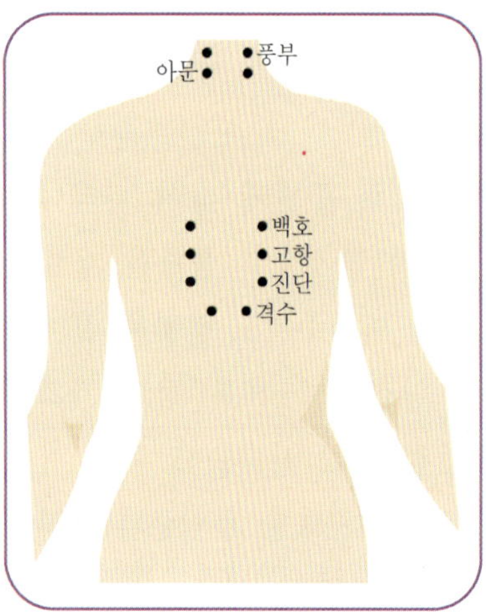

④ 감 기

- 증상 : 기후변화, 바이러스, 세균의 감염에 의한 것으로 온몸에 열과 기침을 동반하고 심하면 움직임이 어렵다.
- 방법 : 각 지압점을 주위를 손바닥 전체로 주무르기, 마찰하기, 지압하기 등의 방법으로 10~15분 실시하고 모지로 경혈점을 지압한다(2~3일만으로도 효과 나타남).
- 지압점 : 풍지-아문-백호-고항-신당-각수

5) 기기 관리

(1) 고주파

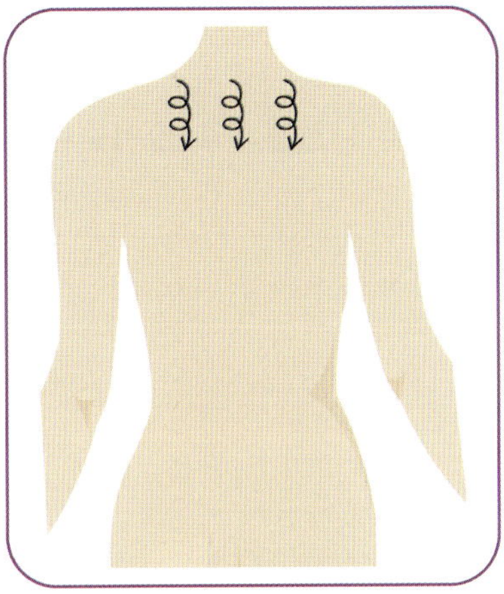

① 목뼈(경추)부위를 나선형으로 풀어준다.

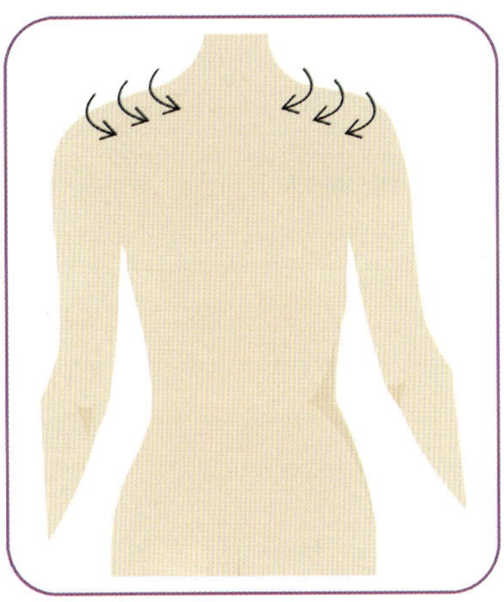

② 등세모근(승모근) 부위를 지그재그로 풀어 준다.

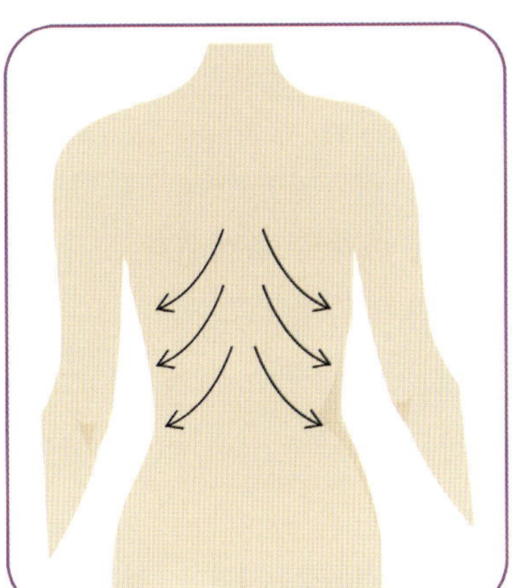

③ 갈비뼈(늑골)부위를 가볍게 쓸어준다.

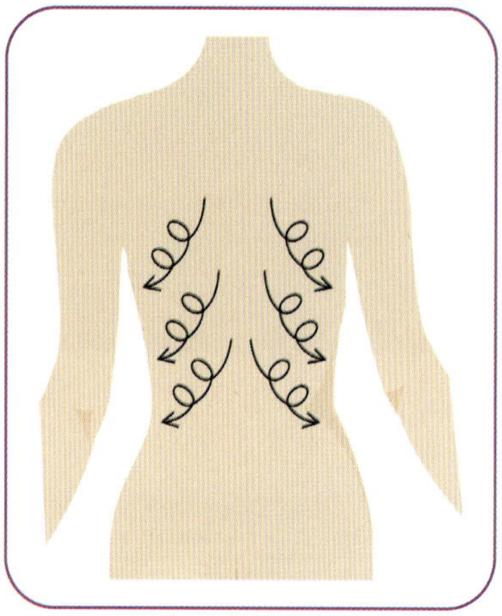

④ 갈비뼈(늑골)부위를 나선형으로 쓸어준다.

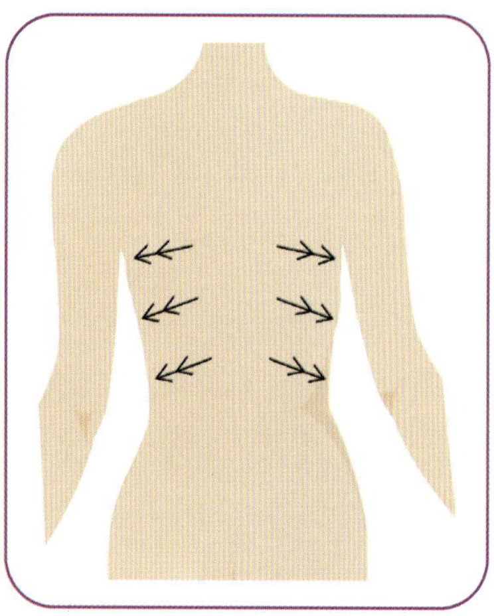

⑤ 양 옆으로 자극하며 빠져나간다.

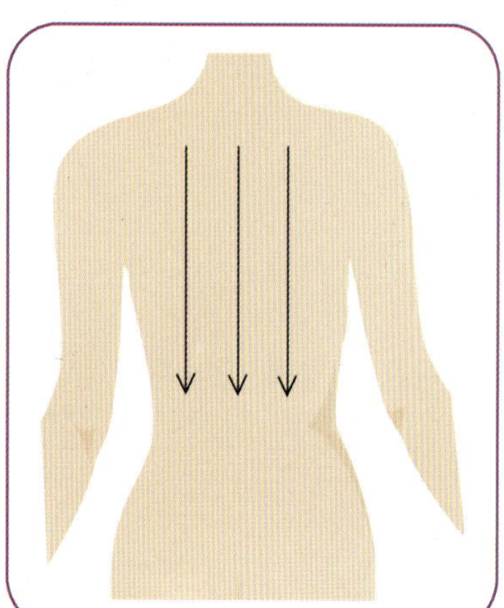

⑥ 등 전체를 위에서 아래로 쓸어준다.

(2) 엔더몰로지

① 기립근에서 어깨를 지나 양옆으로 펌핑하며 내려준다.

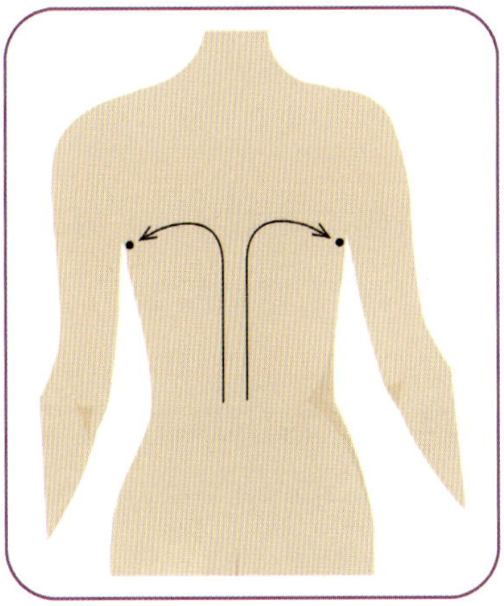

② 기립근을 쓸어주고 겨드랑이(액와)부위를 펌핑한다.

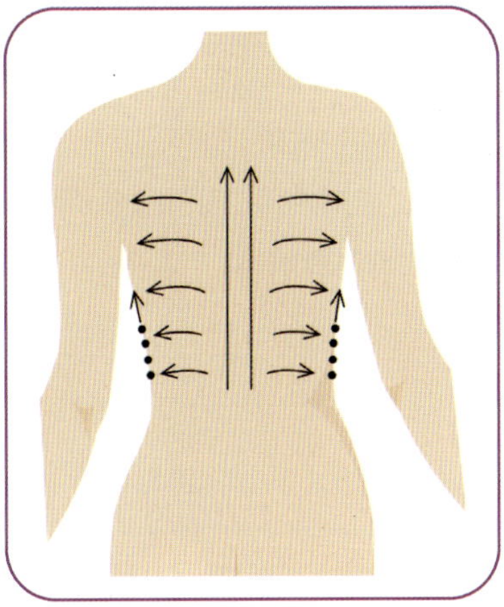

③ 기근을 쓸어주고 양옆으로 쓸어낸 후 겨드랑이에서 펌핑한다.

④ 목에서 등세모근(승모근)까지 3~5회 반복하여 쓸어준다.

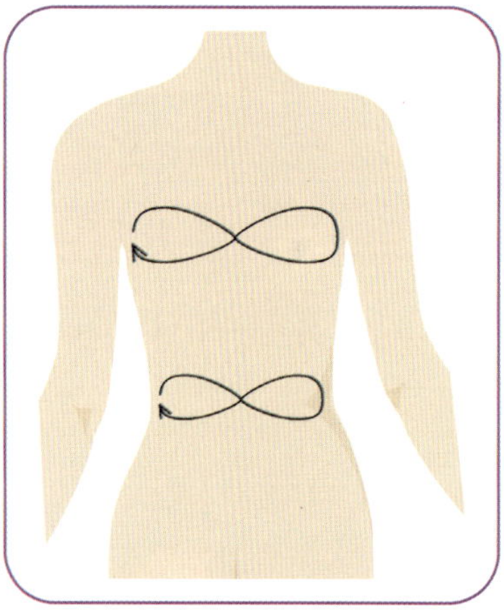

⑤ 등을 가로로 ∞자를 그리며 메뉴얼 테크닉한다.

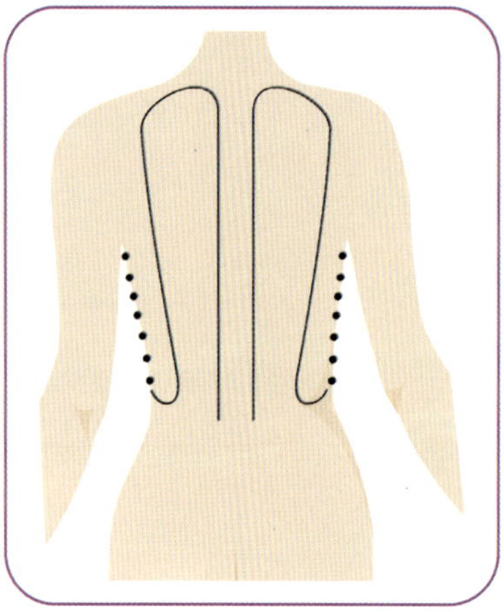

⑥ 기립근을 천천히 쓸어주고 겨드랑이(액와) 부위로 펌핑하여 마무리한다.

6) 다양한 도구들

(1) 자 석

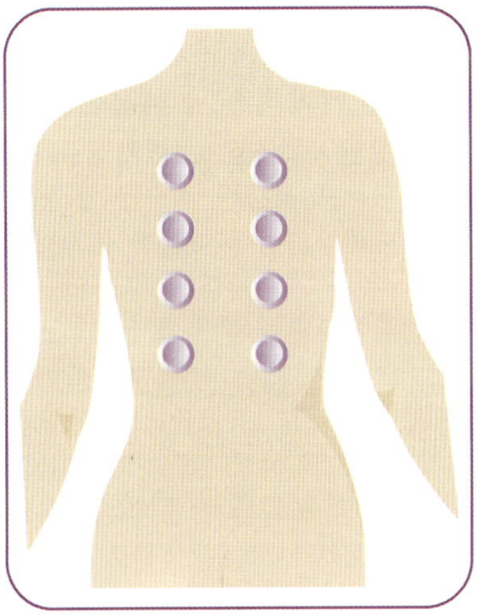

- 왼 · 오른쪽 발란스가 맞도록 자석을 놓아 전자의 흐름에 의하여 뭉쳐진 부위 통증완화에 효과적이다.

(2) 스 톤

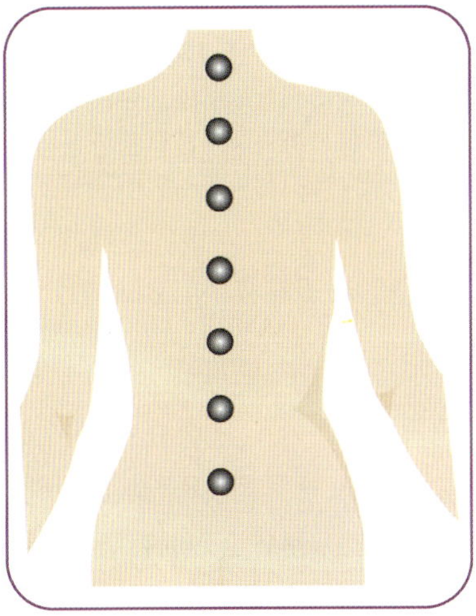

① 따뜻한 스톤을 7챠크라에 놓아 신체의 리듬을 원활하게 한다.

② 스톤을 손에 잡고 딱딱해진 등세모근(승모근) 부위를 문질러주어 근육을 풀어준다.

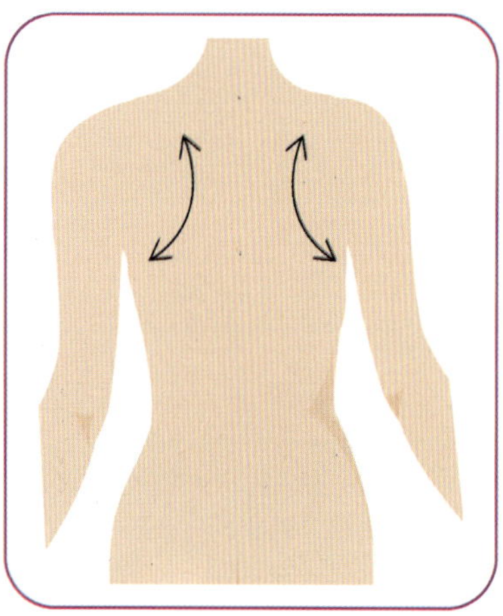

③ 어깨뼈(견갑골) 주위를 스톤으로 메뉴얼 테크닉 한다.

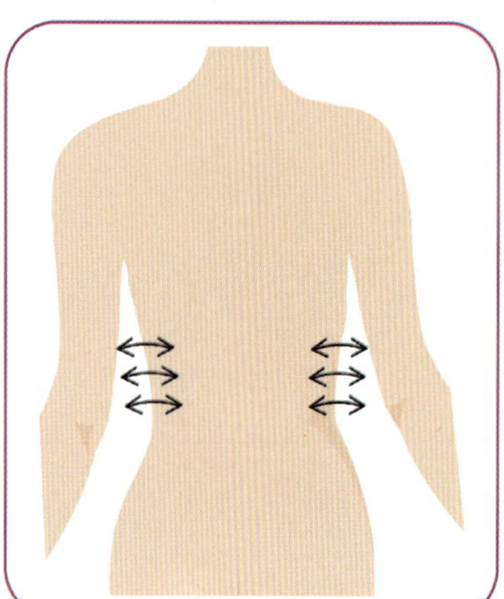

④ 허리부위에 따뜻한 스톤으로 압을 주어 마찰하면 지방 분해에 효과적이다.

4. 엉덩이(Hip) 관리

여성은 남성에 비해 상체보다 하체가 비만한 경우가 많다. 우선 하체부위는 심장에서 멀고 중력의 영향으로 상체보다 상대적으로 혈액순환이 힘든 부위이므로 혈액순환 장애와 부종 등 각종 순환 장애의 문제점을 가져올 수 있다.

여성호르몬인 에스트로겐은 출산 및 수유를 대비해 엉덩이와 허벅지에 우선적으로 지방을 축적하도록 작용하며, 지방의 분해 및 저장에 관여하는 리포단백리파제(LPL-lipoprotein lipase)이라는 효소는 엉덩이와 허벅지, 배에 활성화되어 하체에 지방이 축적되도록 돕는다. 또한 체내의 지방을 분해하도록 도와주는 베타(β)수용체는 얼굴 등 상체에 많은 반면 지방 분해를 억제하는 알파-2(α-2) 수용체는 하체에 많아 상체보다 하체가 비만해지기 더 쉽다. 따라서 여성 비만은 대체적으로 엉덩이와 허벅지 등 하체부터 시작해 배 → 허리 → 가슴 → 팔 → 목 → 얼굴 등으로 진행되는 경우가 많고, 빠질 때는 역순으로 진행한다.

따라서 하체 비만을 예방하려면 메뉴얼 테크닉이나 족욕, 반신욕 등으로 근육의 피로를 풀어주고 하체의 혈액순환을 원활하게 해주며, 부종이 유발되지 않도록 짠 음식을 절제하며, 적절한 운동과 스트레칭을 생활화하는 것이 필요하다.

1) 엉덩이(Hip)와 골반과의 관계

엉덩이(hip)는 피부조직이 두껍고 활동을 해도 근육의 움직임이 크지 않은 부위라 불균형이 되기 쉽다. 따라서 탄력을 잃고 쳐지거나 살이 찌는 등 여러 가지 문제점을 가져올 수 있다. 엉덩이(hip) 불균형의 원인은 나쁜 자세, 운동부족, 노화, 변비, 임신과 출산, 생리불순, 척추와 골반의 뒤틀림 등으로 인해 야기된다.

하체 불균형의 가장 큰 원인으로 작용하는 것 중 하나가 바로 골반의 뒤틀림이다. 정상적인 골반의 경우 역삼각형 모양을 하고 있으며 나쁜 자세와 생활 습관, 출산 등으로 변형을 가져올 수 있다. 이렇게 골반의 균형이 깨지면 인체는 전체의 균형을 맞추기 위해 고관절, 척추 등에도 변형을 가져오게 된다. 균형을 회복하려는 힘 때문에 오히려 반대쪽이 튀어나오는 것이다. 예를 들어 골반의 불균형으로 한쪽 다리가 길어지면 넘어지지 않으려는 보상 작용에 의해 반대쪽 어깨가 올라간다. 변형은 여기서 그치지 않고 아래턱에도 영향을 미쳐, 각종 턱관절 장애 뿐 아니라 얼굴형에까지 영향을 준다.

여성의 경우는 남성과 달리 임신과 출산을 거치는데 출산 후 골반이 틀어지면 자궁과 난소의 기능이 저하되며 순환에 문제를 가져올 수 있다. 이 때문에 허벅지와 엉덩이(hip)에 까지 살이 붙기 쉽고 따라서 엉덩이(hip)의 크기 · 탄력 허벅지 굵기에도 영향을 줄 수 있다.

변비가 있거나 생리가 불순한 경우도 엉덩이(hip)에 살이 찌고 처지게 된다. 또한 같은 자세로 오랫동안 앉아 있다 보면 엉덩이(hip)의 혈액 순환이 저하되어 피부가 거칠어지고 칙칙해질 수 있다. 따라서 균형 있는 엉덩이(hip)모양으로 바로 잡으려면 척추와 골반을 바로잡고 신진 대사를 원활하게 하는 것이 선행되어야 할 것이다. 더불어 일상생활 속에서 올바른 자세를 유지하도록 노력하고 적당한 운동으로 꾸준한 관리가 필요하다.

(1) 골반 뒤틀림 체크 방법

① 골반의 뒤틀림을 판단하는 기준은 여러 가지가 있는데 가장 쉽게 판단할 수 있는 방법은 하지의 길이를 측정하는 방법이다. 누워서 발끝을 나란히 한 상태에서 무릎을 세워 보면 긴 쪽 다리의 무릎이 튀어나오고 높다. 무릎 상태가 다른 것은 골반의 변형과 고관절이 정상적 위치를 벗어났기 때문이다.

② 누워서 다리를 어깨 넓이만큼 벌린 후 발끝의 모양을 관찰한다. 정상인 경우 발끝은 위를 향하고 있으나 반대인 경우 바깥쪽으로 벌어지거나 벌어진 정도의 왼 · 오른쪽 각도가 다르게 보인다.

③ 양발을 서로 붙이고 바닥에 앉은 상태를 전신거울로 관찰한다. 왼 · 오른쪽 다리가 바닥에서 떨어진 높이 정도, 무릎의 높낮이가 비대칭이면 골반의 균형도 깨진 것이다.

④ 어깨에 힘을 빼고 가볍게 선 상태에서 전신 거울을 통해 어깨 높이, 허리선, 배꼽, 무릎, 엉덩이(hip)라인, 가슴, 얼굴라인 등을 관찰한다. 대칭 정도에 따라 골반의 균형도를 예측할 수 있다.

(2) 골반을 위한 바른 자세

① 바르게 서는 것이 균형 잡힌 체형을 만드는 기본이다. 머리를 위로 당기고 등은 곧게 펴준다. 턱을 안으로 당기고 입은 가볍게 다문 후 눈은 정면을 쳐다본다. 엉덩이를 조여주고 배에도 가볍게 힘을 줘 일직선으로 선다.

② 다리를 꼬고 앉지 않도록 한다. 습관적으로 다리를 꼬고 앉는 경우 상반신의 하중이 한 쪽으로만 쏠리게 된다. 이 영향으로 골반이 틀어질 수 있으며 척추에까지 안 좋은 영향을 미치게 되어 요통을 유발하기도 한다. 따라서 의자에 앉을 경우 등은 쭉 펴주고 무릎은 주먹 한 개가 들어갈 정도로 벌려준다. 이때 엉덩이를 의자 깊숙이 넣고 앉도록 한다.

③ 걷을 때에는 등을 곧게 펴고 무릎부터 앞으로 서서히 내딛고 발뒤꿈치, 발바닥 순으로 지면에 닿게 해 몸의 중심을 발끝 쪽으로 이동시킨다.

④ 수면 시 엎드리거나 옆으로 눕게 되면 특정 부위에 하중을 받게 되므로 되도록 천장을 보고 똑바로 눕는다. 이때 손바닥은 위로 향하도록 하며 안쪽 허벅지는 주먹 한 개가 들어갈 정도로 자연스럽게 벌린다.

2) 엉덩이와 골반의 구조

(1) 엉덩이 주요 근육

엉덩이 근육에는 큰볼기근(대둔근), 중간볼기근(중둔근), 작은볼기근(소둔근) 3가지 근육이 있으며, 그 중 큰볼기근이 표면을 덮고 있는 가장 큰 근육이다. 큰볼기근 위쪽으로 중간볼기근이 아래쪽으로 작은볼기근이 저리잡고 있다. 허벅지 넙다리네갈래근(대퇴사두근)은 넙다리곧은근(대퇴직근), 안쪽넓은근(내측광근), 가쪽넓은근(외측광근), 중간넓은근(중간광근)이 있다. 넙다리곧은근은 무릎에서 골반까지 연결된 근육이며, 허벅지 전면의 안쪽 부분에 안쪽넓은근이 바깥쪽에 가쪽넓은근이 자리하고 있다. 중간넓은근은 허벅지 중앙에 있는데 보행 시 땅에서 발을 들어 무릎을 구부리게 역할을 한다.

(2) 골반의 구조

골반은 몸 한가운데에 있는 뼈로서 선골, 완골(엉덩뼈(장골), 궁둥뼈(좌골), 두덩뼈(치골)), 꼬리뼈(미골)로 이루어져 있으며 인체의 장기와 생식기를 보호하는 역할을 한다. 천추와 미추는 척추의 최하단 허리뼈(요추) 바로 아래에 있으며 천추의 좌우는 엉덩뼈와 연결되어있다. 엉덩뼈의 아래에 궁둥뼈가 있으며 그 밑에 앞으로 약간 돌출된 부분이 두덩뼈이다. 천추와 미추, 엉덩뼈, 두덩뼈, 궁둥뼈는 앞·뒤·왼·오른으로 골반을 이룬다. 남자는 왼·오른 두덩뼈가 골반에 단단하게 붙어 있어 뒤틀릴 우려가 없는 반면, 여자는 출산을 대비해 두덩뼈가 벌어져야하므로 출산 후 골반이 뒤틀어질 확률이 높다. 처지거나 비만 등으로 불균형한 엉덩이는 쉽게 개선되지 않으므로 운동과 메뉴얼 테크닉이 필요하며 관리 시에는 메뉴얼 테크닉을 기본으로 하고 석션, 고주파, 초음파 등의 기기와 석고나 해초 등을 이용한 팩을 적절하게 응용하는 것이 효과적이다.

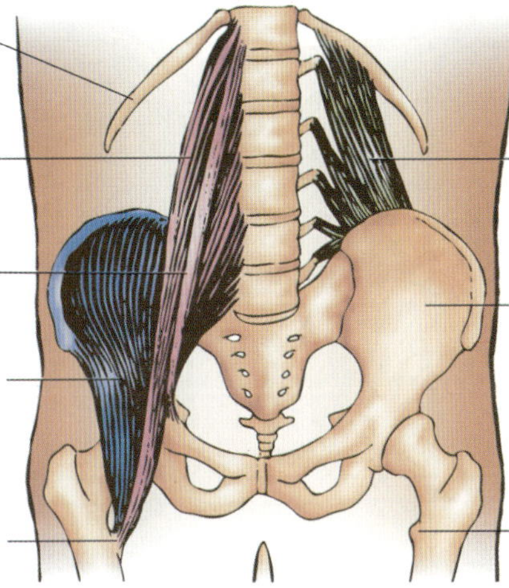

그림 9-14. 볼기고랑(둔부) 근육

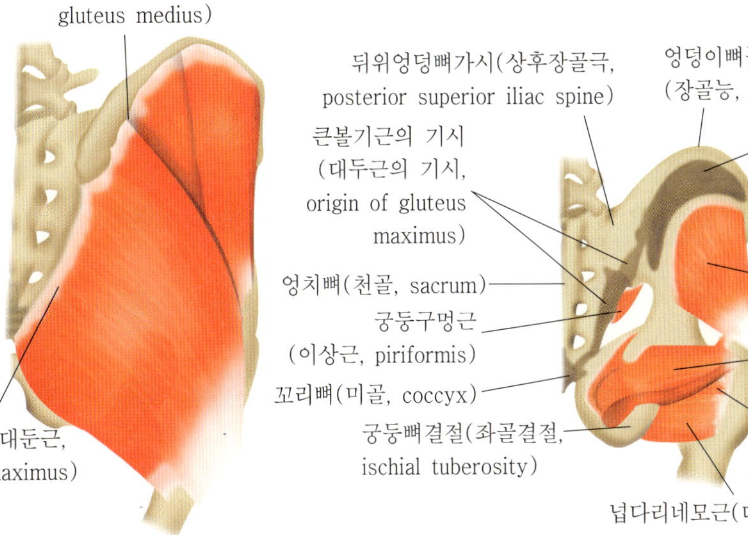

그림 9-15. 골반 해부도

3) 엉덩이(Hip) 메뉴얼 테크닉

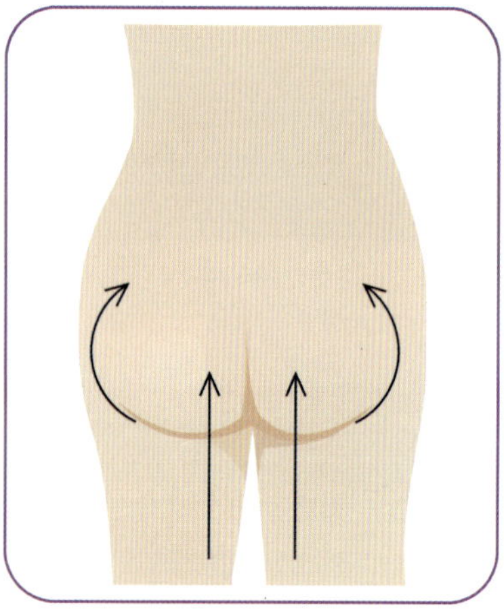

① 오일을 이용 후면 허벅지에서 엉덩이 쪽으로 아래에서 위로 가볍게 쓸어주며 도포한다.

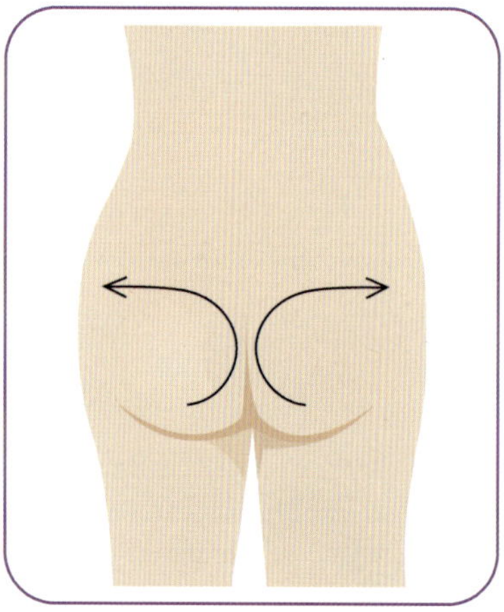

② 엉덩이를 안에서 밖으로 엉덩이뼈능선(장골능)을 따라 부드럽게 쓸어준다.

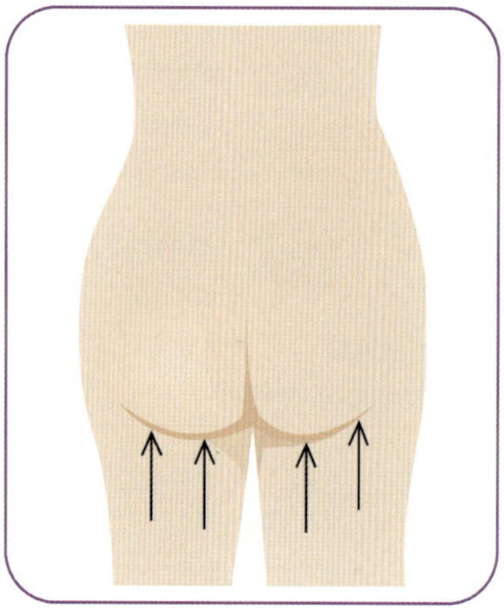

③ 두 손바닥을 이용하여 넓적다리부위(대퇴부) 전체를 쓸어 올렸다 내려준다.

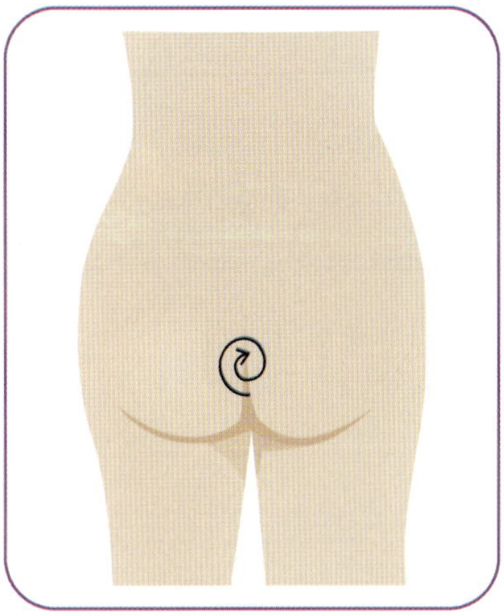

④ 엉치뼈(천골)과 꼬리뼈(미골)을 양손을 포갠 상태에서 원을 그리듯 메뉴얼 테크닉 한다.

⑤ 허벅지와 엉덩이 전체의 근육을 움켜잡았다 놓는 방법으로 메뉴얼 테크닉 한다.

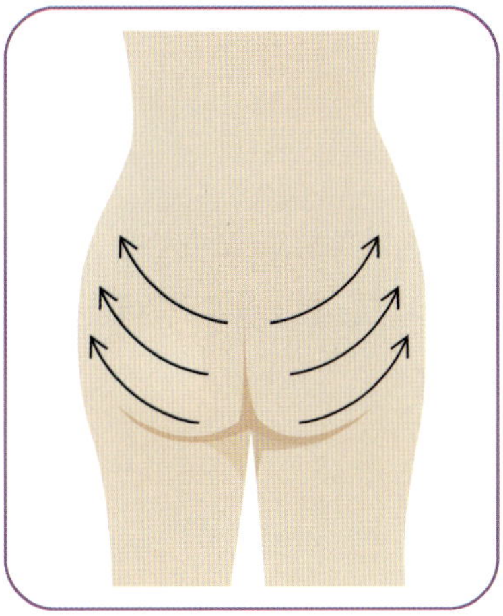

⑥ 큰볼기근(대둔근)을 3등분하여 라인을 따라 아래에서 위쪽으로 다소 강하게 끌어올려주듯 메뉴얼 테크닉 한다.

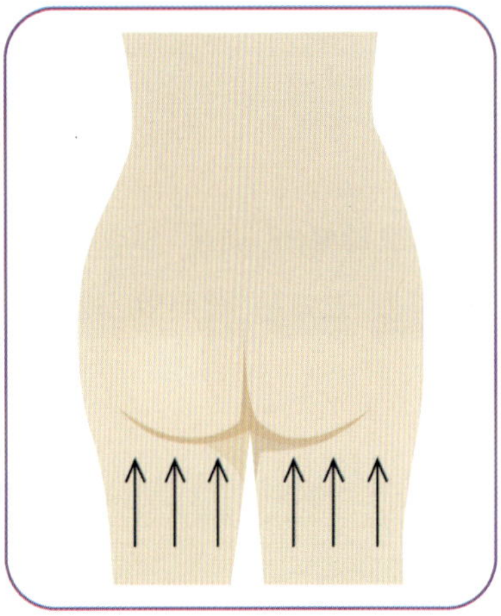

⑦ 허벅지에서 엉덩이 밑 부분 쪽으로 엉덩이 밑 부분에서 천추 쪽으로 주먹을 쥔 상태에서 빠르게 밀어 올린다.

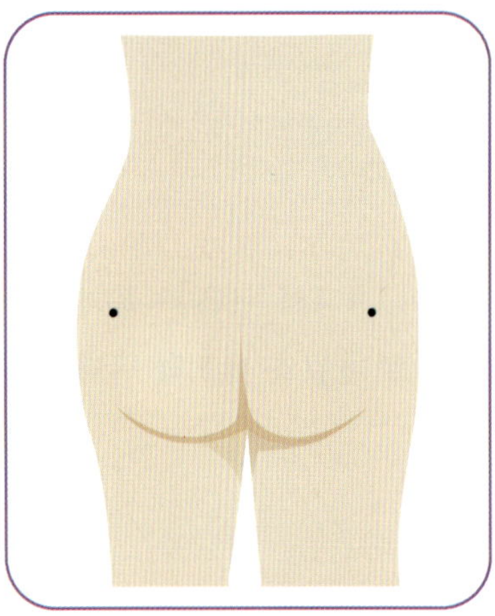

⑧ 엉덩이의 환두 부위를 엄지 또는 네 개의 손가락으로 지그시 눌러 돌려준다.

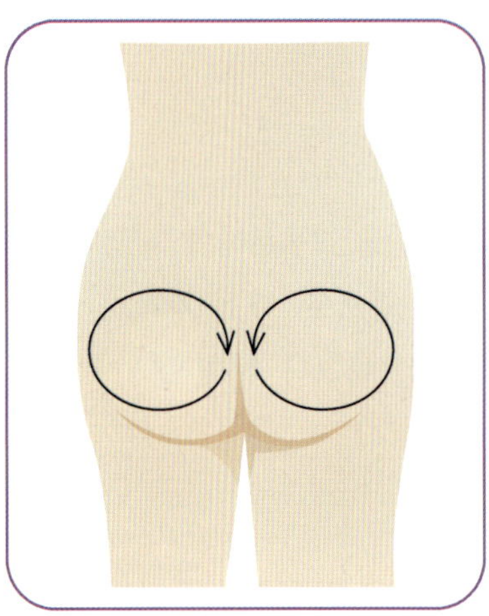

⑨ 엉덩이 전체를 손바닥으로 모아주듯 메뉴얼 테크닉한 후 교대로 부드럽게 쓸어주며 이완시켜 마무리한다.

참고문헌

고주파요법이 비만 여성의 복부 둘레에 미치는 효과, 정은주, 중앙대 의약식품대학원, 2006
부위별 생체 전기임피던스법을 이용한 체성분 분석에 관한 연구, 차기철 외, 지역사회영양학회지, 1997
살롱트리트먼트, 강신옥·원윤경, 훈민사, 2004
속옷 잘 입어서 건강을 지키는 책, 박명복, 도서출판 함께, 2005
엉덩이가 예쁜여자 골반살빼기15분, 김설향, 북플러스, 2003
옥불테라피, 지영심
에스테티션을 위한 살롱트리트먼트, 고혜정 외 3인 공저, 정담미디어, 2005
은성글로벌
인체해부학, 안희경, 고문사, 1997
임상아로마요법, Jane Buckle 저, 김명자 옮김, 정문각, 2005
자세교정이 골반 균형과 경부 운동 범위에 미치는 영향, 안 목, 대구대 재활과학대학원, 2004
주골반 자율신경절에서 세로토닌 수용체의 특성, 차승규, 연세대대학원 의학과, 2005
코스모 C&T
피부과학, 김기연, 수문사, 2000
피부과학, 채순님 외 6인 공저, 도서출판 성화, 2001
피부관리 기기학, 장태수 외 2인 공저, 고문사, 2000
피부관리학, 차영애 외 4인공저, 훈민사, 2001
피부관리학 I, 김기연 외 4인 공저, 수문사, 1999
피부미용기기학, 원윤경·강신옥, 훈민사, 2006
화장품생물신소재, 안봉전 외 2인 공저, 광문각, 2003
화장품성분사전, 김귀정·유병수, 도서출판 정담, 1998
AESTHETICS, 김광옥 외 10인 공저, 도서출판 성화, 2003
Body Treatment, 권혁미 외 7인 공저, 청구문화사, 2000
B.S.P(접시)경락, 박정덕
cafe. daum.net/bomlove
Hoffer EC, Meador CK and Simpson DC:Correlation of whole body impedance with total body water volume. *J Appl Physiol.* 1969;27:531-534
Krotkiewski, et M, Bjorntorp, Smith U, lonroty P. Impact of obesity of regional depose tissue distribution. *J Clin Invest* 72:1150-1162. 1983
Lesser T, Ritvo E, Moy LS. Modification of subcutaneous adipose tissue by a methylxanthine formulation: a double-blind controlled study. *Dermatol Surg.* 1999;25(6):455-62.
MAGIC TOUCH 사용설명서
MEDICAL SKINCARE & SPA1, 김영미, 도서출판 임송, 2005
Sea-Clay Body Wrap -교육자료-
www. 1004b.co.kr
www.biospace.co.kr

찾아보기

INDEX

저자소개

김기연 : 충청대학 교수

김영주 : 국제대학 교수

박영은 : 동원대학 교수

안인숙 : 동덕여자대학교 사회교육원 주임교수

진정화 : 건양대학교 교수

김애경 : 서경대학교 교수

김은자 : 김은자 피부연구소 소장

박은경 : 충청대학 겸임교수

장경자 : 경복대학 교수

체형관리학

2009년 8월 20일 초판 인쇄
2009년 8월 30일 초판 발행

지은이 / 김기연, 김애경, 김영주, 김은자, 박영은
박은경, 안인숙, 장경자, 진정화 공 저

펴낸이 / 이상태

편집인 / 이헌숙

펴낸곳 / 청구문화사

주 소 / 120-831 서울특별시 서대문구 연희1동 436-1

전 화 / 02) 332-0541(代) **팩 스** / 02) 337-9577

등 록 / 1990년 11월 2일 제9-247호

가격 25,000원

ISBN 978-89-5616-347-5 93590